公路施工机械化与管理

Gonglu Shigong Jixiehua Yu Guanli

郑忠敏　主编

人民交通出版社
China Communications Press

内 容 提 要

本书对公路施工机械化与管理进行了全面深入的探讨,介绍各种公路路基、路面基层与面层施工机械化的方法与理论,详细阐述施工机械的组织、使用、维护及管理方法。书中涉及的内容与生产实践密切结合,对公路施工有较强的指导意义。

本书可供高等学校机械工程类、土木(公路)类及公路工程管理类等专业的本、专科学生作教学用书,也可供公路建设部门从事施工机械化管理人员、技术人员和机械设备使用人员的工作参考书。

图书在版编目(CIP)数据

公路施工机械化与管理/郑忠敏主编. —北京:人民交通出版社,2002.9

ISBN 7-114-04441-0

Ⅰ.公... Ⅱ.郑... Ⅲ.道路工程—机械化施工—施工管理 Ⅳ.U415

中国版本图书馆CIP数据核字(2002)第067673号

公路施工机械化与管理

郑忠敏 主编

正文设计:彭小秋 责任校对:尹 静 责任印制:张 恺

人民交通出版社出版发行

(100011 北京市朝阳区安定门外外馆斜街3号)

各地新华书店经销

北京市密东印刷有限公司印刷

开本:787×1092 1/16 印张:15.5 字数:384千

2002年9月 第1版

2013年1月 第6次印刷

印数:14501-16000册 定价:26.00元

ISBN 7-114-04441-0

U·03278

前　言

编者集多年教学研究成果和公路建设实践经验,吸纳近年来国内同仁的宝贵经验编撰此书,对公路施工机械化与管理进行全面深入地探讨,介绍各种公路路基、路面基层与面层施工机械化的方法和理论,详细阐述施工机械的组织、使用、维护及管理方法。编写风格上除注意到系统性外,语言表达力求简明生动,深入浅出且不乏理论深度。书中涉及内容与生产实践密切结合,对公路施工具有较强的指导意义。

此书可供高等学校机械工程类、土木(公路)类及公路工程管理类等专业的本、专科学生作"施工机械化与管理"和"工程机械运用与管理"课程教学用书,也可作为公路建设部门从事施工机械化管理人员、技术人员和机械设备使用人员的工作参考书。

全书共十一章,参加编写的有郑忠敏、任征、贾长海、姚丽娜四人。其中郑忠敏编写绪论、第一章、第二章、第三章、第七章和第八章;任征编写第四章、第五章、第六章;贾长海编写第九章、第十章;姚丽娜编写第十一章。全书由郑忠敏主持编写并最后定稿。书中部分插图由唐小江协助制作。

编者水平有限,时间也较仓促,未及广泛征求专家们的意见,因此书中不周、疏漏甚至错误之处在所难免,恳请使用本书的诸君不吝赐教。

编　者

2002 年 6 月于长安大学

目　　录

绪论

公路建设对国民经济发展所起的重要作用,人们已有共识。为适应新时期国民经济快速增长,推动社会主义现代化建设的进程,国家加强了对各种基础设施的投资力度,公路交通设施便是其中之一。公路作为连系各地区之间的交通纽带,将带动其辐射地区经济的全面发展。发达的交通网络通常与该地区的经济增长速度成正比,这在我国经济发展较快的东部几个省市已经得到证实。国家提出西部大开发的战略部署,作为基础设施的公路建设在这些地区正在呈蓬勃发展之势。进入20世纪90年代以后,以大城市为起点的高等级公路逐段地修筑起来,我国高速公路平均增长速度位居世界前列。与此同时,对低等级公路改建投资力度也在逐年增长。国家拟于2010年以前修筑贯通全国"五纵七横"12条国道主干线组成的3.5万km的高等级公路网络。公路建设事业任重道远。

公路是宽阔平坦的,可供各种轮式车辆通行的线形构筑物。公路由主体工程和辅助交通设施两大部分构成。公路主体除桥隧外,就其断面构成而言,包括下层的路基和上层的路面。现代高等级公路路面又可再分为路面面层和路面基层。层次的排列决定了公路施工工序为:路基→路面基层→路面面层。

根据工程性质、工程量、施工期限及可能获得的人力和机械设备等条件,公路施工方法概括起来有下列五种:

1.人工施工

施工方法是使用手工工具。它效率低,劳动强度大,进度缓慢,工程施工质量不易控制。特别是高等级公路施工,例如高等级公路的沥青混凝土路面施工,人工施工方法根本无法进行。

2.简易机械化施工

这是以人力为主,使用简易机械的一种施工方法,可减轻劳动强度,提高工效,但对工程质量的控制仍存在不少困难。

3.水力机械化施工

使用水泵、水枪等水力机械施工,在有充足水源和电源情况下,土方工程集中时常使用。

4.综合机械化施工

使用配套施工机械,可极大地减轻劳动强度和提高劳动生产率,保证工程质量。这种施工方法是目前公路建设施工的主流。

5.爆破法施工

爆破法施工是一般公路,特别是山区公路不可缺少的施工方法。

公路综合机械化施工,也称公路施工机械化。"机械化"一词的含义是:主要用机械完成工程项目。例如用机械完成公路路基的建造任务,就称路基施工机械化,余此类推。与机械化有关的两个概念,由于受汉语词意丰富的影响常被人们混淆。这两个概念分别是"机械化程度"和"机械化水平"。机械化程度:指用机械完成的工作量与工程总量之比,用百分比来表示,计算式为"$A/B\times100\%$",该数值无量纲,为了保证可比性,A、B通常以货币作计量单位。机械化程度的高低，依赖于一个国家或地区的机械发展状况，但它不能确切表明机械化水平的高低。机械化水平是指同样自然条件下，用机械完成施工作业，最后所得的经济效果，通常用单位工程造价(元/km 或元/m^3)来表述。机械化程度仅仅是提高机械化水平的物质基础，具备同样基础的两家施工企业，由于施工工艺和管理上的差异，往往表现出的机械化水平是不同的。

公路施工机械化学科是在道路建设实践中逐步发展起来的一门新兴的边缘学科。它包括了机械工程学科、土木工程学科和经营管理学科的部分内容。其任务是研究如何改善施工工艺和施工机械组配及合理运用施工机械，从而提高公路施工的机械化程度和机械化水平。即研究如何使机械完成更广泛的作业内容，以及如何使机械作业的生产率提高，机械运转费用降低，机械服役年限(使用寿命)延长等问题。目前研究的方法有两种：一是在施工实践中不断进行探索和总结，去寻求最佳的施工机械化规律，指导新情况下公路机械化的施工实践；二是借助电子计算机，利用现代网络技术进行施工机械化仿真的研究。相信通过公路建设部门广大职工(包括技术、管理人员和机械操作者)、科研、教学部门科技人员的不懈努力，公路施工机械化学科一定会得到迅速地发展和完善。

公路施工机械化的目的是为加快工程进度，保证施工质量，代替人力繁重劳作，降低工程造价。尽管如此，如果施工机械选配或机械使用不当，或与工程的施工特点不能相适应，机械化的优越性就难以体现。我们通过下面的工程实例分析，谈谈机械化的上述优越性是怎样得到体现的。

作业内容如图 0-1 所示的土方挖运。其土壤等级为开挖方便的 I、II 级土壤，平均运距 1km。这是常见的路基施工中从取土场取土填筑路堤施工方案，我们从施工作业内容与条件出发，研究对比机械化施工与人力施工。

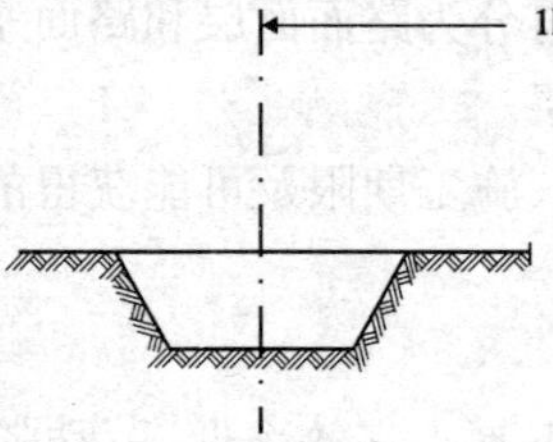

图 0-1 从土场取土填筑路堤示意图

1.机械化施工

(1)机械选型

从土壤条件和运距条件(易于开挖，中等运输距离)选自行式铲运机为施工机械较适宜。为了能从分析中得出定量的结果，假定选用 $9m^3$ 铲运机(CL7 型)。

(2)作业过程分析

铲运机的工作循环由铲装、运输、铺卸、空回四个过程组成。根据对铲运机工作过程的要求(详见第八章 § 2)，设铲装过程用时 1min；铺卸过程用 0.5min；运输的平均速度 22km/h；空回平均速度 30km/h，推算出完成一个工作循环所耗工时 T。

$$T = 1 + 0.5 + \frac{1}{22} \times 60 + \frac{1}{30} \times 0.6 = 1 + 0.5 + 2.8 + 2 = 6.3\text{min}$$

每小时的循环数为 9.5，即平均每小时完成 9.5 斗的挖运任务。每台班 8h，设时间利用系数为 0.8，完成 61 斗的挖运，铲运机铲装时至少必须做到“斗平”，每日挖运量(松方)即为 $9 \times 61 = 549m^3$，折合自然方 $\frac{549}{1.33} = 413m^3$。

(3)单位作业量费用

根据公路工程机械台班费用定额，该机台班总费用 764.52 元，计算出单位土方挖运费用为 764.52/413 = 1.85 元/m^3 自然方。

2.人力施工

(1)人员数量计算

用简单生产工具(人力车与铁锹)完成挖装任务。施工组织为专人挖,专人运,每人拉一车。我们看一看,一台 $9m^3$ 铲运机一天完成的工作量,需要多少人力才可完成。人力车拉运往返行程为 2km,设速度 4km/h(行人速度),往返一次需 30min,每人每小时拉运 2 车,每天 8h,定额为 15 车(考虑自然必需时间为 30min)。每车土(松方)为 $0.25m^3$。铲运机每日完成的松方量 $549m^3$,则需要 549/0.25 = 2196 车,需要拉车的人工数 2196/15 = 146 人。

设挖土装车每人每天挖装的自然方为 $3.5m^3$,铲运机每台班的作业量 $413m^3$ 自然方,则需要挖装的人工数为 413/3.5 = 118 人。

由于卸土处需要平整,另外人力拉车到路基上坡处也需要有人协助。为了完成这些工作,需设辅助工 6 人。

三种工种(运、挖、辅助)所需人力数总和为 146 + 118 + 6 = 270 人。以上分析表明:270 名人力的工作量等效于一台 $9m^3$ 自行式铲运机的作业量。

(2)人力施工费用计算

工资 = 15 元/d·人 × 270 人 = 4050 元/d,伙食 = 7 元/d·人 × 270 人 = 1890 元/d,合计 5940 元/d。由此算出单位土方挖运费用为 5940/413 = 14.38 元/m^3 自然方。

通过以上工程实例的分析对比,我们看到了机械化施工的优越性。然而施工机械化的优越性能否得到充分发挥,或者说机械化水平到底会有多高,在极大程度上受到管理水平和机械技术状况、机械运用水平的影响。

何谓“管理”呢? 管理属于人文学科的范畴,可以这样来描述:为了使某工作能够顺利进行,依据科学的理论和成功经验,甚至借鉴失败的教训,所采取的策划、指挥、协调、调度、监督等措施的总括。可见管理应具备三个要素:目的、依据和措施。公路施工机械化的管理,其目的是提高机械化程度和机械化水平;让尽可能多的作业内容用机械来代替人力劳作;在保证工程质量前提下,加快工程进度,从而保证工期不延误;通过改善工艺和提高机械作业效率,降低工程造价,为施工企业获取经济利益。然而施工工艺如何改善,机械作业效率怎样才能提高?这不但牵涉到土木方面的知识,也牵涉施工机械方面的知识,因此做好公路施工机械化的管理工作,应当依据什么理论或经验,制订或采取取什么切实可行的有效措施,这便是我们所要研究的课题。

合理运用施工机械是提高机械化水平的主要手段。那么“运用”的含义又是什么呢? 现代汉语词典称“运用——根据事物的特性加以利用”。这就意味着,我们要合理运用施工机械,必须了解它们的特性。这里包括两个方面的特性:作用对象和施工机械本身的特性。参与机械化施工,或者操作施工机械,怎样才可做到“合理”,这是我们要研究的另一方面。

公路施工机械化与管理的内容繁杂,涉及的知识领域很宽;施工机械化管理的完善程度与时代环境相关,在很大程度上更依赖管理者的素质。机械化施工工地管理人员在知识结构上,应具有土木(公路)知识的扎实基础,同时应有机械构造、性能、使用、维护的全面知识;工地管理人员在思想品质和道德情操等主观意识上应表现出吃苦耐劳、积极进取、办事公道。即将走向施工机械化管理岗位和正在从事此项工作的人们,应在上述诸方面自觉加强学习、修养和锻炼,成为符合要求的优秀管理人才,在实际工作中为公路施工机械化学科及我国公路建设事业的发展做出贡献。

第一章 施工机械的组织

§1-1 施工机械及其分类

施工机械是公路施工机械化的物质基础。施工机械是指为交通、建筑、矿山、水利、海空港口等建筑施工服务的各种工程机械。各国对这些机械的称谓不尽相同。例如在美国称之为工程机械；俄罗斯和前苏联（及各加盟共和国）称筑路机械；日本则称建设机械。尽管如此，这些机械的结构、原理、性能、特征、作用对象及应用场合却非常相似或相同。施工机械包括铲土运输机械、工程起重机械、挖掘机械、压实机械、桩工机械、钢筋混凝土机械、路面机械、凿岩机械及风动工具、工程运输车辆等类型。下面简要介绍各类机械的典型机种、结构特点及类型区分方法。

一、铲土运输机械

铲土运输机械包括公路施工中常见的推土机、铲土机、平地机、装载机四种机械。这些机械的作用对象是土壤、砂砾和其他松散物料，作用方式是"铲削"。它们有结构外型不同的作业装置：推土机有推土铲刀；铲运机有铲斗；平地机有刮刀；装载机装载铲斗。虽然作业装置结构外形各异，却也有共同之处，即都有对作用对象铲削较为合理的"工具"——都安装有刀刃或斗齿；再则，作业时都是借助机械自身的移动将土壤（及其他作用对象）从"母体"剥离下来并将其移运一定路程。这也就是铲土运输机械名称的由来。

二、挖 掘 机 械

挖掘机械包括单斗挖掘机和多斗（轮斗式）挖掘机。单斗挖掘机又可再细分成正铲挖掘机、反铲挖掘机、抓铲（抓斗）挖掘机和捞铲（拉斗）挖掘机四种。各种挖掘机械都安装有挖斗，挖斗上又安装着利于刺入土壤或其他作业对象的斗齿（又称斗刺）。挖掘机械特别是正铲挖掘机和反铲挖掘机，有强劲的开挖能力，像硬土、软石之类，通常推土机都难以铲削的作业面，挖掘机却可以自如地完成挖装工作。土壤从"母体"被挖下之后，还需移位方可完成"弃土"或"装车"工序，但这不是靠挖掘机本身整体的平面移动实现的，而是靠挖掘机自身的某些组成部分发生相互位置的变动（例如单斗正、反铲挖掘机大臂的提升、下降、回转台的回转等动作）来实现。换言之，挖掘机虽然是自行式机械（本身有行走装置和行驶动力），但在实施挖掘作业时，机械并不在作业现场移动，仅在需要调整挖掘点时才作短距离移动。这是挖掘机械与铲土运输机械作业的动作区分特征。

三、工程起重机械

顾名思义，它是在工程建设中，以起吊重物为作业内容的机械。工程起重机械有自行式、移动式和固定安装式三种。起重机械起吊重物使之移动位置（平面位置和空间高度的变化）也仅仅依靠起重机机械自身的某些组成部分发生相互位置的变动来实现,与挖掘机械的挖掘作业颇有相似之处。

四、压 实 机 械

公路施工机械化中，压实机械是被广泛采用的一种机械类型，在其他工程建设中压实机械也广为应用。压实机械包括各种类型的压路机、夯具、水泥混凝土振捣棒。压实机械的作用是使土壤或其他物料，在机械的重力、冲击力或振动作用下，改变整体的结构排布，使之变成更加密实的状态，从而提高其强度和耐久性。压实机械有的有行驶动力和行走装置，这便是自行式压实机械，压路机是典型代表；还有的压实机械没有行走装置或没有行驶动力，例如蛙式打夯机、拖式羊足碾、拖式凸块式振动压实滚、手持式简单的木夯、水泥振捣棒等。压实机械给作业对象的作用力来源于自身质量或作业时产生的冲击力，或作业时产生的振动作用（击振力)。

五、桩 工 机 械

桩工机械是以打桩为目的专用机械。房屋建筑行业中,为了建造符合承载能力的基础,应用桩工机械将桩打入地下,借助沉桩与所接触土壤的摩擦力,承托地上建筑物。公路、铁路的桥涵工程,有时为了建造水泥混凝土基础也需用桩工机械。

六、钢筋混凝土机械

钢筋混凝土机械包括钢筋加工及安装机械,水泥混凝土拌制、运送和灌注机械。这类机械与设备,在房屋建筑行业应用较为普遍;在公路施工机械化中也会采用,例如修建水泥混凝土路面时,用于拌制和运输水泥混合料、架设传力杆等。但是,从机械分类的观点看,水泥混凝土路面施工机械化中所用的水泥混凝土摊铺机(滑模摊铺机和轨道式摊铺机)并未列入钢筋混凝土机械的范围,而划入到路面机械。

七、路 面 机 械

路面机械是公路路面施工机械化的主导机械。所谓主导机械,是指完成施工作业必备的、不可替代的机械。由于公路路面的结构层次不同、构筑材料不同,施工机械化的各个工序所用的主导机械也不同,简述如下:

1.路面基层(稳定层)施工机械

稳定层施工机械有自行式稳定土拌和机(它是稳定层路拌法施工的主导机械)、稳定土厂拌设备、稳定土摊铺机(它们是稳定层厂拌法施工的主导机械)。稳定土摊铺机又有自行式螺旋分料原理的摊铺机和推移式“V”形分料板——犁形分料原理的摊铺机。除此之外,如果路面基层采用碎、砾石结构时,其施工机械化中所用的主导机械则为碎砾石摊铺机。

2.沥青路面施工机械

路面面层如若采用沥青混凝土结构，其施工机械化中所用的主导机械有两类：第一主导机械是沥青混凝土搅拌设备（通常为大型的固定安装的厂拌设备，也称沥青拌和站或沥青拌和楼)；第二主导机械是沥青混凝土摊铺机，它是将拌制好的沥青混合料，在路面基层上摊铺成型的机械。如上所述，这两类机械是沥青混凝土路面施工机械化中不可或缺的两类主导机械。

3.水泥混凝土路面施工机械

在水泥路面施工机械化中，如前所述，混合料的拌制和运输及传力杆的制作、安装所需的机械已划归钢筋混凝土机械；而水泥混凝土摊铺作业，则是由滑模式水泥混凝土摊铺机或由轨道式水泥混凝土摊铺机完成的，它们是水泥路面机械化施工的主导机械。

八、凿岩机械及风动工具

凿岩机械及风动工具是通常所称的石方机械（也包括石料破碎及筛分设备），主要用于石方工程，其中有采石作业、石方路堑开凿，傍山半挖半填石方路基、隧道建造等公路、铁路工程。在国民经济其他部门，例如地下固体资源开采，城建改造工程中旧建筑物的拆除等爆破工程中也需配备这类机械。凿岩机械有凿岩机和钻孔机械；风动工具有空气压缩机、风动凿岩机（风镐、风钻、射钉枪）和风动搬手等。

九、工程运输车辆

工程运输车辆是以运送工程材料和工程设备为服务对象的运输车辆。这类车辆常为轮式车辆，有较强的道路通过能力（机动性、越野性和运动速度）。工程运输车辆有如下几种：

①大型平板拖拉车

主要运送大型或大宗工程材料和工程机械设备。

②倾翻式运输车

主要运送工程建筑材料，这种车辆有自卸能力，靠车斗的倾翻（后倾或侧倾）可将车厢的物料自行卸出。

③粉料运输车

粉料运输车以运送粉状物料（水泥粉或粉石灰）为服务对象。这种运输车辆本身配备粉料抽送泵，能将粉料抽入料箱或从料箱将粉料泵送出去。

④沥青和水泥混合料运输车

沥青作为公路建筑材料，其运量是很大的，而沥青的流动性又是直接受温度影响的。因此沥青运输罐车通常有良好的保温能力，且罐内设有加温装置。沥青运输罐车自身配备沥青泵。水泥混合料运输车又称水泥运输拌和车。这种车的装料罐呈纺锤状，安装在汽车底盘上。由于运送的是水泥混合料，为了防止混合料在运送过程中发生离析，运输途中料罐不停地低速转动。该种运输车也配有自动卸料机构。

⑤洒水车和沥青洒布车

这两种车辆是液体运输、洒布车辆，都有贮罐和喷洒装置。不同之处在于：沥青洒布车的罐内安装了加热装置，而洒水车则不需要；另外它们都安装有液体泵送装置，沥青洒布车安装的是沥青泵，而洒水车安装的则是普通的水泵。

施工机械除按上述分类方法分类型之外，还按其他方法分类。习惯上常按机械变更作业场所的难易程度，将施工机械分为固定式机械、移动式机械和自行式机械。

①固定式机械

这类机械被安装在固定的、预制的地基基础上。如需变更作业场所，机械必须经拆卸、运输、重新安装等程序，甚至还需安装后的调试程序，方能恢复其工作性能。固定式机械，通常也称之为“设备”。

②移动式机械

移动式机械除了作业装置外，机械本身具有行走装置（车桥和机架），但无行驶动力。这类机械变更作业位置或场所，需靠其他机械车辆的牵引或推动。

③自行式机械

自行式机械除了具有作业装置外，还兼有行走装置和行驶动力。自行式机械变更作业位置或场所非常方便，完全靠自身的行驶。只有作业场所变更需机械自身行走很长距离，在经济、技术方面认为用自驶方式不够合理时，才借助其他运输方式。自行式机械按行走方式的不同，还可再细分为履带式机械和轮式机械。

(1)轮式机械

轮式机械行驶系通常由车架1、车桥2、悬架3和车轮4等组成，车架通过悬架与前后轮相连，车桥两端则安装车轮（图1-1）。

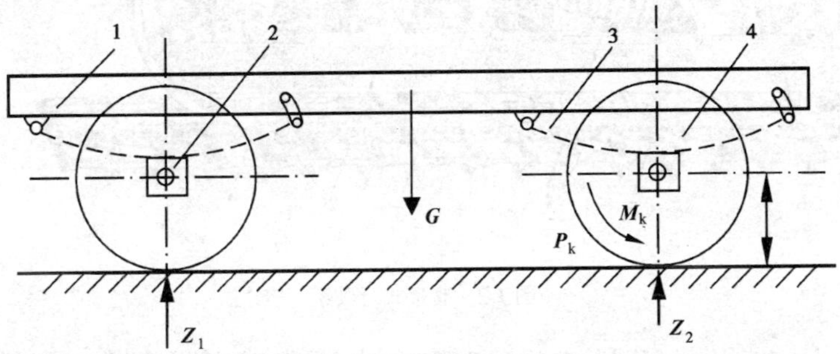

图1-1　轮式行驶系的组成示意图

1-车架；2-车桥；3-悬架；4-车轮

对于运行速度较低的轮式铲土运输机械，为了保证其作业时的稳定性，一般都不装悬架，而将车架与车桥直接刚性相连。对于行驶速度较高的轮式机械（如轮胎式起重机），为了缓和行驶中的各种冲击和振动，则装有弹性悬架。

(2)履带式机械

履带式机械的行走系通常由台车架6、悬架12、履带13、驱动链轮8、支重轮5、托轮3、张紧轮1（或称导向轮）和张紧机构4等零部件组成（图1-2）。

履带式行驶系与轮式行驶系相比有如下特点：

①支承面积大，接地压力小。例如，履带推土机的接地压力为2～8N/cm²，而轮式推土机的接地压力一般为20N/cm²。因此，履带式机械适合在松软或泥泞场地进行作业，下陷度小，滚动阻力也小，通过性能较好。

②履带支承面上有履齿，不易打滑，牵引附着性能好，有利于发挥较大的牵引力。

③结构复杂，质量大，运动惯性大，减振功能差，使零件易损坏。因此，行驶速度不能太高，机动性差。

有时从管理角度看，在公路施工企业也能见到下列三种分类方法，它们分别是：

1.按照施工工艺对施工机械分类可分为：

(1)土方路基施工机械：常使用推土机、铲运机、挖掘机、装载机和平地机等；

(2)路基、路面压实施工机械：常使用静力压路机、振动压路机和轮胎压路机等；

(3)稳定层（基层）施工机械：其中，路拌法施工使用平地机、运料车、稳定土拌和机；厂拌法施工使用稳定土厂拌设备、混合料运输车和稳定土摊铺机等；

(4)公路路面施工机械：其中，沥青混凝土路面使用沥青混凝土搅拌设备、成品料运输车和沥青混凝土摊铺机;水泥混凝土路面使用水泥混凝土搅拌设备、水泥混凝土输送车和水泥混凝土摊铺机。

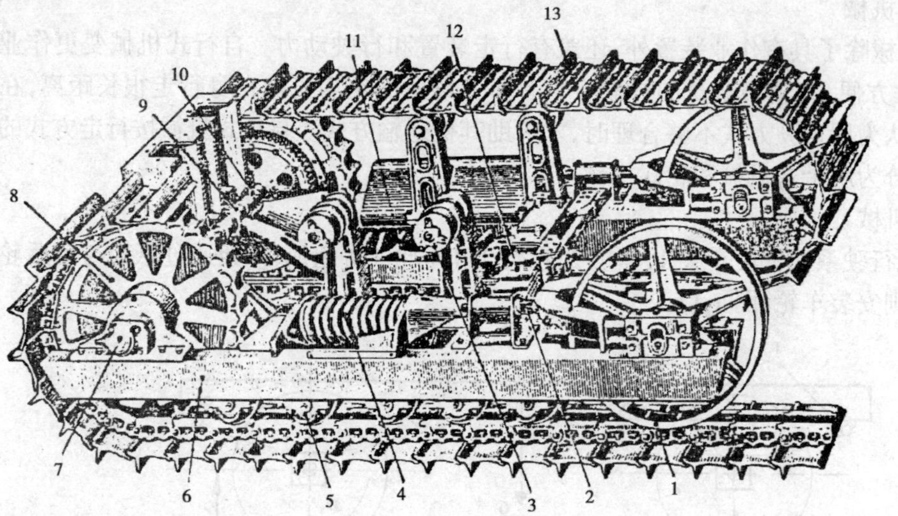

图 1-2　履带式行驶系

1-张紧轮;2-调整螺杆;3-托轮;4-张紧机构;5-支重轮;6-台车架;7-横轴外轴承;8-驱动链轮;9-轴承;10-横轴;11-斜撑架;12-悬架;13-履带

对于公路施工企业来说,主要是根据施工工艺组织和使用施工机械,所以这种方法应用最普遍,也最专业。

2.按照施工机械在生产中的重要程度分类,可以分为:

(1)关键设备

指在生产过程中起主导关键作用设备。这类设备一时发生故障,会严重影响施工质量、施工进度、人身安全、环境保护,造成重大的经济损失和严重的社会后果。关键设备也可称重点设备。如挖掘机、沥青加热装置、沥青或水泥混凝土搅拌设备及其摊铺机等。

(2)主要设备

指在施工过程中起主导关键作用的设备。这类设备出现故障,会影响施工生产的质量、产量或进度,但一般不会危及人身安全,不破坏环境保护,如装载机、平地机、压路机等。

(3)一般设备

指结构简单、维修方便、数量众多、价格便宜的设备。这类设备若在生产中出现故障,对施工的质量、进度和企业的影响较小。

这种分类方法可以帮助管理者分清主次,明确设备管理的主要对象,以便集中力量抓住重点,确保施工企业生产经营目标的顺利实现。

3.按照机械设备的购置价值分类,可以分为:

①小型设备:一般购置价值在5万元或10万元以下的设备;

②中型设备:购置价值在5万元或10~50万元以内的设备;

③大型设备:购置价值在50万以上的设备;

④特大型设备:购置价格在100万元以上的设备。

这种分类方法适用于施工企业集团化模式或总公司模式的大型企业单位。它有利于进行现代化管理,最大限度地用好、管好施工机械,发挥出各类机械的最大效能。

§1-2 施工机械选型通则及考虑的若干问题

一、施工机械选型通则

公路施工机械化的的组织者或管理者，应当合理地选择各个工序的施工机械，以提高机械化程度——让机械在更广的泛围内代替人力劳作；在保证作业质量的前提下，提高机械的作业效率，降低机械的运转耗费，从而提高机械化水平。选型的目的在于挑选技术上先进，经济上合理和使用安全可靠的最好装备，以形成专业的或综合的机械化施工队伍，保证如期完成工程任务。合理选择施工机械的依据是：工程量、施工进度计划、施工质量要求、施工条件、现有机械的技术状况和新机械的供应情况等。在进行施工机械选型时，通常遵循下列规则：

1.能作业

机械本身不应受到大的伤害。所谓能作业，指的是该类机械可以完成施工中的相应工序。是否可以？应当考查作业对象的物理、化学性能和施工作业场所，是否适宜于施工机械的正常运转。否则，不应当认为“能”作业。能作业，被认为是施工机械选型的最起码的要求。笔者曾在某公路的沥青混凝土路面摊铺施工现场目睹了施工机械受到伤害的状况。该施工现场，沥青混凝土摊铺机突然出现故障，当时正值夜间，一时难以找出故障所在并予排除，摊铺机暂不能作业，而现场已拥有十多辆12t载质量的混合料运输车等待卸料摊铺。施工现场指挥者为避免车内混合料因冷却而酿成材料浪费，而又认为当时所需摊铺的层次是四层沥青层的最下一层，对平整度和层厚误差要求较宽，于是决定调用平地机代替摊铺机完成沥青混合料的摊铺作业。其结果是：平地机在摊铺平整过程，很快造成一轮胎的爆裂，由于一轮胎爆裂，摊捕机不能行走而停在原地已经摊开的热沥青混合料上，其他轮胎继续受到加热，相继又有一、两个轮胎爆裂。上述事故证明：施工机械能否作业，应当考察或考虑到，施工现场及机械的作用对象是否会对机械产生大的事故性的伤害。当然，施工机械在进行作业时，发生的正常磨损或小的损伤，则另当别论。

2.有较高的生产率

公路施工机械化进程中，有些工序只能是惟一类型的机械完成，例如沥青混凝土面层摊铺的工序，只能由沥青混凝土摊铺机完成。然而不少工序，甲类机械、乙类机械都可以完成，这就存在选型问题。例如，稳定土摊铺工序，从稳定土拌和厂运往峻工土路基后，需要摊铺成设计要求的厚度和断面横坡度或供度，能够完成此工序的机械有三类：a.平地机；b.沥青混凝土摊铺机或以沥青摊铺机工作原理相同的稳定土摊铺机；c.推式稳定土摊捕机。这三类机械中哪一种为优呢？应首先考查它们各自的作业速度(即生产率)，然后再结合各类机械的台班使用费，考查其经济性。

所选机械的生产率高低，常常受到工作环境条件等诸多限制。例如“移运土方填筑路堤”工序，显然至少可以选择以下机械：a.推土机；b.铲运机；c.挖掘机与自卸车配合。这三类机械中哪一种生产率高呢？这就受到了“远距条件”的限制。施工实践证明：短距离土方挖运，推土机较适宜；中等距离铲运机为宜；长距离挖掘机与自卸车配合为宜；超短距离挖掘机单独作业为宜。距离长短大小的具体标准，以后章节述及。

3.作业质量能得到保证

这是更重要的方面。因为所选择的机械，虽然作业时不会受到伤害，作业速度也不低，但是如果作业的质量达不到工程设计要求标准，这种“速度”是无意义的，是徒劳无功的，甚至是有过的。笔者曾遇见如下情节：某单位承包了一段路基工程，但缺少压路机，于是派员外出寻求出租压路机的部门，千辛万苦终于寻到。出租方仅有2台可供选择的压路机：一台12～15t三轮静力作用式压路机，台班租赁费用较低；另一台10～12t轮胎—钢轮铰接式振动压路机，台班租赁费用较高。承租方派员不假思索，断然决定租赁低价位的三轮静力作用式压路机。该压路机进入工地实施路基压实作业，压实若干遍后，现场取样检测，路基压实度达不到设计要求，再增加遍数，仍达不到压实度要求。最后只得将此压路机退回，换租价位较高的另一台压路机。后一台压路机能够达到设计压实度的要求。当然承租方额外付出了选取前一台压路机进出工地和在工地作业期间的费用。此事说明：选择施工机械应把“作业质量”问题放在首位考虑。上述事例中，为什么第一台反复增加压实遍数仍达不到压实度要求？为什么后一台重量较轻的振动压路机反而能够达到压实度要求？其中的道理，将在以后的章节论述。

4.花费少——能使单位工程造价最低

单位工程造价，指每单位工程量(例如1km，$1m^2$，$1m^3$等)所耗费的工程投资，常用元/km，元/m^2或元/m^3表示。单位工程造价直接地表达了施工机械化水平。

提高施工机械的台班作业效率或降低施工机械台班运转费用都是降低单位工程造价的直接的、有效的途径。然而机械的选型(选择哪一类施工机械)和配备方案，通常是与施工工艺方案密切相关的。施工工艺方案常采用“预算—对比—筛选方法”来确定。例如一段2m高的路堤填方工程，其取土方案有两种：一是分散的在路边取土坑取土，二是集中在取土场取土。我们必须对这两方案分别进行较精确的预算，选择其中一种花费(机械费用和土地占用费之和)较少者作为实施方案。然后再根据实施方案，确定机种。第一方案远距较短，可能配备的机种有铲运机、推土机(后期用推土机联合送土方法施工)、挖掘机(不配自卸车，用挖掘机直接弃土填堤方法施工)。第二方案远距较长，可能配备的机种是铲运机和挖掘机(或装载机)与自卸车配合。两种方案中所需机械的台班费用逐一算出，从中取最经济者为实施方案，即确定了所选的机种。

二、选择机械应考虑的具体问题

所选机械都是在具体的、特定的环境条件下进行作业的。只有适应各自的环境，机械才可能安全、可靠和高效地运转，否则，机械将难以发挥它们各自的技术性能。这些环境条件包括地理气候条件、作业现场条件、作业对象的土质条件等等。

1.我国幅原辽阔，地区间的气候条件千差万别，有高湿、干旱、高温、高寒等不同的地区。选择机械时必须审视具体条件予以区别对待。下面以高原施工中机械选配应注意的问题为例详加说明，其他地区应注意的有关问题，读者可根据自己的实践经验和已掌握的机械、土木等方面的基础知识加以总结和完善。

(1)用于高原、高山地区作业的、以柴油机为动力的施工机械应注意的具体问题

第一，缺氧和寒冷是高原地区的环境特点。缺氧势必造成发动机吸气不足，燃烧不充分，功率下降，燃油经济性差，易形成积炭，严重影响柴油机的寿命。因此对柴油机的匹配问题提出一些特殊要求：高原地区应配用带增压装置的柴油机，配上增压装置能够有效解决高原地区空气稀薄而引起的柴油机充气效率下降和功率不足等问题。特别是带中冷的进气增压系统，

能更有效地提高柴油机气缸内的进气终了时的空气密度，从而保证了柴油机的正常功率输出，在海拔 2 500m 以下均能保证正常运转。若施工机械需长期服务于海拔 2 500m 以上地区，为了确保其作业效率、燃油经济性及发动机的使用寿命，最好要求制造厂家在可行的情况下提高配置的发动机的额定功率 10% ~ 20%，以抵消高原作业时的不利影响。第二，施工机械在高原、高山作业时，受地形限制较大。当坡度大时，作业对象的物理机械指标变化引起的作业阻力变化大，因此，应选转矩适应系数(转矩储备系数)大的柴油机，以适应这种变化，配用的柴油机的这一指标一般应在 1.20 以上。第三，柴油机应配备必要的辅助装置：高山高原必有高寒，如果可能，发动机应配润滑油和冷却液加热装置，至少冷却系的恒温节温器必须配装，且应作用可靠，以保证作业时冷却液温度维持在 60℃以上，从而保证柴油机有较高的热效率。此外，为方便起动，还应增加进气预热装置及特殊寒冷地带所使用的蓄电池等。

(2)高原、高山地区使用的自行式施工机械必须配有牢固的防翻滚保护架

高原、高山地区作业的自行式施工机械的实际稳定性，虽然与机械的结构参数密切相关，但驾驶员的操作水平对机械的安全稳定性也有重要影响。在高原、高山地区施工，纵、横坡度较大，易发生机械失稳。为了防止翻车后，机械滚转酿成重大人身事故和设备损失，机械上安装防翻滚保护架是至关重要的。防翻滚保护架不能仅图外观漂亮，它必须有足够的强度，且与机械的大架有可靠的联接。

(3)用于高原、高山地区的以电力驱动的施工设备应注意的问题

工作于高原、高山地区的以电力驱动的施工设备，同样会面临这些地区的特殊地理气候条件所带来的问题，其功率及其他工作条件与低海拔地区有较大差别。电动机运行过程的能量损耗可分为固定损耗和可变损耗，损耗的最终结果是导致电机发热。当冷却不足时将会使电机温度上升超过允许值而导致损坏。冷却的效果，取决于环境温度和单位时间内通过电机散热表面的空气质量。高原、高山地区的空气密度大幅下降，将导致流经电机表面的空气质量减小，造成温度升高，容易烧坏电机。电机的发热主要是与负载有关的可变损耗部分造成的，它与电流密度的二次方成正比。因此，用于这些地区施工的电气驱动设备，都应在电机的驱动功率上作出调整，增大驱动能力，从而减小电机工作时绕阻中的电流密度，达到电机安全运转的目的。

此外，高原、高山地区以电力驱动的施工设备上所用的低压电器，诸如接触器，断电器等电器元件，其标称使用参数一般是按海拔 1 000m 以下设计的。在高山、高原环境条件下，这些电器元件中的吸合电磁铁的散热同样存在问题。另一方面，由于空气稀薄，在这些电器元件的通断瞬间也容易造成空气电离引弧，从而烧损触点，降低电器元件的使用寿命和安全工作可靠性。为了加大这些电器元件的热容量，降低触点部位的电流密度，因此元件的选用时，其工作参数应略高些。

2.施工区域土地的旱、涝、干、湿，除地理因素决定之外，也受雨季、旱季的影响。土地的干、湿程度不同，对施工机械，特别是铲土运输机械的通行是有影响的。因为铲土运输机械基本上是在无“路”的情况下作业的，一旦土地承受机械通过的能力不足，机械将无法进行施工作业。这种能力通常用圆锥指数这个指标来衡量。土壤的圆锥指数由圆锥贯入仪测定。圆锥指数的单位是 N/cm^2，其物理意义是表示土壤的抗剪强度。我们从机械行驶理论知道，地面的附着性能，直接影响着牵引力(地面给机械的水平方向的作用力)的发挥。因此，圆锥指数高的土壤、允许机械通过的能力也高。同一种土质的干湿程度不同，其圆锥指数不同。表 1-1 给出容许土方机械通过的圆锥指数。

容许土方机械通过的圆锥指数　　表 1-1

机械类型	湿地推土机	中型推土机	大型推土机	平地机	拖式铲运机	自行式铲运机	自卸车
土壤圆锥指数(N/cm^2)	19.6 以上	49 以上	68.6 以上	58.2 以上	68.6 以上	98 以上	117.6 以上

从施工区域的旱、涝、干、湿这些条件出发，选择自行式机械的底盘类型，大体遵循：旱季或土地干燥区施工，尽可能选用轮式底盘的施工机械，因为轮式底盘行驶速度较高，有望获得高的生产率；经常在雨季或湿涝地区施工，尽可能选用履带式底盘的施工机械，因履带式的机械接地比压小，不易陷车打滑，在湿软的土地上仍可运行作业。若遇有沼泽地段的土方挖运任务，而远距又不很大时，选择推土机较为适宜，但应选用湿地推土机。这种推土机用加宽的履带，履带板横断面呈"▽"型，使接地压力从一般型推土机 $1.3\times10^9N/m^2$降到 $0.3\times10^9N/m^2$，因此这种推土机很利于在湿软的沼泽地段作业。

3.机械类型选定之后，必须细致调研具体制造厂家的产品运转可靠性、维修方便程度、置办的难易和售后服务质量。机械产品的性能/价格比，作为用户是首先考虑的具体问题之一。所谓性能，主要指施工机械的作业能力(生产率)，但附加条件是该机械必须运转可靠，即可靠性好，使用中的故障率低。否则标称中的生产率再高也是无意义的，如果经常出故障，不能正常作业，何谈什么生产率的高低？因此产品运转的可靠性是第一位的。然而所有的机械产品绝无百分之百的可靠性，运转中出现这样、那样的故障似乎难以绝对避免。我们盼望的是少出故障，出了故障能方便快捷地修复、排除，使其又能很快地投入运转，这就取决于维修的方便程度。运转可靠性和维修方便程度，常由两方因素决定：一是产品结构设计的合理化程度，二是制造质量(材料质量、加工和装配精度)。维修方便程度则由产品的结构复杂程度、拆卸安装难易程度和厂家售后服务态度等几方面的因素决定。置办难易指的是价格高低和付款方式。先款后货，现款现货，现货赊销，这三种付款方式体现出了该产品置办难易程度的不同。售后服务质量通常指生产厂家或经销商对用户的负责程度，其服务内容包括向用户讲解产品的使用，维护方法，修理配件及时供应，直至在规定期限内厂家或经营商到现场免费排除机械故障。

4.选择的机械在施工作业过程中不应破坏环境和对环境产生明显的不利影响。这里的"环境"，指已有建筑物或构筑物，当然也包括人的生活环境。例如，在高架路上施工的压路机，通常不应为振动压路机，因为压路机以振动状态作业时，会使高架桥产生强烈振动，从而引起结构早期损坏。再如，在坑道内工作的动力机械(如柴油空气压缩机)，所用的柴油机应当选用排放状况良好的机种——柴油机排放的废气中含有 NO_x 气体较低的机型，即用分隔式燃烧室(预燃室式燃烧室和涡流室式燃烧室)的柴油机，虽然这两种类型柴油机耗油率偏高。再者，选择机型时，要考虑作业时产生的噪声和排放的粉尘对周围环境的影响，沥青搅拌设备选型时，尤其要注意排放的粉尘对周围环境的影响。

§1-3　土方机械选型

公路和其他交通工程及民用建筑行业，土方处理工程量在各自工程总量占相当的比重。公路土路基的开挖、填筑、平整等工序的土方工程几乎全由土方机械完成，因此合理选择土方施工机械是公路机械化的一个重要课题。选择土方机械必须通晓它们在工程中能够承担什么任务。表 1-2 列举了常用的几种施工机械的适用作业范围。

土方施工机械适用范围 表 1-2

机械名称	施工适用范围		
	准备作业	基本作业	辅助作业
推土机	1.修筑临时道路； 2.推倒树木，拔除树根； 3.铲除草皮，除清积雪； 4.推缓陡坡地形； 5.翻挖回填井、坟、陷穴； 6.清除建筑垃圾	1.高度3m以内路堤和路堑土方工程； 2.运距20~70m之间的土方挖运、铺填和压实； 3.半填半挖路基土方工程； 4.桥涵处路基缺口土方回填	1.斜坡上挖台阶； 2.路基面粗平； 3.取土坑及弃土堆平整； 4.土层压实； 5.铲运机顶推助铲
拖式铲运机	1.铲除草皮； 2.移运孤石	运距100~700m之间的土方挖运、铺填和压实	1.路基面及场地粗平； 2.取土坑及弃土堆平整
自行铲运机	铲除草皮	运距500~2 000m土方挖运、铺填和压实	
平地机	1.铲除草皮； 2.清除积雪； 3.用其松土耙齿疏松硬土层	1.高度0.75m以内路侧取土填筑路堤； 2.高度0.6m以下路侧弃土开挖路堑	1.开挖排水沟、截水沟； 2.路基面及场地平整； 3.路基修整边坡
挖掘机		1.半径7m以内土方挖掘和卸填； 2.运距500~5 000m配合自卸汽车、火车等远运土、石、砂施工	1.开挖沟槽及基坑； 2.水下捞土 3.整修深路堑边坡(利用反铲挖掘机)
装载机	清除路基基底草皮	1.运距500~5 000m配合自卸汽车装土方和砂石料； 2.改装成推土机完成相应作业 3.自铲运完成土方砂石挖运	
拖式松土机	1.翻松旧道路路面； 2.清除树根、小树墩和灌木丛		1.疏松含有砾石的普通土和硬土； 2.破碎及揭开0.5m以内冻土层

公路(也包括铁路)路基施工机械化中，选择机种时，绝不可忽视它们所能适应的工作条件，否则，机械化水平将受到非常大的不利影响。表1-3列出了土方机械的适用条件，可在选择机种和机型时作为参考。

土方施工机械适用条件 表 1-3

路基种类	主导机械	辅助机械	填挖高度(m)	水平运距(m)	集中工作量(m^3)	最小工作面长度或高度(m)
1.路堤 (1)路侧取土	a.自行平地机；	74kW	<0.75			300~500
	b.74kW推土机；	推土机	<3	10~40	不限	
	c.102~148kW推土机；		<3	10~80	不限	
	d.6~8m^3拖式铲运机；		<6	100~250	>5 000	50~80
	e.6~8m^3拖式铲运机；		>6	250~700	>5 000	80~100
(2)取土场取土	a.6~8m^3拖式铲运机；	74kW	不限	≯700	>5 000	≮50~80
	b.9~12m^3拖式铲运机；	推土机	不限	≯1 000	>5 000	≮50~80
	c.9m^3以上自铲运机；		不限	>500	>5 000	≮50~80
	d.挖掘机配合自卸法车等；		不限	500~5 000	>10 000	≮2.0~3.5
	e.装载机配合自卸汽车		不限	500~5 000	>1 000	

续上表

路基种类	主导机械	辅助机械	填挖高度（m）	水平运距（m）	集中工作量（m^3）	最小工作面长度或高度（m）
2.路堑路侧弃土	a.自行平地机	58kW	<0.6			300~500
	b.74kW 推土机；	推土机	<3	10~40	不限	
	c.102~148kW 推土机；	58kW	<3	10~80	不限	
	d.6~8m^3 拖式铲运机；	推土机	<6	100~300	>5 000	
	e.6~8m^3 拖式铲运机；		<15	300~600	>5 000	50~80
	f.9~12m^3 拖式铲运机；		>15	≯1 000	>5 000	≮100
						≮200
纵向移挖作填路基工程	a.74kW 推土机；	58kW	不限	20~70	不限	
	b.102~148kW 推土机；	推土机	不限	<100	不限	
	c.6~8m^3 施式铲运机；		不限	80~700	>5 000	≮100
	d.9~12m^3 拖式铲运机；		不限	≯1 000	>5 000	≮100
	e.9m^3 以上自行铲运机；		不限	>500	>5 000	≮100
	f.挖掘机配合自卸汽车等；		不限	500~5 000	>10 000	≮2.0~2.5
	g.装载机配合自卸汽车		不限	500~5 000	>1 000	
3.傍山半填半挖路基	74~148kW 推土机		不限	20~80	不限	

注：本表均指松土，如土质坚硬应先用松土机将土疏松。

综上所述，土方机械选型时，我们应注意两点：(1)从土质条件(作用对象的软硬程度)，考查机械的开挖能力是否胜任；(2)从运距条件(距离远近和铲土运输机械作业通行道路的附着性能——土壤的抗剪能力)考查机械的通能行方便性和循环工作效率。这是土方机械选型时考虑问题的思路，可用一简图——土方机械选型流程图来表述，见图 1-3。

我们已经从土方机械的适用范围、机械的作业性能和机械对作业现场的适用条件等几个大的方面，提出了土方机械的选择依据，然而对于土石方施工对象、工点的具体情况来说，往往会有不止一种施工机械可供选择，我们还必须通过技术经济比较后决定取舍。例如，某一工点按技术条件的要求可有 r 种施工机械供选择，而从经济观点看来，则只应从其中选择费用或资源消耗最省者。今以数学式描述如下：

$$C_{ij} = \min(C_{rij}) \tag{1-1}$$

式中：C_{rij}——第 r 种施工机械从第 i 个挖土地点运至第 j 个填土地点所需费用或资源消耗指标。

有时，为了某种特定的目标需要追求产量或利润为最大，等等。此时必须注意，应从 r 种施工机械中选择其相应指标最大者，其数学描述式为：

$$C_{ij}' = \max(C_{rij}') \tag{1-2}$$

式中：C_{rij}'——第 r 种施工机械从第 i 个挖土地点运至第 j 个填土地点的生产率或利润率指标。

在设计阶段进行经济比较时，可采用预算造价指标。而在施工阶段则应以计划成本作为

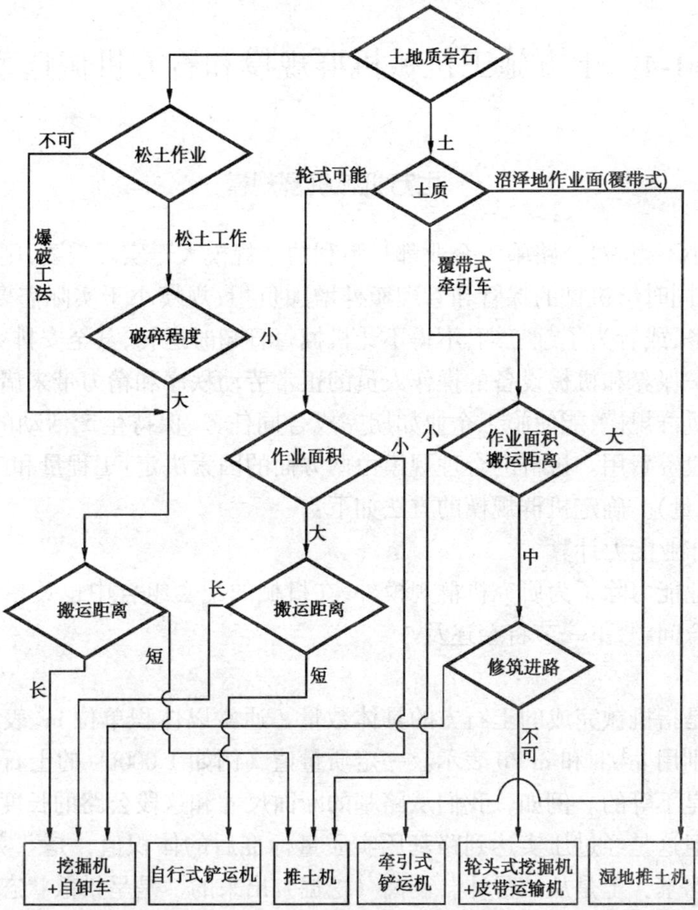

图 1-3　土方机械选型流程图

费用指标，计划成本可按下式计算：

$$C = \frac{k_1 \sum M_{班} + k_2 \sum \theta_{班}}{II_{班}} + \frac{T}{V}(元/m^3) \tag{1-3}$$

式中：$\sum M_{班}$——该工点全部参与工作的机械台班费用总和(元/班)；

$\sum \theta_{班}$——配合机械施工必须劳动力的劳动工资总和(元/班)；

k_1, k_2——分别为机械和人工施工管理费率，可从现行的基本建设工程概算编制办法中查取；

T——机械转移工地所发生的费用(元)；

V——该工点土石方工作量(m^3)；

$II_{班}$——机械生产率(m^3/班)。

当转移施工机械的距离不远，该项费用所占比重甚微，T 可略而不计，则该式可简化为：

$$C = \frac{k_1 \sum M_{班} + k_2 \sum \theta_{班}}{II_{班}} \tag{1-4}$$

必须指出：除此之外，在选择施工机械时，还应结合考虑机械的维修管理、配件供应和施工单位现有设备等情况。

§1-4　土方施工机械机群规模和石方机械选型

一、土方机械机群规模

机群规模大小不当,对公路施工企业都是不利的。规模大于实际需要,则会加大施工单位的机械设备投资,同时给机械的保管和管理额外增加负担;规模小于实际需要,则不能如期完成担负的施工任务,或者为了赶工期,不得不让机械每日超时运转,甚至安排突击加班,这又会给机械的正常维护保养和机械设备的操作人员的正常劳动秩序和精力带来诸多不良影响。合理确定土方机械机群规模,能使施工企业如期完成合同任务、保持生产活动的有序性,而又不会额外加大设备投资费用。机群的合理规模由两方面的因素决定:工程量和工期要求、机群的作业能力(台班产量)。确定机群规模的方法如下:

1.土方机械作业能力计算

预测机械作业能力除了为研究机群规模外,在机械的配套组合中也关系到"能力平衡"问题。机械配套组合问题,下一节将会述及。

(1)方量种类

作业能力,是指机械完成的土石方的具体数量,通常以体积单位 m^3 表示,小时生产率和台班生产率分别用 m^3/h 和 m^3/d 表示。一定质量值(例如 1 000t)的土石方,它们在不同状态下的体积值是不等的。例如,我们从路基的断面尺寸和这段公路的长度,很方便地可以计算出体积值,但这是经过压实达到路基压实质量标准后的体积值,是"实方"。用土方机械将这些土运往路基,土是从"母体"剥离(挖掘)出来的,是呈松散状态的,显然这个体积值要大于经过压实后的体积。另外,这些土在"母体"上所占据的体积,和挖松后的体积值,压实后的体积值也是不相等的。为了工程计算,人们把一定质量的土在不同状态下的体积,分别称为自然方、松方和实方。自然方:土没被扰动时,在"母体"上所占据的体积,用 V 表示;松方:经过扰动(剥离、挖掘或破碎)后的体积,用 V_1 表示;实方:经过压实后的体积,用 V_2 表示。

为了计算或表述方便,工程计算时又引进三个系数。它们分别是:疏松系数 k_s、压实系数 k_p 和松铺系数 f。其定义式如下:

疏松系数 k_s　　$k_s = V_1/V$　　(1-5)

压实系数 k_p　　$k_p = V_2/V$　　(1-6)

松铺系数 f　　$f = V_1/V_2$　　(1-7)

显然,将(1-5)和(1-6)式中的 V_1 和 V_2 代入(1-7)式后,得到:

$$f = k_s/k_p \tag{1-8}$$

我们凭直观感觉,显然疏松系数 k_s 是永远大于1的。对黄土或其他砂质、粘质土壤,压实系数 k_p 总是小于1,因为经压实后的体积总是小于其自然状态下的体积。但是,请勿不假思索地将"k_p 小于1"拓展到所有的物体。对于石方,"压实系数 k_p 小于1"的提法则是不能成立的。因为从山体上开凿出的块石,破碎又经铺填之后,通常的压实工艺,无论如何不能使其体积小于或等于自然状态的体积。

为工程计算方便,下面给出土石方换算表(粗略值),见表1-4。欲进行精确计算,可查阅其他相关资料。

土石方换算表(精略值)　　表 1-4

土石类别	自然方 V	松方 V_1	实方 V_2	土石类别	自然方 V	松方 V_1	实方 V_2
土方	1	1.33	0.85	石方	1	1.53	1.31
砂方	1	1.07	0.94	混合料	1	1.19	0.88

(2)小时作业方量计算通式

土方机械多为循环式作业机械,例如推土机工作时,一铲刀一铲刀地挖运土方,挖掘机是一斗一斗地挖装土方……。土方机械小时作业方量可按公式(1-9)计算:

$$Q = qNE = q\frac{60}{t}E \tag{1-9}$$

式中:Q——土方机械小时作业方量(m^3/h);

q——土方机械一个工作循环作业作业方量(m^3/次);

N——每小时的工作循环次数(次/h);

t——完成一个工作循环所需的时间(min);

E——作业效率。

使用公式(1-9)时,应注意三点:

a.所求出的小时作业产量是松方。

b.关于 q 的取值;对铲运机、装载机、挖掘机,自卸汽车等,这些工作装置为“斗”或者为“厢”。计算时,取斗容积或厢容积;对于推土机和平地机,其工作装置不是“斗”或“厢”,而是铲刀或刮刀,可按公式(1-10)取值:

$$q = \frac{H^2 B}{2\tan\varphi} \tag{1-10}$$

式中:H——铲刀或刮刀高度(m);

B——铲刀或刮刀宽度(m);

φ——土壤自然坡角(°),粗略计算时取:

$$\varphi = 30° \sim 40°$$

如果进行较为精确的计算,可按表 1-5 取值。

c. 关于作业效率 E。作业效率 E, 实际上是对理想条件的修正系数, 或者说是折扣系数。影响 E 值的因素有两方面: 一是作业条件, 包括土质, 地形, 机械的布置与安排, 人的操作技能等; 二是机械维护的技术状况。E 值难以用计算方法得到, 通常从根据用统计资料制成的表格查出。表的构思原理是: 将作业条件从最好到最差划分成五个等级, 将机械维护的技术状况也从最好到最差划分成五个等级, 根据作业现场条件及机械状况, 评估出相当的等级, 统计并测算出相应的正值, 制出如表 1-6 所示的表格。进行工程计算时, 从表中查出 E 值。

各种土的自然坡角(°) 表 1-5

材料类型	材料干湿程度			材料类型	材料干湿程度		
	干 燥	湿 润	潮 湿		干 燥	湿 润	潮 湿
砾石	40	40	35	卵石	35	45	25
粗砂	30	32	27	中砂	28	35	25
细砂	25	30	20	粘土	45	35	25
壤土、轻粘土	50	40	30	轻壤土	40	30	20
腐殖土	40	35	35	填方土壤	35	45	27

作业效率 E 值 % 表 1-6

作业条件	机械维护技术状况				
	优	良	中	差	劣
优	83	81	76	76	63
良	78	75	71	71	60
中	72	69	65	65	54
差	63	61	57	57	45
劣	52	50	47	42	32

有时人们估算土方机械的作业能力,也使用别的方法。最常见的是利用土方机械单项产量定额(台班生产率)。该产量定额是国家或某一基建部门,根据机械施工统计资料,按同类型机械的平均水平而制定的,虽然该表所列机械型号较少,也可作参考。常用土方机械产量定额见表 1-7。

常用土方机械产量定额($100m^3$/台班) 表 1-7

项 目		松土	普通土	硬土
推土机(50kW)		0.62	0.67	0.75
铲运机($6m^3$)	单独作业	0.75	0.82	0.98
	有助铲	—	0.75	0.88
挖掘机($0.5m^3$)	单独作业	0.23	0.25	0.27
	装 车	0.45	0.50	0.56

续上表

项　　目		松土	普通土	硬土
装载机(1.2m³)	单独作业	0.57	0.61	0.88
	装　车	0.41	0.45	0.50
倾卸车(3.5t)	配合挖掘机	2.76	3.06	3.38
	配合装载机	2.53	2.91	3.28

注:1.本定额采用的运距;推土机 40m,铲运机 400m,挖掘机、装载机与倾卸车配合为 2km;

2.运距增减计算:推土机每增减 10m——松土 0.14/台班,普通土 0.15/台班,硬土 0.16/台班;铲运机每增减 100m——松土 0.15/台班,普通土 0.16/台班,硬土 0.18/台班;倾卸车每增减 1km——配合挖掘机时,松土 1.21/台班,普通土 1.42/台班;硬土 1.57/台班;配合装载机时,松土 1.14/台班,普通土 1.35/台班,硬土 1.35/台班。

2.土方机械所需台数

所需土方机械的台数 n,由任务平衡方程式得出。所谓任务平衡方程式是指机械在规定的施工期限内所能完成的作业量应与工程总量平衡,用简单的数学方程式表达如下:

$$W = 8QDn \tag{1-11}$$

式中:W——工程项目总方量(m^3),应折算成松方量;

Q——机械的小时作业方量(m^3/h);

D——合同期限内实际可施工天数(d);

n——所需土方机械台数(台),由平衡方程式导出:

$$n = \frac{W}{8QD}(台) \tag{1-12}$$

式中各符号意义及单位同式(1-11)。

利用式(1-12)时,合同期内实际可施工天数计算方法为:

$$D = D_0 - D_1 - D_2 \tag{1-13}$$

式中:D_0——日历天数,由合同规定的开工期至规定的完工日期之间天数(d);

D_1——日历天数期间出现的国家法定节、假日天数(d);

D_2——施工期限内,气象因素影响施工的天数(d)。

由于降水和雨后停工影响天数不能用公式计算,通常做法是:到施工所在当地的气象部门查阅降水资料,取近 5 年的降水次数及降水量的算术平均值,计算时应注意,D_2 包括了下雨天数和雨后停工天数,雨后停工天数可参照表 1-8 确定 D_2。

气象因素影响土方机械施工雨后停工天数　　表 1-8

降水量(mm)	土质条件			
	砂石、小卵石、道砟	砂质土	粘质土	高含水能力的土(黑土,腐殖土)
3 以下	0	0	0~0.5	0~0.5
3~10	0	0	1~1.5	1.5~2
10~30	0.5	0.5~1	1.5~2	2~3
30 以上	1	2~3	2~3	3~4

二、石方机械选型——空气压缩机规格的确定

石方开挖工程包括石料开采和石方路基爆破开挖。公路机械化施工中,气动凿岩机和空气压缩机为必配的设备。其中主导机械是空气压缩机。一般根据工程进度要求和石料性质及凿岩机的性能,确定所需凿岩机的规格数量 n。空压机的规格,主要指生产率 $Q(\mathrm{m^3/min})$ 可按下式计算:

$$Q = a(Q_1 + Q_2) \tag{1-14}$$

式中:Q_1——凿岩机空气耗量($\mathrm{m^3/min}$);

$$Q_1 = nqKB$$

n——凿岩机台数;

q——每台凿岩机的空气耗量($\mathrm{m^3/min\cdot}$台);

K——同时工作系数(0.65~1),台数越多,同时工作系数 K 越小;

B——工具磨损后,空气漏损系数(取值范围 1.10~1.15);

Q_2——管道漏气量($\mathrm{m^3/min}$)与管道长度有关,一般情况是每千米管长漏气量为 $1.5\mathrm{m^3/minkm}$;

$$Q_2 = 1.5/1\,000 \times L \tag{1-15}$$

L——输气管道长度(m);

a——海拔系数。

因为以上所言 Q、Q_1、Q_2 均指海平面的气压,所以工作现场所在不同海拔高度时,应予修正,修正系数如表 1-9 所列。海拔高度不是整数的,用插入法求出。

a 值 表 1-9

海拔高度(m)	0	500	1 000	1 500	2 000	3 000	4 000	5 000
修正系数 a	1	1.05	1.11	1.16	1.21	1.31	1.41	1.51

§1-5 机械配套组合原则

配套与组合其实无差别,称呼不同而已。完成某一项目或工序,往往一种机械难以胜任,必须两种或两种以上的机械配合作业才行。例如:为了完成某段路堤施工任务,就需配备土方机械(推土机,铲运机或挖掘机加上自卸车)以完成“填”的任务;然而路堤有压实度的要求,否则路基的强度和水稳性就不足,因而就需配备压实机械。所配备的这些“填方”和“压实”的机械,就是所谓的“一套”机械。我们把这种组织机械的工作叫做“机械配套”,或曰“机械组合”。施工机械化中,配套的合理性,像机械的选型那样重要,是施工有序进行的条件,也是提高机械化水平的关键因素。公路施工机械化有关机械配套问题在道路施工的各个阶段都是至关重要的。机械配套的方法也随各阶段施工要求侧重点的不同而不同,我们将在有关章节分别阐述。现就机械配套的共同问题,即所谓配套原则集中讨论如下:

1.流水作业中,机械配套时应保持“套”中各机械作业能力平衡。套的作业能力,犹如一只水桶的容水能力,总是服从最弱者。这就是所谓的“水桶定理”:一只木质圆柱形水桶,其容量为水桶的横断面积乘以水桶的高度(即圆柱的高)。组成水桶侧帮的若干木条之中有一块长度

较小,计算这只水桶容水量时,水桶的高度只能以这块最短木条的长度为准,可见工作能力只能服从最弱者。进行公路沥青混凝土摊铺的机械化施工,必须配置沥青混凝土拌和设备、沥青混凝土摊铺设备和沥青混合料运输车辆(压实设备暂且不提),"拌、摊、运"这三个工序是由三种不同类型的机械分别完成的,按"水桶定理",沥青路面施工的进度(每小时的铺料量)只能服从"拌、摊、运"中最弱的那个环节。流水作业在机械制造行业广为人们认识和接受。其特征是:整个生产过程,上道工序的"成品"是下道工序的"原料"。在公路施工机械化中,为了加快工程进度和保证工程质量,大多也都按流水作业法施工。上面所举沥青层摊铺施工便是实例之一。"服从弱者",势必"委屈强者",使强者的优良性能无以发挥,造成"能力"浪费,实质上也是资源的浪费。因此,在进行机械配套组合时,力求做到套中各类机械作业能力的平衡,是完全必要的。

2.完成某工序所需的机械组合,台数尽量减少。因为任何机械,即使技术非常先进,可靠性非常高,施工期出现这样或那样的故障总是难免。机械出现故障即不能运转,我们把该机械无故障的时间 d_1 与施工期相比,叫做该机械的完好率,用下式表达

$$r_i = \frac{d_1}{d} \times 100\% \tag{1-16}$$

式中:r_i——某机械的完好率;

d——施工期 d;

d_1——该机械无故障天数;

$d_1 = d - d_2$(d_2 为该机械发生故障和排除故障所占时间)。

式(1-16)表明 $r_i < 1$,机械组合的可运转率等于组合中所有机械完好率和乘积,即:

$$r = (r_i r_2 r_3 \cdots\cdots) \times 100\% \tag{1-17}$$

式(1-17)表明:机械组合中的机械数越多,可运转率越低。换言之,机械组合中的机械数越多,对于整"套"来讲,发生停工现象的概率越高。例如,从取土场取土用自卸车运土填筑路堤,"装车"工序所需的机械种类起码有两种:一是挖掘机装车,二是装载机装车。我们知道装载机的挖掘能力不如挖掘机,如果取土场土质稍硬,挖掘机的开挖不会出现问题,而装载机铲装可能发生困难,于是得安排疏松土壤的机械与之配合。这样看来,完成"装车"工序,按第一方案只需挖掘机一种机械,显然第一方案出现"挖装停工"的概率较低。这也是尽管机械功率相同时,装载机的台班使用较费低。在土质稍硬时,常用挖掘机挖装,而较少用装载机铲装的道理。

3.在组织机械化施工时,要注意分成几个系列的机械组合,同时并列施工,这样可以减少当组合中某一台机械发生故障时造成全面停工现象;另外,在组合机械时,力求选用统一的机型,以便维修和管理。

§1-6 施工机械配置的合理性

一、研究方法

施工机械的种类和数量较多,施工机械作业时受各种因素影响而表现出随机性。因此,对于这样复杂的施工系统,研究方法成为关键。研究的方法既要简单明了,适合于施工企业推广,又要能全面有效地反映出系统的变化并能分析施工作业状况。

排队论是解决随机服务系统最有效的方法之一。对于整个公路机械化施工系统，施工机械种类杂、数量大，施工环节多。用排队论建立该系统的数学模型，其数学公式很复杂，甚至无法推导出结果；而且还必须做出诸多的假设条件，运用很不方便。在系统工程的研究方法里，线性规划和动态规划是运用最多的系统方法。在工程施工过程中，诸多的随机因素影响着施工过程，随机因素日益成为不可忽视的重要方面。用线性规划或动态规划都无法考虑这些随机因素的影响。20 世纪 70 年代，Halpin 在随机网络的影响下，根据施工作业均为循环作业这一特点，提出了一种循环作业网络(CYCLic Operations Network，缩写为 CYCLONE)。该网络技术简单明了，特别适合于具有循环作业特点的工程项目。80 年代，仿真技术与循环作业网络技术相结合，使得该技术进入实际应用阶段，运用 CYCLONE 技术建立路基、路面机械化施工系统的循环作业网络图，然后运用仿真技术分析研究施工机械配套的合理性。

二、路基、路面机械化施工循环作业网络

1.路基机械化施工作业网络图

路基施工作业复杂，不同路段所使用的施工机械和施工方法也不完全一样。仅以某一级公路路堤施工为例，建立路基机械化施工网络模型。其施工工艺为：土方开挖→装运→铺卸→平整→稳压→压实→封层碾压。根据施工工艺和所用设备可绘制出路基机械化施工循环作业网络图，如图 1-4 所示。

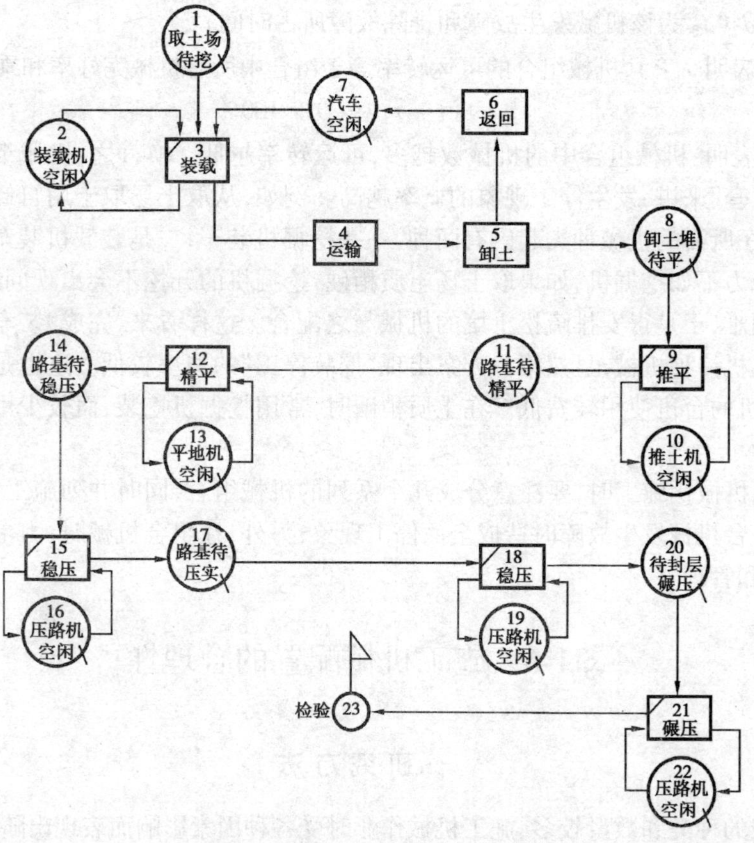

图 1-4　路基施工机械化循环作业网络图

2.沥青路面机械化施工作业网络图

以某一级公路沥青路面面层机械化施工为例,建立路面机械化施工网络模型。沥青路面面层施工工艺为:沥青混合料拌和,沥青混合料运输,沥青混合料摊铺以及沥青混合料初压、复压和终压。根据施工工艺流程可绘制出沥青路面面层机械化施工循环作业网络图,如图 1-5 所示。

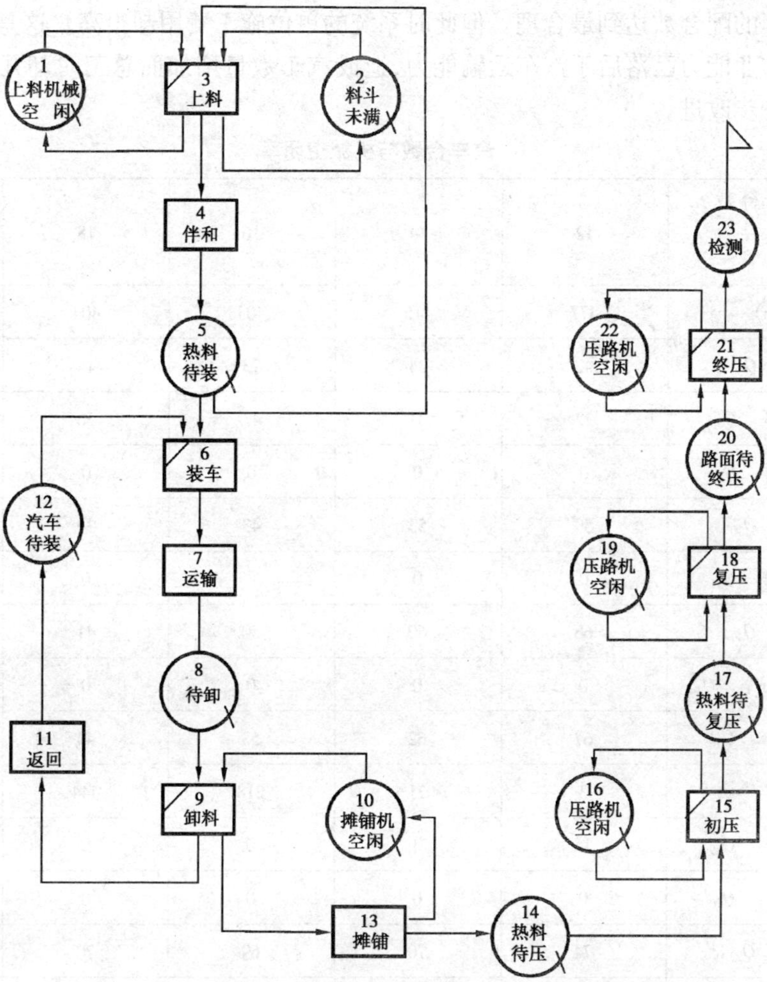

图 1-5 沥青路面施工机械化循环作业网络图

三、施工机械化设备配套合理性分析

按照循环作业网络图,编制计算仿真程序,在计算机上就可模拟实际施工作业在不同条件下施工机械配套结果。

1.路基机械化施工机械配套分析

现有一套机械配备方案如下:①四台 Cat950B 装载机分两组在取土场为 12t 自卸车车队装土;②自卸车卸完十车土后,由一台 120 推土机将土堆推平;③用一台 Cat140G 平地机按松铺厚度为 40cm 将路基整平;④用一台 ABG179SE 光面压路机稳压一遍(速度为 3km/h 将路基整平,重叠 1/3 轮宽);⑤用一台 YZF—15、一台 1102HP 各振压两遍(速度为 2km/h,重叠 1/3 轮宽);⑥用一台 179SE 振压一遍封层;⑦取样检验。按此方案由计算机进行仿真运算。

从表 1-10 中可知，当汽车台数为 14 辆时，系统的单位施工费用最低；此时主要压实机械的空闲率仅为 3%（节点 Q_{19}），该工序的压实机械已达到满负荷，成为控制施工进度的关键工序。装载机此时的空闲率达高 34%（节点 Q_3），14 台汽车的累计空闲率只有 31%，平均每辆车的空闲率仅有 2.2%；装载机与汽车配合没有达到最佳，汽车太忙，装载机过于空闲。当汽车数为 20 台时，装载机空闲率降低 7%，汽车累计空闲率为 72%，平均每辆车的空闲率为 3.6%，装载机与汽车的配合数达到最合理。但此时系统的单位施工费用却很高。这是由于主要压实工序的机械作业能力已落后于汽车运输能力，造成汽车数量增加而总工时却几乎未减小。此系统还需进一步改进。

汽车台数与机械空闲率　　表 1-10

汽车台数 N_t / 机械空闲率	12	14	16	18	20
总工时 T (min)	477	415	403	404	401
装载机空闲率 Q_3	42	34	23	14	7
汽车待装排队率 Q_7	22	31	43	56	72
土堆待平等待率 Q_8	0	0	0	0	0
推土机空闲率 Q_{10}	59	53	43	34	28
路基精平等待率 Q_{11}	0	0	0	0	0
平地机空闲率 Q_{13}	66	60	50	41	35
路基待稳压等待率 Q_{14}	0	0	0	0	0
稳压机械空闲率 Q_{16}	67	62	53	44	37
路基待压等待率 Q_{17}	3	21	218	444	596
压实机械空闲率 Q_{19}	15	3	0	0	0
封层碾压等待率 Q_{20}	0	0	0	0	0
压路机空闲率 Q_{22}	74	70	69	70	69
单位施工费用 C(元/m^3)	1.462	1.385	1.455	1.569	1.667

在主要压实工序作业中，压实规范要求以 2~4km/h 的速度，大振幅振压。为提高该工序作业能力，可将碾压速度从原来的 2km/h 提高到 3m/h。同时，将稳压和封层碾压的压路机作业参数作调整，以降低这两台机械的空闲率。稳压作业，由原来静压一遍改为静压一遍然后再振压一遍。这样调整后，可进一步提高路基压实度。此外，对推土机和平地机也可作适当调整，以增强作业后的平整度。按调整后的作业参数再对该方案进行仿真，其结果列于表 1-11。表 1-11 中的结果比表 1-10 的结果好得多，其工时最短。此时，装载机空闲率为 9%，汽车平均每辆空闲率为 4.7%，装载机与汽车配合达到最佳。主要压实机械空闲率（Q_{19}）也只有 9%。汽车运输能力与压实能力正好相协调。辅助作业机械空闲率最好的平地机（Q_{13}）为 33%，此数值也可被接受。因此，调整后的方案，在车辆数为 20 台时施工系统的机械配套以及作业参数匹配都达到最佳，该施工系统经济性也最好。

表 1-11

汽车台数与机械空闲率

汽车台数 N_t / 机械空闲率	16	18	20	22	24
总工时(min) T	371	336	309	293	290
装载机空闲率 Q_3	25	17	9	3	0
汽车待装排队率 Q_7	47	70	94	144	250
土堆待平等待率 Q_8	0	1	2	5	6
推土机空闲率 Q_{10}	33	28	21	12	13
路基精平等待率 Q_{11}	0	1	2	2	2
平地机空闲率 Q_{13}	44	39	33	27	24
路基待稳压等待率 Q_{14}	3	6	13	34	70
稳压机械空闲率 Q_{16}	24	16	9	3	1
路基待压等待率 Q_{17}	1	3	5	15	25
压实机械空壮闲率 Q_{19}	24	16	9	4	2
封层碾压等待率 Q_{20}	0	0	0	0	0
压路机空闲率 Q_{22}	41	35	29	25	24
单位施工费用(元/m³) C	1.34	1.305	1.284	1.297	1.364

2.路面机械化施工机械配套分析

路面机械化施工的设备有:生产率为180t/h的沥青混合料的拌和设备,拌和设备的冷料斗是由一台ZL40装载机上料,成品热料放置在两台120t的热料储仓内;混合料运输采用若干台T815S_1自卸车;摊铺机为一台Titan411;压实机械分别为,初压:ABG130和W552各一台;复压:2台16t轮胎压路机;终压:一台W554。

从表1-12中,当车辆数为10台时,单位施工费用最少。此时,拌和机的缺料率 W_2 和溢出

表 1-12

汽车台数与机械空闲率

汽车台数 N_t / 机械空闲率	4	6	8	10	12
总工时 T (min)	1109	789	642	571	564
上料机械空闲率 W_1	57	39	25	22	22
冷料斗缺料率 W_2	0	0	0	0	0
热料储仓溢出率 W_5	44	21	3	0	0
汽车待装排队率 W_{12}	5	16	33	71	203
汽车待卸排队率 W_8	28	63	112	188	214
摊铺机空闲率 W_{10}	51	31	15	4	3
热料待压等等率 W_{14}	0	1	2	3	3
初压机械空闲率 W_{16}	59	43	30	21	19
热料复压等待率 W_{17}	3	6	10	20	22
复压机械空闲率 W_{19}	55	37	23	12	11
热料终压等待率 W_{20}	0	1	1	1	1
终压机械空闲率 W_{22}	68	56	45	38	38
单位施工费用(元³) C	12.828	9.602	8.2	7.638	7.884

率 W_5 均为零,说明拌和设备以最大生产率生产,没有受到上料机械和热料运输机械的影响而停机。W_1 为 22%的空闲率表明上料机械的生产率大于拌和机的生产率,从而保证拌和机的冷料供应不会停断。W_{12}和 W_8 是 10 辆运输车空闲率的总和;平均每辆车的空闲率为 7.1%和 18.8%。由于汽车运输时间的随机性较大,因而只有多配备运输车辆才能保证摊铺机连续不断地摊铺。摊铺机的空闲率 W_{10}是 4%,是可以接受的。W_{14}、W_{17}和 W_{20}均小于 20%表明摊铺后的热料基本上得到及时的压实。压实机械的空闲率 W_{16}、W_{19}、W_{22}均小于 38%,说明压路机的利用率不算太低。

用这种方法对各种机械备进行分析,可以得出下列结论:在高等级公路路面机械化施工中,选用生产能力在 150t/h 以上的拌和设备比较经济合理。摊铺机的摊铺速度应该与拌和设备的生产能力相一致;摊铺速度不要小于拌和速度,即使大于拌和速度也不能增加施工进度,以免影响路面质量。压实机械的生产能力应该大于摊铺机的摊铺能力,以保证已摊铺的路面得到及时的压实。

§1-7　机械设备的置办

根据工程量、施工期限、施工条件、施工机械的作业能力等因素,确定了工程项目所需的机械类型、规格及数量后,机械来源是公路施工机械化的组织者必须考虑的实际问题。某项工程所需之机械大体可分两类:一是自有适用机械;二是尚缺的、需要添置的机械设备。第二种情况可用三种方式解决:①用租赁方式从其他单位部门或个人(统称机械设备的出租者)获得施工适用型机械;②根据施工单位的购买能力和市场货源,用购买的方式获得所需机械。购置方式有现款现贷、预付、赊售等;③对于改进施工工艺,提高工程质量,工程迫切需要施工单位虽有支付能力,但市场缺乏的新型机械设备,采用研制新型的方式加以解决。下面阐述机械设备的置办方法及应注意的一些问题。

一、机械设备的租赁

目前我国施工机械的租赁市场不很完善,部分省市有存有专业的筑路机械租赁公司,但由于各施工单位都追求小而全的设备配套,租赁还远未达到专业化水平。随着高速公路的发展,对质量和工艺要求的进一步提高,对施工机械设备性能要求也在提高,使用的设备造价比较昂贵,投资较大,从而使专业设备的租赁市场逐渐看好。另外在目前买方市场条件下,一些机械制造厂商采取灵活的"以租代购"的促销方式,向施工企业推出自己的产品,从而使施工企业在资金困难的情况下获得自己所急需的设备。第三种情况是:某些单位或个人拥有暂时闲置的机械设备等待出租。第四,目前国内大型公路施工企业(集团公司)内部为实现机械设备的优化配置、动态管理和独立核算而采取的"项目法施工"管理中,也在推行企业集团内部的机械租赁制度,从而确立了企业内部的机械租赁市场,使其下属的分公司以租赁方式获得施工机械的使用权。

租赁前,施工单位应考查机械作业性能与施工条件的适应性,从而保证所租机械能够在施工中发挥应有作用;调研机械租赁成本及双方的责任,若有多家租赁企业,综合权衡台班费用、生产率及作业质量,从中选择条件最优惠者签订机械租赁合同。

机械租赁合同以文件的形式规定了出租方和承租方各自的权利和责任,具有公正性和严肃性，双方都必须严格履行。合同的内容及有关问题的处理，将在本书第十章详述。

二、机械设备的购置

参与机械设备购置的人员应具备广博的业务知识、较高的专业技术水平和高度的责任心，否则便不能正确了解市场变化、掌握机械的发展水平，不可能对机械设备购置中的关键问题作出正确的决策。

订购机械设备应选择产品质量高，且有一定发展历史和信誉好的厂家产品；产品质量相近时，应选择与本企业已有的同类机械的相同厂家产品，以便于管理和维修；根据工程特点选择距施工现场较近的厂家产品。选择厂家时，企业应派有技术能力和经验的机械管理人员进行社会调研，了解近期该厂家的产品质量和售后服务情况。售后服务包括：能够根据用户要求的时间保证及时赶到工地进行安装调试工作，并为用户培训操作维修人员，直到能独立工作为止；设备出现故障，厂家应能及时地制定出方案，并以最快的速度赶到现场修理；厂家应做到定期委派有实力的工程师对设备巡检和对操作人员进行设备保养培训，以满足施工的需要。

企业应有专门的机构负责汇集市场信息、进行价格谈判和签定机械订购合同。机械订购合同以法律形式规范和解决合同执行过程中可能出现的问题。合同签定时必须注明合同双方的权利和义务，如：机械产品的名称、规格型号、出厂时间限制、供货时间、地点、运输方式、出现运输问题或产品质量问题的解决方式、保修期限和保修范围、确定费用结算和违约责任等。

所购机械设备运到现场后，订购单位应在卸车前、卸车后、开箱前、开箱后对所购机械设备及附件进行登记、拍照，作为与厂方进行有关问题交涉的原始凭证，然后作进一步的性能、质量方面的验收。

近年来，由于修筑高等级公路的需要，各地引进进口设备的种类和数量迅速增长。为了减少和避免引进设备的失误，较为稳妥的办法是选择国内较大的、有信誉的中间商进行代理，这是因为中间商与外商在国内的推销商有所不同。虽然他们都是以赢利为目的，但经营方式却截然不同，前者能熟悉和掌握国内外筑机市场的信息和资料，有较好的信誉和较完善的售后服务系统与能力，更重要的是当设备出现问题时，它能代表国内买方的利益，向外商进行谈判和索赔；而推销商则不同，他们纯属以推销为手段，以赢利为目的，当买方所购设备发生问题时，他们所代表的是外商的利益，而售后服务和配件供应均属一纸空谈。国内的部分施工企业已有这方面经验教训。中间商的代理费用，可参照国内外市场行情双方商定，通常认为掌握1%～1.5%为宜。

三、新型设备的研制

为改善施工工艺或提高工程质量所需的市场短缺的机械设备，施工单位在资金许可的情况下，通常需要研究开发新型设备。这也是促进工程机械行业发展的动力之一。新型设备的研发工作大体历程是：

1.提出对机械设备的功用、性能和完成时限的要求。

所谓功用，是指机械设备的用途，是在施工过程中的作用对象，使用方式；性能是指生产率、运转可靠性等方面的技术指标；完成时限是指接受研制任务后，新的产品（样机）完成的时间。

2.物色研制单位或人选。

新设备的研制需要深厚的科学技术知识,又要有较强的与生产实际相结合的能力。在物色单位或人选时,必须考察对方完成此项任务的能力,对待事业的态度和人际信誉。

3.协商研制费用,签订研发合同。

4.研发设计、加工、组装。

5.样机试用及进一步改进。

6.产品鉴定。

§1-8 机械设备验收

新置或大修后的机械设备,使用单位应仔细地完成验收工作,以免给单位造成经济损失,验收的内容与程序分述如下:

一、自行式机械的验收

1.机械的外部检验和备件清点

这项工作的任务在于:外观查验机械的齐备性,包括在机械上应当安装的设备和按合同规定应有的配件、工具等。备件和工具名称、规格、数量,出厂时通常在装箱清单中注明。对于自行式施工机械,如铲土运输机械、挖掘机械和压路机等,外观查验的重点是发动机的“三滤器件”——空气滤清器,燃油滤清器,润滑油滤清器等是否安装齐备,商业储运过程是否有失盗情况发生。齐备性查验的另一重点是机械电气系统,如发电机、调节器、信号、灯光设备等主要总成。挖掘机、装载机、铲运机、推土机等以切削土壤为作业对象的机械,其工作装置上安装的切削刃具(如斗齿、刃片等)也是外观查验中不可忽略的部位。

2.机械试运转

外观齐备性检验通过之后,方可进行机械试运转。机械试运转分两步进行:先进行无负荷试运转,再进行机械负荷试运转。

(1)无负荷试运转

无负荷试运转主要在以下几个方面查验:

①检查发动机的起动性能、润滑油的压力和排气的烟色;

②检查机械操纵的灵活性和可靠性,主要包括档位变换是否灵活方便、有无跳档或自动脱档现象,作业装置(推刀、刮刀、铲斗、提升等)起升速度和“保位”时间是否符合标准等。对于行驶速度较高的轮式机械要进行制动性能检查。

③进行“三漏”检查,听辨发动机和传动系统有无异常声响。三漏是指漏水、漏油、漏气。

④检查电气系统、灯光、信号、暖风、空调器等是否有效。

(2)负荷试运转

负荷试运转的任务在于查验机械的负荷能力和生产率;查验机械负荷状态下的运转情况。负荷试运转时负荷量应由小到大,逐步过渡到满负荷状况。机械在各种负荷等级下的运转时间,国家颁布的试运转大纲均有规定。负荷状态下的机械运转情况查验内容有:

①发动机润滑油压力、排气的烟色、发动机温升、发动机和底盘有无异常声响;

②整机零部件连接牢度;

③作业装置工作状况,例如推土机是否“偏吃”等;

④测试机械的负荷能力或生产率。

二、大型设备的验收

大型设备，特别是一些大型进口设备，例如沥青混凝土拌和楼等，由于一些单位对验收工作重视程度不够，验收方法、手段和标准不一，使得部分未能达到招标要求的进口设备，特别是大型成套设备，未经严格验收而轻易通过了验收关，给国家和企业带来较大的损失。鉴于此，交通部于 1995 年颁发了《关于加强对进口大型筑养路机械的验收和质量监督工作的通知》，要求各地进口大型成套设备时，要进行报告，并于验收后将验收报告送部备案。

验收工作应按照科学的方法严格地进行，克服主观随意性和草率行事的做法。对于大型成套设备的验收，应做好如下工作：

①验收条款最好作为专项条款写入招标的技术文件，以引起投标商的重视，如果招标时没有详细的条款也可以在验收开展前与供货商商定。为了确实做好此项工作，应在合同的付款条件中列明第二次付款将于正式验收后支付，并且在开出的信用证上注明以上的附加条件。

②验收条款中还应列出特征性较强的或称之为控制性的技术指标，以能鉴定其生产能力和工作的可靠性。在设备的招标文件中，应对设备的主要性能指标和容易混淆的主要参数，加以详细描述或说明，尽可能明确列出专项的验收条款，对大型沥青混合料搅拌设备来说，即应从工况条件、材料条件和混合料质量条件(决定着拌和时间)等方面加以要求，以引起供货商或代理商在投标时的足够重视。

③验收工作应当是通过对主要性能指标进行科学的、严格认真的检测。当本单位不具备验收能力时，应委托有经验的检测机构进行此项工作。选择合适的检测单位对验收工作的可靠性和准确性起着十分重要的作用。验收的委托单位应当是有经验的且对出具的检测结果有一定权威性的检测机构。

④对成套设备检测时，生产厂家的代表一定要参与。因为一旦某些主要性能参数未能达到标准，便可能涉及到索赔。双方共同进行，可以及时确认测试结果，明确责任，减少或避免事后争议。

⑤设备的操作人员、保养维修工人应参加检测工作，以加深对设备的熟悉和了解，有助于今后的工作。条件许可时，验收测试工作应结合生产进行。

⑥检测后应出具技术检测报告和评价报告。检测报告应详细记录检测样品获得的实际数据，评价报告是对检测结果分析的结论意见。

第二章　土方路基施工机械化

为适应我国公路交通发展的需要、确保公路路基的施工质量,中华人民共和国交通部发布了《公路路基施工技术规范》(JTJ 033—95 行业标准)。其中指出:“路基工程应推行机械化施工。只有在条件极其困难的三、四级公路,方可采用人工施工,但路基压实,必须采用碾压机械。”可见:路基施工机械化不论在新建公路工程,还是在公路升级改建工程中,对保证质量都起着至关重要的作用。本章将详细介绍路基施工机械化的相关内容。

§2-1　公路路基的概念

一、断面形式与基本技术要求

路基是路面的基础,它与路面共同承受着运行车辆的荷载,坚实的路基是保证公路使用寿命的基本条件。路基按其断面的挖填情况,有路堤、路堑和半挖半填路基(挖填结合)三种形式,如图 2-1 所示。

填方路基称为路堤。其填方高度不超过 1.0m 时,属于矮路堤。矮路堤应按规定标准严格控制最小填土高度,保证地下水及两侧沟渠积水不致浸湿路基,以免路基、路面(特别是黑色路面)受到破坏。填方高度大于 6～8m 的一般路基,边坡要相应放缓。填方高度大于 12m 的高路堤的浸水部分,边坡应进行单独设计并进行稳定性验算。沿河路堤的浸水部分,边坡应放缓或加固,同时还可考虑设置宽度≥1.0m 的平台,称为护坡道,以保证边坡稳定。

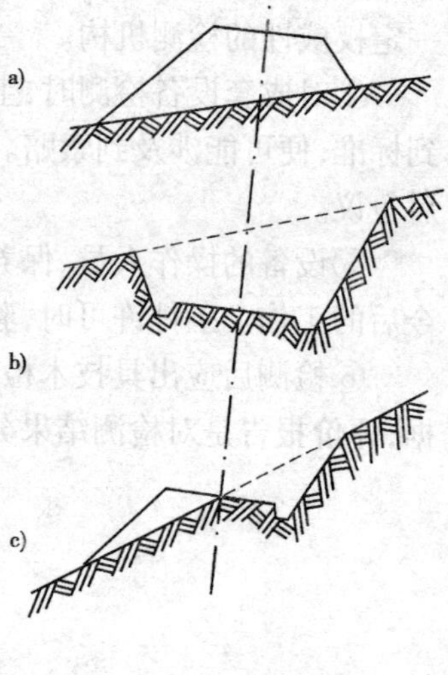

图 2-1　路基断面形式

a)路堤;b)路堑;c)半堤半堑

挖方路基称为路堑。路堑开挖后破坏了原地层的天然状况,它的稳定性主要取决于地质条件与挖方深度,并且集中表现在边坡稳定性上。地质条件愈差,挖方愈深,则边坡宜愈缓。

路基在技术和经济方面具有重要作用。它必须满足强度要求、具有足够的稳定性和水稳性。路基的强度是指受外荷载后抵抗变形的能力,一般要求路基在行车荷载作用下不发生超过允许的变形。路基建成后,一般都改变了原地面的天然平衡状态,例如在路堑地段,由于两侧边坡失去了原土层的支承,很可能失稳而发生塌方现象;修筑在天然斜坡上的路堤,也可能因自重作用而下滑。路基的稳定性是指抵抗以上这些外力而不产生位移的能力。当土中积聚水分后,就会造成土质松软,密度急剧下降。路基的水稳性是指路基在水的作用下,其强度不致显著下降的能力。

二、路基宽度

路基宽度包括路面宽度和两侧路肩的宽度，而路面宽度是根据行车道数和每条道的宽度来定的。车道的宽度主要与车辆的外形尺寸和行车速度有关。车速越高，汽车的横向摆动幅度越宽，行车道也应越宽。考虑到行车安全间隙，单车道路面宽一般为 3.5m，双车道路面宽度为 6～7m。路肩是用来保护路面的，又可做停车和错车用。路肩的宽度与道路的等级有关，一般为 0.75～2m。不同等级道路的路基路面宽度，如表 2-1 所列出。

各等级道路的路基和路面宽度 表 2-1

公路等级	I	II		III		IV	
		平原微丘	山岭重丘	平原微丘	山岭重丘	平原微丘	山岭重丘
计算行车速度(km/h)	120	80	40	60	30	40	20
车道数	4	2	2	2	2	1	1
每车道宽度(m)	3.75	3.75	3.5	3.5	3.00	3.50	3.50
路面宽度(m)	2×7.5	7 或 9	7	7	6	3.50	3.50
路基宽度(m)	≥23	10 或 12	8.50	8.5	7.5	4.50～6.50	4.50～6.50

三、路基高度

路基设计标高，通常以路基边缘为准。在平曲线范围内设置超高时，仍以加宽前的路基边缘为准，不计超高和加宽所引起的变动，而在施工标高上予以折算。路中线的标高(横断面图上的设计高程)，需加上路肩和路面拱度之高差。

沿河及受水浸淹的路基设计标高，一般应高出按规定设计洪水频率计算水位 0.5m，大中桥头引道的路基设计标高，还需考虑壅水及波浪侵袭高度。高等级公路的路基设计洪水频率为 1/100。

路基填土的最小高度是指路基边缘距离的高度。路基最小填土高度，规范规定为：砂性土 0.3～0.5m，粘性土 0.4～0.7m；浸水路堤的填筑高度，必须高出设计洪水位 0.5m 以上。

四、路基边坡坡度

公路路基的边坡坡度，习惯上是用边坡高度 H 与边坡宽度 B 之比值来表示，并取 $H=1$。不同的路基断面，其边坡坡度主要取决于地质、土类与水文等自然因素。

1. 路堑边坡坡度应根据当地自然条件、土石种类及结构、边坡高度和施工方法等确定。当地质条件良好时，可参照表 2-2 所列数值范围，结合已成公路的实践经验采用。在砂类土、黄土、易风化碎落的岩石和其他不良的土质路堑中，其边沟外边缘与边坡坡脚之间，宜设置碎落台，其宽度视边坡高度和土质而定，一般不小于 0.5m。当边坡已适当加固或其高度小于 2m 时，可不设碎落台。

路 堑 边 坡 坡 度　　表 2-2

土 石 种 类		边坡最大高度(m)	边坡坡度
一般土		20	1:0.5～1:1.5
黄土及类黄土		20	1:0.1～1:1.25
碎石土和卵石(砾石)土	胶结密实	20	1:0.5～1:1.0
	中密	20	1:0.5～1:1.5
风化岩石		20	1:0.5～1:1.5
一般岩石		—	1:0.1～1:0.5
坚石		—	直立～1:0.1

注:非均质土层中,路堑边坡可采用适应于该土层稳定的折线形状。

2.路堤边坡坡度,当路堤基底良好,可参照表 2-3 所列数值,结合已成公路的实践经验采用。路堤受水浸淹部分的边坡应采用 1:2,并应视水流等情况采取边坡加固及防护措施。

路 堤 边 坡 坡 度　　表 2-3

填 料 种 类	边坡的最大高度(m)			边坡坡度		
	全部高度	上部高度	下部高度	全部坡度	上部坡度	下部坡度
一般粘性土	20	8	12	—	1:1.5	1:1.75
砾石土、粗砂、中砂	12	—	—	1:1.5	—	—
碎石土、卵石土	20	12	8	—	1:1.5	1:1.75
不易风化的石块	8	—	—	1:1.3	—	—
	20	—	—	1:1.5	—	—

注:用大于 25cm 的石块填筑路堤,边坡采用干砌者,其边坡坡度应根据具体情况确定。

五、路基排水系统

水是造成路基各种病害的主要原因。由于水的浸湿,常造成路基边坡失稳,路基沉陷、翻浆、唧泥,路堑边坡崩塌和滑坡等。为了保证路基经常处于干燥状态,必须有一个完整的排水系统,以迅速排除地表水和地下水。

通常地表水的排除多采用边沟、截水沟和排水沟等。

边沟的形式有梯形、三角形和方形。一般多用梯形,沟底宽和沟深不小于 0.4m。路堑边沟的内坡为:1:1,外边坡与路堑边坡相同。边沟的纵向坡度一般不小于 0.5%,每隔 500m 左右应设出水口或涵洞,或用排水沟将水引出。

为了拦截从山顶上流下来的水,以防冲坏边坡和路基,应设置截水沟。截水沟应距挖方坡口 5m 以外,以免沟内渗水流到边坡,危及边坡安全。一般沟的底宽和沟深不小于 0.5m,而且沟内应适当加固,以防水流冲刷。

将边沟和截水沟的水引出的沟称为排水沟。一般每隔 500m,设置一道排水沟,以免水流过大而冲坏路基。其尺寸的大小应根据水量的大小来决定。

地下水距地面的深度各处不同。如果地下水的水位距离路基很近,由于毛细作用,地下水将会沿土壤的空隙上升，从而使路基土壤含水量增大。地下水向上润湿的能力因土壤的性质不同而不同，砂土为40～50cm，粘土为1～2m。为了免于地下水的毛细作用而损坏路基，路基距地下水应有足够的高度。为此而采取的措施最好是提高路基高度。当路基高度无法提高时，则应采取措施降低地下水位，可以用明沟、暗沟和盲沟降低地下水位。明沟一般适用于地下水埋藏较浅，或水沟通过稳定地层能进行较深明挖的地方。明沟的断面有梯形和矩形两种，一般用石片浆砌，并在沟侧壁留有排水孔，在其内填有粗粒的渗水材料，使地下水通过排水孔汇入明沟流走。

为了切断对路基有害含水层的水或降低地下水位，可采用埋入地下深处的暗沟或盲沟，其纵坡度为1%～3%。在严寒地区为保证常年排水，此沟应设在冰冻线以下。

暗沟或盲沟可制成有管渗沟和无管渗沟两种，前者是在管壁上留有排水孔，后者是用大颗粒石料来填塞，利用其缝隙把水集中到排水道中流走。

六、护　坡　道

护坡道是保证路基边坡稳定的一种措施。设置护坡道后，路堤的平均边坡减缓，边坡稳定性有所提高。当路肩边缘与取土坑底的高差≤2m时，取土坑内侧坡顶可与路堤坡脚相衔接，并采用路堤边坡坡度；当高差>2m时，应设置宽1m的护坡道；当高差>6m时，设置宽2m的护坡道。在地质和排水良好或经济作物、高产田等地段，若采取一定措施足以保证路基稳定时，可不设护坡道。

七、路基压实度

路基压实度 K 是指土基压实后的密实度 δ 与该种土室内标准试验下最大密实度 δ_0 之比。即 $k=\delta/\delta_0$（小于1.0）。各种土的 δ_0 值是在最佳含水量 $w_0(\%)$ 下，用规定的室内试验方法测出的。

各种公路路基常用土类的 δ_0 和 w_0 的数值见表2-4，现行路基压实度的规定值见表2-5。

w_0和 δ_0数值表　　表2-4

土组	变动范围		土组	变动范围		土组	变动范围	
	w_0(%)	δ_0(kg/cm^3)		w_0(%)	δ_0(kg/cm^3)		w_0(%)	δ_0(kg/cm^3)
砂土	8～12	18～19	粉性土	16～22	16～18	重性土	19～23	16～17
砂性土	9～15	19～21	粘性土	12～20	17～20			

路基压实度　　表2-5

填挖类别	深度(cm)	路基压实度			
		高级路面	次高级路面	中级路面	低级路面
填方	0～80	0.95～0.98	0.90～0.98	0.85～0.95	0.80～0.90
	80～150	0.90～0.95	0.85～0.90	0.80～0.90	0.80～0.85
	150以下	0.85～0.90	0.80～0.90	0.80～0.85	0.80～0.85
零填方及0～30挖方		0.90～0.98	0.90～0.98	0.85～0.95	0.80～0.90

§2-2 路堤填筑材料的类型与性质

路基应按照设计要求施工,在确保工程质量的原则下,应因地制宜,合理利用当地材料和工业废料。工业钢渣是较好的填料,必要时应破碎,使用时要有良好的级配,最大粒径为30cm;其他工业废料,应按规定进行试验,以免造成环境污染。路堤填筑,目前还是大量地依靠当地的天然材料——土、砂、石等。通常从印象上人们认为土壤和岩石分别是两种不同的概念,但从地质学的角度来看,土壤是岩石风化而成,因此土壤和岩石在工程上统称为土。在路基工程施工中,土的性质直接关系到施工机械的选择和配套、施工方法和方案的确定、以及施工效率和成本的高低。因此一般工程技术人员都必须掌握它们的基本性质和特点。

一、公路土按颗粒组成的分类及其工程特征

公路土可按粒度成分划分。粒度成分是指组成土的各种颗粒间的相互比例关系。岩石风化的程度不同,颗粒的直径大小不同。目前广泛采用的分类方法是:将直径范围相同的颗粒归并为某一粒组,各粒组中又细分为粒名。所谓粒名,即是我们在工程实践中的称谓。土划分方法如表2-6所列。

公路土粒组划分表 表2-6

粒径(mm)		200	60	20	5	2	0.5	0.25	0.074	0.002
粒组	巨粒组		粗粒组						细粒组	
粒名	漂石(块石)	卵石(碎石)	砾			砂			粉粒	粘粒
			粗	中	细	粗	中	细		

上表所列的各种颗粒组成,表现的工程特征是:2mm以上的土粒组成,其颗粒间没有粘结、透水性很强、压缩性很小,基本没有毛细力;0.05～2mm的砂粒组成,其颗粒之间基本上没有粘结、透水性强、压缩性小、毛细力随颗粒的减小而增加;0.005～0.05mm的粉粒组成,其颗粒间有粘结力、失水后粘结力递减,透水性弱、压缩性较大;小于0.005mm的粘土粒组成,有塑性和粘结力、失水后粘结力递增、透水性极小、压缩性很大。

二、公路土按开挖难易程度的分类及其工程性质

公路土分类的另一方法是,按土石开挖的难易程度进行分类。这种分类方法对安排施工和确定施工定额,有较大的实用意义。按土、石开挖的难易程度进行分类又有6级分类法和16级分类法,我国公路土石分级通常采用6级分类法,但有时在一些技术文献中也能遇到16级分类法。它们之间的对应关系如表2-7所示。6级分类和16级分类各种土、石的名称及其工程性质分别列于表2-8、表2-9和表2-10。

土石6级分类与16级的对应关系 表2-7

6级分类法	松土	普通土	硬土	软石	次坚石	坚石
16级分类法	Ⅰ～Ⅱ	Ⅲ	Ⅳ	Ⅴ～Ⅵ	Ⅶ～Ⅸ	Ⅹ～ⅩⅥ

6 级分类法土、石工程分级 表 2-8

土石等级	土石类型	土石名称	钻 1m 所需时间			爆破 $1m^3$ 所需炮眼长度(m)		开挖方法
			湿式凿岩一字合金钻头净钻时间(min)	湿式凿岩普通淬火钻头净钻时间(min)	双人打眼(工日)	路堑	隧道导坑	
I	松土	砂类土、腐殖土、种植土、中密的粘性土及砂性土、松散的水分不大的粘土,含有 30mm 以下树根或灌木根的泥炭土						用铁锹挖,脚蹬一下到底的松散土层
II	普通土	水分较大的粘土、密实的粘性土及砂性土、半干硬状态的黄土、含有 30mm 以上的树根或灌木根的泥炭土、碎石类土(不包括块石土及漂石土)						部分用镐刨松,再用锹挖,以脚蹬锹需连蹬数次才能挖动
III	硬土	硬粘土,密实的硬黄土,含有较多块石的土及漂石土,各种风化成土状的岩石						必须用镐先整个刨松才能用锹挖
IV	软石	各种松软岩石、盐岩、胶结不紧的砾岩、泥质页岩、泥质砂岩、煤、较坚实的泥灰岩、块石土及漂石土、软的节理多的石灰岩		7 以内	0.2 以内	0.2 以内	2.0 以内	部分用撬棍或十字镐及大锤开挖,部分用爆破法开挖
V	次坚石	硅质页岩、硅质砂岩、白云岩、石灰岩、坚实的泥灰岩、软玄武岩、片麻岩、正长岩、花岗岩	15 以内	7 ~ 20	0.2 ~ 1.0	0.2 ~ 0.4	2.0 ~ 3.5	用爆破法开挖
VI	坚石	硬玄武岩、坚实的石灰岩、白云岩、大理岩、石英岩、闪长岩、粗粒花岗岩、正长岩	15 以上	20 以上	1.0 以上	0.4 以上	3.5 以上	用爆破法开挖

16 级分类法土壤工程分级 表 2-9

土质级别	土壤名称	自然湿密度(t/m^3)	外形特征	开挖方法
I	1.砂土 2.种植土	1.65~1.75	疏松、粘着力差或易透水、略有粘性	用锹或略加脚踩开挖
II	1.壤土 2.淤泥 3.含壤种植土	1.75~1.85	开挖时能成块并易打碎	用铁锹需要用脚踩开挖
III	1.粘土 2.干燥黄土 3.干淤泥	1.80~1.95	粘手,看不见砂粒或干硬	用镐、三齿耙开挖或用锹需用力加脚踩开挖
IV	1.坚硬粘土 2.砾质粘土 3.含卵石粘土	1.90~2.40	土壤结构坚硬,将土分裂后成块状或含粘砾石较多	用镐、三齿耙等工具开挖

16 级分类法岩石工程分级 表 2-10

岩石级别	岩石名称	实体岩石自然温度时的平均密度(t/m^3)	净钻时间(min/m)			极限抗压强度(MPa)	强度系数
			用直径 30mm 合金钻头凿岩机打眼(工作压力为 411Pa)	用直径 30mm 淬火钻头凿岩机打眼(工作压力为 411Pa)	用直径 30mm 钻杆人工单人打眼		
1	2	3	4	5	6	7	8
V	1.硅藻土及软的白垩岩 2.硬的石炭纪的粘土 3.胶结不紧的砾岩 4.各种不坚实的页岩	1.55 1.95 1.99~2.2 2.0		3.5 以下	30 以下	19.6 以下	1.5~2
VI	1.软的有空隙的节理多的石灰岩及贝壳石灰岩 2.密实的白垩土 3.中等坚实的页岩 4.中等坚实的泥灰岩	1.2 2.6 2.7 2.3		4 (3.5~4.5)	45 (30~60)	19.6~39.2	2~4
VII	1.沉积岩卵石经石灰质胶结而成的砾岩 2.风化的节理多的粘土质砂岩 3.坚硬的泥质页岩 4.坚实的泥灰岩	2.2 2.2 2.8 2.5		6 (4.5~7)	78 (61~95)	39.2~58.8	4~6

续上表

岩石级别	岩 石 名 称	实体岩石自然温度时的平均密度（t/m³）	净钻时间（min/m）			极限抗压强度（MPa）	强度系数
			用直径 30mm 合金钻头凿岩机打眼（工作压力为 411Pa）	用直径 30mm 淬火钻头凿岩机打眼（工作压力为 411Pa）	用直径 30mm 钻杆人工单人打眼		
VIII	1.角砾状花岗岩 2.泥灰质石灰岩 3.粘土质砂岩 4.云母页岩及砂质页岩 5.硬石膏	2.3 2.3 2.2 2.3 2.9	6.8 （5.7~7.7）	8.5 （7.1~10）	115 （96~135）	58.8~78.4	6~8
IX	1.软的风化较甚的花岗岩、片麻岩及正长岩 2.滑石质的蛇纹岩 3.密实的石灰岩 4.沉积岩卵石经硅质胶结的砾岩 5.砂岩 6.砂质石灰质的页岩	1.5 2.4 2.5 2.5 2.5 2.5	8.5 （7.8~9.2）	11.5 （10.1~13）	157 （36~175）	78.4~98.0	8~10
X	1.白云岩 2.坚实的石灰岩 3.大理石 4.石灰质胶结的质密的砂岩 5.坚硬的砂质页岩	2.7 2.7 2.7 2.6 2.6	10 （9.3~10.8）	15 （13.1~17）	195 （176~215）	98.0~117.6	10~12
XI	1.粗粒花岗岩 2.特别坚实的白云岩 3.蛇纹岩 4.火成岩卵石经石灰质胶结的砾岩 5.石英质胶结的坚实的砂岩 6.粗粒正长岩	2.8 2.9 2.6 2.8 2.7 2.7	11.2 （10.9 ~11.5）	18.5 （17.1~20）	240 （218~260）	117.6~137.2	12~14

续上表

岩石级别	岩石名称	实体岩石自然温度时的平均密度（t/m^3）	净钻时间（min/m）			极限抗压强度（MPa）	强度系数
			用直径30mm合金钻头凿岩机打眼（工作压力为411Pa）	用直径30mm淬火钻头凿岩机打眼（工作压力为411Pa）	用直径30mm钻杆人工单人打眼		
1	2	3	4	5	6	7	8
XII	1.有风化痕迹的安山岩及玄武岩 2.片麻岩、粗面岩 3.特别坚实的石灰岩 4.火成岩卵石经硅质胶结的砾岩	2.7 2.6 2.9 2.6	12.2 （11.6～13.3）	22 （20.1～25）	290 （261～320）	137.2～156.8	14～16
XIII	1.中粒花岗岩 2.坚实的片麻岩 3.辉绿岩 4.玢岩 5.坚实的粗面岩 6.中粒正长岩	3.1 2.8 2.7 2.5 2.8 2.8	14.1 （13.4～14.8）	27.5 （25.1～30）	360 （321～400）	156.8～176.4	16～18
XIV	1.特别坚实的细粒花岗岩 2.花岗片麻岩 3.闪长岩 4.最坚实的石灰岩 5.坚实的玢岩	3.3 2.9 2.9 2.9 2.7	15.5 （14.9～18.2）	32.5 （30.1～40）		176.4～196.0	18～20
XV	1.安山岩、玄武岩、坚实的角闪岩 2.最坚实的辉绿岩及闪长岩 3.坚实的辉长岩及石英岩	3.1 2.9 2.8	20 （18.3～24）	46 （40.1～60）		196.0～245.0	20～25
XVI	1.钙钠长石质橄榄石质玄武岩 2.特别坚实的辉长岩、辉绿岩、石英岩及玢岩	3.3 3.3	24以上	60以上		245.0以上	25以上

三、土壤的组成及工程性质

路基填方或压实施工的直接作用对象往往是土壤。土壤的组成及其对施工的影响，对于路基施工机械化的组织者或管理、技术人员是不可或缺的知识。

土壤一般是由固体颗粒（土粒）、空气和水三部分组成，如图2-2所示。这三个部分所占的比例和相互之间的作用，决定着土壤的物理性质。其中与机械施工作业有关的物理性质有土的孔隙率和含水量等。

土的力学性质是指土在外力作用下的一些工程性质。与机械化施工相关的有:压缩性、松散性和土壤的自然坡度角等。

1.土的孔隙率(n):孔隙率是土中孔隙的总体积与土的总体积之比,以百分数表示,即:

$$n = \frac{V_2}{V} \times 100\% \qquad (2\text{-}1)$$

式中:V——土体体积;

V_2——空隙体积。

它是表示土的密实度的一个常用指标。

2.土的含水量 w:是指土体中含水的质量与土体固体部分质量之比,以百分数表示,即:

$$w = \frac{m_4}{m_1} \times 100\% \qquad (2\text{-}2)$$

式中:m_1——土粒质量;

m_4——水的质量。

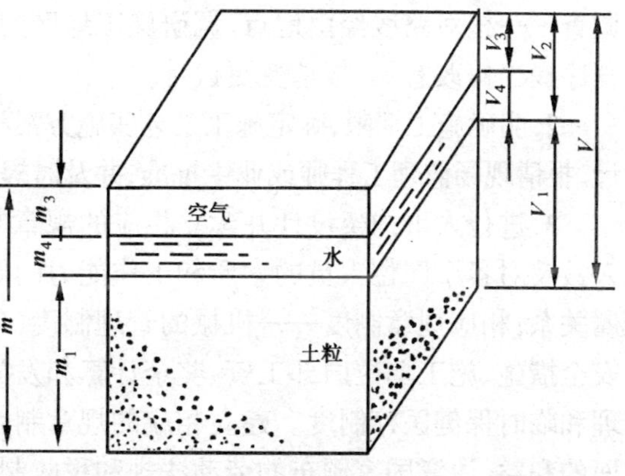

图 2-2 土壤的组成示意图

V-土体体积;V_1-土粒体积;V_2-空隙体积;V_3-空气体积;V_4-水的体积;m-土体质量;m_1-土粒质量;m_3-空气质量;m_4-水的质量

根据含水量不同,土可分为:

干燥土:含水量在5%以下,特点是不易压实。

湿润土:含水量在5%~30%之间,易开挖且易压实。

潮湿土:含水量30%以上,开挖和压实都不易,且施工机械运行也较困难。

由以上可知,土的含水量大小对其强度有很大影响,与机械的施工效率和质量都有密切关系。因此,在施工中应根据其含水量的大小采取适当的措施,以保证路基质量。

3.土的压缩性:土的压缩性是指土在静荷载的作用下,由于土粒的位移和孔隙中的水和气体被挤出,从而使土的体积变小的性能。

非粘性土与粘性土的压缩性是不同的。非粘性土压缩性的特点是,在静荷载作用下,压缩性小,压缩过程完成得很快,在振动作用下很易压实;粘性土壤由于它的孔隙多,而每个孔隙又小,因而压缩性大,但压缩过程进行得很缓慢。

4.土的自然坡度角:松散的土堆积成堆时,其表面自然形成一个坡面,这个坡面与地平面之间的夹角称为土的自然坡度角。这一角度的大小随土的种类、含水量的多少以及密实程度的不同而异,一般土的坡度约为30°~40°。

5.土的松散性:自然状态的土经过开挖后,其体积因土粒间的相互粘结受到了破坏而增大,这一特性称为土的松散性。通常以疏松系数 K_s 表示。它是开挖后的土体体积和原土体积之比。

§2-3 路基施工准备

一、组织准备

组织准备是从管理层面为保证路基施工机械化顺利的进行所做的准备,工作内容有:

1.路基开工前,施工单位在全面熟悉设计文件和技术交底的基础上,进行现场核对和施工调查——核对路线经由地点、调研施工地区的气象、水文、地貌等。发现问题应及时根据有关程序提出修改意见,报请变更设计。

2.明确施工期限,确定施工工艺实施方案和施工机械的组配方案,编制实施性的施工组织设计,报请现场监理工程师或业主批准,并及时提出开工报告。重要项目还应编制施工网络计划。

3.进行人事构架设计并建立相应的规章制度。其中包括:人力配备——各工作岗位所需人数及对各个岗位人员的素质和工作能力的要求;构架设计应明确各单位(或部门)之间的隶属关系;相应规章制度——机械的管理制度(各类机械设备的调度和操作制度),制定施工技术安全措施、施工单位内部工资、奖金计算和发放办法、加班审批制度,职工和民工的劳动安全管理和临时保健医疗制度。建立相应的规章制度时一定要兼顾国家、单位和职工(或民工)各方面的利益,注意国家颁布的劳动法规和税收制度。

4.设计和建立工程质量保证体系。公路建设的施工质量一定要绝对保证各道工序完全达到规范标准,绝对杜绝返工现象发生。返工是很严重的经济损失。因此,施工单位应有一机制,保证施工各个工序实施时,从材料的品质,施工机械作业参数以及该工序结束时应达到的技术指标等方面时时处处进行科学的监督、评估和测试。完成这一任务所需的人力、检测技术和仪器设备以及检测规范、标准等,便构成了质量保证体系。

二、现场准备

现场准备包括施工人员的生活安排计划和场地准备两方面。其目的是确保施工有序地进行,并在保证质量和降低施工成本的前提下,做到文明生产。

1.生活设施方面

修建生活和工程用房。生活用房主要是解决施工人员住宿问题。房舍类型、各类人员住宿占房面积、房舍标准(内部是否设置降温、取暖设备)等几个方面是应考虑的具体问题。修建生活用房的同时,也应着手建造施工工地办公用房。

生活方面还应安排施工人员(连同辅助工作的民工)的膳食。其中包括伙食标准、用餐制度及收费办法等。

2.解决电力和水的供应问题

电力和水的需要量不要仅仅考虑生活所需,要与各个施工阶段的生产所需结合起来,通盘考虑解决。

3.解决通讯、通邮、通勤车辆和生活服务用车

现代通信已较为发达,一般施工单位不难解决此方面的问题。通邮问题往往易被忽视。公路施工单位流动性大,所用人员特别是辅助工人往往来自偏远的经济欠发达地区,为保证其与家人联络,施工单位应到施工所在地的邮政部门办理通邮关系,通过邮政系统获得畅通的信件、资金、货物邮递。

由于道路是线形的施工工程,工作人员从驻地到施工现场的距离会变得较远,上、下班往返途中花费时间较多,通常施工单位应配备通勤车辆接送施工人员。由于同样的原因,有时施工工地用午餐或夜班加班用餐也在工地;另外,食堂也需到市场采购蔬菜等原料,因此需要配备生活服务用车(买菜、送饭)。

4.场地准备

我国人均耕地少,因此路基施工中应重视土地的节约,保护农田水利设施,在施工中宜有

计划地改造荒地和造田。借土宜在高岗的旱地进行，并改造旱地为水田或鱼塘，达到节约土地的目的。公路工程用地包括公路用地和施工用地。公路用地是公路本身所占土地，公路建成后这部分土地已不能再作农田使用；施工用地是施工过程中由于工艺的需要临时占用的土地，公路建成后仍可恢复耕作。公路用地由业主(代表国家部门)征用。施工用地还应包括施工单位在施工期间的机械停放场场地、保修场地以及修建临时施工道路所占用的土地。施工单位可根据施工需要提出临时用地计划并绘制平面图及用地划界表，办理拆迁和临时占用土地手续。

5.修建临时施工道路

临时施工道路修建原则是：

(1)以工程指挥部(或项目经理部)为中心，做到内外交通方便——道路能以最短的距离到达主体工程施工场所并与社会已有的主干道路相连接。

(2)充分利用原有道路；若原有道路不能满足施工机械车辆的通行要求，应尽量在原有道路上改进，以节约土地、资金和时间。

(3)临时施工道路应尽量避开洼塘土地和河流，不建或少建临时桥梁。

(4)临时施工道路按简易公路技术要求修建，其具体的标准是：

①设计车速≤20km/h；

②路基宽度：双车道6~6.5m，单车道4.4~5m，困难地段3.5m；

③路面宽度：双车道5~5.5m，单车道3~3.5m；

④最大纵坡度：平原区6%，丘陵区8%，重山区11%；

⑤桥面宽度：木桥4~4.5m；

⑥桥涵载质量等级：木桥涵7.8~10.4t。

三、路基基底处理

基底是路基的承载部分，相当于路基的"床"。基底承载力不足，必将侧面剪裂凸起，地基发生下沉，引起路堤下陷(如图2-3所示)。因此，路堤填筑前应视现场地质、地貌条件，采取相应的处理措施。处理是否得当，直接影响路基质量和施工成本。

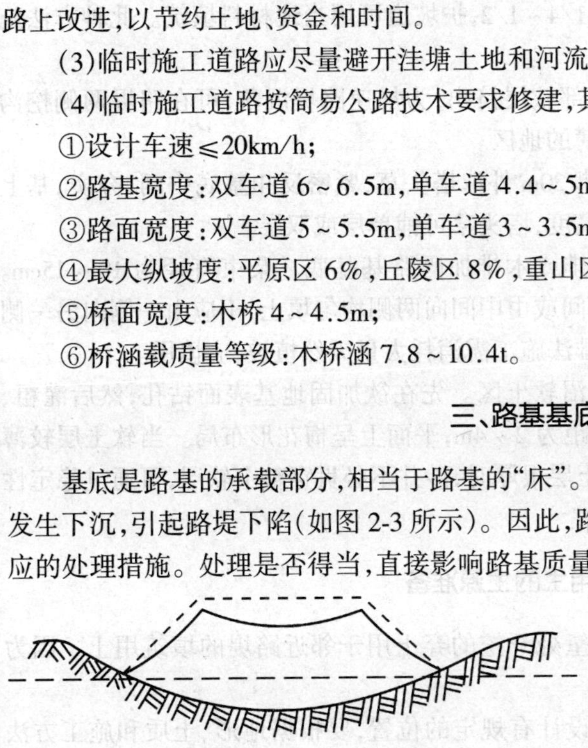

图2-3　基底下陷引起的路基沉陷

1.路基用地范围内的树木、灌木丛等均应在施工前砍伐或移植清理，砍伐的树木应移置于路基用地之外，进行妥善处理。高速公路、一级公路和填方高度小于1m的其他公路，应将路基范围内的树根全部拔除并将坑穴填平夯实；填方高度大于1m的其他公路允许保留树根，但根部露出原地面不得超过0.2m。

2.路堤范围内，原有的坑、洞、墓穴等，应当用原地土回填、并压实或夯实。

3.路基基底为耕地或松土时，应先清除有机土、种植土，平整后压实。在深耕地段，必要时，应松土翻挖、土块打碎，然后回填、整平、压实。

4.加宽旧路堤时，所用填土宜与旧路相同或选用透水性较好的土，清除地基上的杂草，并沿旧路边坡挖成向内倾斜的台阶，台阶宽度应不小于1m。

5.当路堤稳定性受到地下水位影响时，应在路堤底部填以水稳性优良、不易风化的砂、砂砾、碎石等材料或采用无机结合料(生石灰、水泥等固化材料)进行加固处理，使基底形成水稳性好,厚约30cm的稳定层或设置隔离层。

6.对于淤泥基底(稻田、水坑等),应抽干水,挖除淤泥,露出新土,或者采用垫石挤淤的方法,将淤泥挤出路外。

7.遇有路基经由泉眼处,采用砌池,造盖,挖暗沟作为长期水道,将泉水排出路外。

8.泥沼地带基底处理工作尤为重要,可视当地条件选用如下方法:

①渗水垫层法:在路基底部的泥沼或软土表面垫铺砂、砾石或碎石材料。其铺层厚度为0.5~0.7m,铺层宽度应宽出路基坡脚两侧各3m。然后在其上铺设反滤层。反滤层之上再以一般土分层填夯路堤。

②抛石法:在盛产石料地区,采用边长不小于30cm的片石从路堤中部向两侧抛石,将泥沼或软土向两侧挤出。待抛石填出水面后,用重型压路机压实,在其上铺设反滤层。然后再以一般土分层填夯路堤。

③反压护道法:在路堤两侧填筑适当高度和宽度的护坡道,以增加基底的稳定性。护坡道的高度为路基高的1/3,宽度为基底宽度的1/4~1/2,护坡道可用当地材料填筑。此种方法施工简便,效果也较好。

④预压法:将路堤填至预压高度迫使底部软层挤出,为加速路堤沉落,可在路堤两侧挖沟来配合挤出。此种方法仅适用于沼泽层很薄的地区。

⑤反铺塔头草法:有条件时,从路堤坡脚20m外取塔头草,紧密反扣基底中间,夯实,基上用渗水性良好的土找平再填路堤。视路堤高度,塔头草可铺单层或双层。

⑥柴排法:在林木丰富地区,可采用柴排或木排加固路基基底。柴束直径为10~15cm。在柴排或木排上填土时,应注意由两侧向中间或由中间向两侧均匀填土,不应由一侧向另一侧填土。柴排法适用于较低等级的道路。柴排法施工需消耗大量天然植被,应慎用。

⑦砂井加固法:主要用于厚度较大的泥沼软土区。先在欲加固地基表面钻孔,然后灌粗、中砂,即为砂井,井径一般为ϕ20~30cm,间距为2~4m,平面上呈梅花形布局。当软土层较薄或底层为透水层时,井深力求穿过软层;软土层很厚时,砂井不必贯穿整个软层,可通过稳定性分析确定。

四、填筑用土的土源准备

1.填筑用土优先考虑以挖作填,即从路堑处开挖的弃土用于邻近路堤的填筑用土。因为少占了农田,这在经济上是合理的。

2.在路线两侧的取土坑取土,取土坑应设计有规定的位置,要根据地形、土质和施工方法等,选用合适的方法取土。为了保证所取土的质量和取土后所出现的土坑的利用,取土坑的深度可根据用土量和取土坑的面积确定。取土坑应有规则的形状,坑底应设置纵、横向坡度和完整的排水系统。取土时不允许作业面积水。取土坑原地面的草皮、腐殖土或其他不宜用作填料的土均应废弃、处理。如系耕地种植土,可先挖出堆置一边备用。

3.当设计未规定取土坑位置或规定的取土坑的贮土量不能满足要求需另寻土源时,可在线外设置集中取土坑(场)取土,但其土质应符合填筑路堤的技术要求,同时考虑土方运输的经济合理性。一般选择取土抗(场),尽可能利用沿线荒山、高地,力求少占农田和改造农田。

4.填筑用土通常不用腐殖土、沼泽淤泥和含盐碱成分过高的盐渍土,不得已情况下采用淤泥作填料时,应将淤泥晒干并粉碎,然后再分层夯填。工业废渣是一举双得的、很好的路堤填料,但利用前须对废渣进行化学分析,查清是否会对公路沿线的环境造成污染,对周围群众的健康有无不良影响。

§2-4 路基压实机理与路堤填筑作业规划

一、路基压实的机理

1.压实的本质和意义

压实是用人工(不是天然)方法,使土体在压力作用下,克服土粒间的内聚力和摩擦力,破坏原有结构,使固体颗粒重新排列——大颗粒之间的间隙被小颗粒所填充,变成密实状态——达到新的平衡。压实的意义在于提高土壤的密实度(干容重),从而增强路基强度和水稳性。

土壤的密实度(干容重)是指单位体积土体内的干土粒的质量(g/cm^3),不包括土中水分的质量。土壤在密实状态抵抗外力而不被破坏的能力优于疏松状态,在日常生活和工程实践中是显而易见的。此处不再作深入的分析和解释。

水稳性是指路基抵御水的侵害的能力。水对土壤路基的侵害形式有两种:浸泡和冻融。浸泡会使土壤变得松软,强度降低;冻融是指含在颗粒间的水当温度低于0℃时结冰,相同质量的水结冰后,固态下体积大于液态的体积,即所谓"冰膨"。冰膨使土体中颗粒间的距离变大。当温度高于0℃后,冰变成水,然后会从土体中蒸发掉,因此使土体变成疏松状态,从而降低了强度。

路基的压实程度越高,它的强度和抵御水的侵害的能力就越大。因此路基的压实质量是提高公路路基使用年限的决定因素。

2.土壤的压实特性

研究土壤的压实规律是为了合理地确定道路施工工艺。土壤的压实特性是道路施工实践的理论基础之一。下面扼要介绍土壤的压实特性及其对施工的指导意义。

(1)压实作用深度

压实土层的密实度(干密度)随深度递减,通常表面50mm的密实度最高。土壤压实的这种特性的例证在日常生活中很容易找到:耕作土地,当行人反复从某一线段走过后,那里就成了"人走出的路"。在人的重力(压力)作用下,疏松土壤变成了密实状态。然而,这种密实状态的土层并不很厚,只需用工具挖开表层的硬壳,便可发现下面的土壤仍是耕作层那样的疏松土。为什么压实土层的密实度会随深度递减呢?这里可以用"主动作用力消耗论"解释:因为土体表层土粒有效位移(小颗粒向大颗粒之间的间隙填充)的主动作用力,在逐次往下面层次传递过程中,必须克服土粒间位移的摩擦力和内聚力,所以越是往下层,可能产生有效移动的主动作用力越小,直到某一层深时,主动作用力不足以克服土颗间的内聚力和摩擦力,压实作用也就到此层为止。

为保证路基的整体强度,使填筑路基的土层处处都能得到有效的压实,在路基填筑施工时,应根据压实机械的重量和作用模式(是否振动)以及填筑材料(土质)的类型,合理地确定松铺厚度,采用"分层填筑、分层压实"的施工工艺。

关于压实作用深度,目前存在下述观点:

①压实重量不变时,压实作用深度与土质条件有关:粘土有效压实深度小于砂土。这是因为粘土的颗粒间的内聚力比砂土大,因此主动作用力的消耗随深度的增加较急促。

②同种土质条件下,有效压实深度与压实质量有关:大吨位的压路机有效压实深度较大。

其中的道理不言而喻,此处不再赘述。

③同吨位的压路机,压实同种类型的土壤,有效压实深度与压路机的作用模式(即静碾还是振动压实)有关,振动状态下的有效压实深度大于静力光面滚压。对于砂性土壤,振动状态的有效压实深度可达同吨位静力光碾压路机作用深度的1.5~2.5倍。

这有两方面的原因:一是振动压实时,作用给土壤的力除了压路机自身质量 $G_{自}$ 以外,还有惯性力(或曰激振力)G_f,即主动作用力大于静碾状态;二是机械振动时,使土体发生振动。土体内的大小颗粒的质量不同,质量不同的颗粒的固有振频不同(固有振频与质量有关——物理学知识),因而受迫振动时的频率是不同的。于是,振动时颗粒之间将发生时而贴紧,时而拉松的情形,产生某些颗粒间内聚力瞬时变小,从而给小颗粒向大颗之间间隙的移动创造了"契机"。人们把这种观点戏称为"契机假说"。

(2)压实土层的密实度与土体的含水量有关

水在土体中通常有三种形态存在,即液态、气态和膜态。气态水(即水蒸气)在碾压过程中很容易被挤压出去散逸于大气中。液态水具有流动性,在碾过程中很难被挤出土体,在压实后仍在土体中占据一定体积,会降低土壤压实后的密实度(干容重或干密度),这是水对压实过程的负面影响。膜态水虽然占据一定体积,但已大大地失去了流动性,在固体颗粒表面裹复成外衣形态。固体颗粒表面的"膜状外衣",对土壤压实过程有着正面的影响——它使土粒有效位移的摩擦阻力大为减小,起到了一种"润滑剂"作用。综上所述,含水量太大或太小都会对压实过程产生不利影响。最合适的含水量称之为"最佳含水量",用 W_0 表示。所谓"最佳含水量 W_0"是指:能使土体在同样压实条件下达到最大密实度(干容重或干密度)的含水量。

最佳含水量 W_0 的值不是一个固定不变的值。对于同一种土壤,最佳含水量 W_0 的值与压实重量有关:重吨位的压路机对应较小的值。这是因为重吨位压路机使土粒发生有效位移的主动作用力大,因而可以降低对"润滑"的要求。当压路机的吨位一定时,土壤的种类不同,最佳含水量 W_0 的值也不同。例如用6~8t压路机测试,在此压实条件下各类土壤的最佳含水 W_0 值分别为:砂土的 $W_0=(8\sim12)\%$;粘土的 $W_0=(19\sim23)\%$;粉土的 $W_0=(16\sim20)\%$。

欲使路基有较理想的压实效果,压实作业应在土壤最佳含水状态下进行。工程实践证明:自然状态下的土多数接近最佳含水量,所以,在路基填筑施工中应及时碾压。

土壤的含水量不利于压实时,应采取措施予以调节。当土壤过干时,采用洒水后拌和或洒水渗透的方法使土壤的含水量增大;当土壤过湿时通常采取挖开晾晒或掺入吸水好的干粉料,地下水位过高时,要采用挖沟排水的方法来降低土壤的含水量。

(3)压实遍数的有限性

土壤的含水量一定,压实作用在质量不变的前提下土体的密实度(干密度)δ 与压实遍数 n 的函数关系 $\delta=f(n)$ 是一个增函数,即随压实遍数的增多而增加。但其增长速率越来越小。工程实践证明,当 n 接近10时,随着 n 的增加,δ 不再增加。这是因为随遍数增加而增加的密实度,使土体中颗粒有效位移的阻力(摩擦力和内聚力)越来越大,当位移的阻力和主动作用力大小相等时,这种填充空隙的颗粒运动即告终止。

此压实特性告诉人们:工程实践中,用某吨位的压路机对路基碾压,压实遍数接近10遍,取样试验的结果仍然达不到工程标准要求时,不要企图采用再增加遍数的方法达到压实要求,而应果断决策换用具有更佳压实效果的机械。

(4)压实作用强度的有限性

土壤在含水量和碾压遍数不变的前提下,压实土层的密实度(干密度)随压实质量的增加而增加；但作用压强超过土体强度时，密实度不但不会增加，反而由于土体结构将会破坏，使土体变得松散。这种现象在日常生活实际中也不难找到例证，例如用一个细杆会在土中捣出孔来。这是由于用杆对土壤压实时压强很大（由于单位接触面积小），其作用强度超过了土体强度，使土体遭到破坏所致。

该特性告诉人们：组织路基压实施工时，安排压实机械的顺序应为：先用轻型压路机进行稳压，然后再上重型压路机进行复压和终压；或者用振动压路机碾压路基时，应该先用静力状态压实一二遍之后，再用振动状态进行碾压。以上这些工序的安排，是为了逐步提高路基强度，使之适应更大的压实作用强度而不致破坏土体。

3.路基压实标准

路基压实标准用压实度 K（也叫压实系数）表述。压实度 K 的定义式为 $K=\delta/\delta_0$，其意义为路基已经达到的密实度 δ 与该种土在实验室条件下所能达到的最大密实度 δ_0 之比。请注意压实度和密实度虽然只有一字之差，但其含义和量纲是不同的。所以用压实度作为标准，是因为各地用于填筑路基的土质有很大差异，它们所能达到的密实度（干密度）也就各不相同，很难一一列举工程所要求达到的密实度数值。因此取压实度 K 作为压实标准。

路堤的不同深度层次应达到的压实度是不同的。一般地区的公路从完工路基的最上方开始往下的 0.6m 之内，所要达到的 K 值大于 0.95；0.6m 以下所要求达到的 K 值大于 0.93。一些特殊地区（特旱区和特湿区）的路基的压实标准在交通部布颁标准中都可查到，路堑压实度也可查到。

现行的路基压实标准均采用新标准，即重型击实标准。新旧标准的不同之处在于求取 δ_0 的实验条件的差异。新标准的实验条件求取 δ_0 时，所用的击实功大，所以同样的土壤，在新旧条件下求取的 δ_0 之值不同。虽然压实度 K 值一样（例如 0.95），按新标准施工时，路基压实的程度要比旧标准严格。这是由于汽车工业的发展，导致公路通行车辆的吨位增大后，对路的强度（承载能力）要求也相应提高了。

新铺的土方路基经压实是否达标，可按 $K=\dfrac{\delta}{\delta_0}$ 公式在施工现场和实验室求得 δ 值和 δ_0 值，经计算得出，也可用核子密度仪进行现场测量。对于碎石或卵石为主要材料铺填的所谓石方路基，通常用"车辙法"检测。其做法是用 12～15t 静力作用式三轮压路机，在石方路基上行走，若见不到压路机走过的辙迹，即认为已达到压实标准。

二、路堤作业区段规划

路堤填筑时，通常在公路延伸方向规划出相等的若干段，称为作业区段。在相邻的各段中，进行着不同的作业，如图 2-4 所示。

地公路延伸方向——→

A	b	C	D	e	f	……

图 2-4　路堤填筑区段

a 段：检验区段，施工人员利用检验仪器设备，检测路堤的质量标准。检测的内容路堤几何尺寸和压实程度。

b 段：碾压区段，压实机械正在对铺层进行反复碾压。

c 段：平整区段，整平机械（推土机或平地机）正在按设计要求的断面形状和宽度进行平整。

d 段:填筑区段,选定的铲土运输机械或自卸车正在往这段堆送路堤筑材料。

从以上描述中可知,在同一时间内,担负不同作业工序内容的机械设备分别在各自的段落之内,有条不紊地进行着规定的作业内容。当铲土运输机械或自卸车在 d 段填够了规定的土方量后,它们又到近邻的 e 段进行着同样的工作。此时 e 段成了填筑区段,而 d 段、c 段和 b 段则分别成了平整区段、碾压区段和检验区段,如此延伸下去,路堤一段段地完成了"填—平—压—检"四道工序。这种作业方式叫流水施工法。

流水施工法优点在于:保证了各类施工机械作业时互不干扰,避免等待,不会窝工。这样的规划法便于施工组织者及时进找出作业的"不平衡点",从而调整机械配备。

作业区段的长度如何规划?公路施工实践经验认为区段长度以 40 ~ 50m 为宜。因为区段规划太长,每段所需的填方量就大,先填的土,其中的水分蒸发散失就会增多。我们已经知道,自然状态的土多接近最佳含水量,当这种自然状态的土中的水分散失过多,压路机进行碾压作业时,土层就难以在最佳含水状态下被碾压。因此,区段规划太长,对压路机的压实质量有不利影响。然而,规划的区段长度太小,也有一些不利影响。首先,规划长度小,会使执行填筑任务的机械在此区段工作时容易发生互相干扰;再则是对压路机的作业效率会产生不利影响。因为压路机在道路施工中的碾压过程是一个往复过程,每到行程的终点都要进行"挪道操作",行程太短,挪道操作所占时间的比例明显增多,因而降低了压路机的台班生产率。

三、填筑作业要点

1.基本作业方式

路堤填筑应该做到"水平分层填筑"。水平填筑是为了避免层间的滑移;分层的含义是:路堤设计高度虽有一个固定的值,例如某段路堤设计高度 1.2m,施工时就不应当一次松铺 1.4m 或 1.5m,压实后层厚刚刚 1.2m,因为这样填筑后,虽然压实层的表面达到了压实度的要求,由于土壤的压实特性——"压实土层的密实度随深度递减",路堤的下面就达不到压实度的要求。因此路堤填筑施工时,为了保证整体(上下处)都能达到压实度要求,必须根据所选压实机械的作用深度,正确地决定每层铺筑的厚度,一层一层地铺筑、平整、压实,每层都压实到规定的密实度,最后达到设计高度的要求。

2.填料性质不同时的填筑方法

(1)勿混填——不同性质的填料应分别分层填铺;

(2)水稳性好的材料应填在最上层;如果堤底可能受水浸,也用水稳性好的材料填于下层;

(3)透水性好的材料应填在透水性差的材料的下层——即透水性好的材料先铺。

3.接茬处理

两段交接处不在同一时间填筑,则先填地段,应按 1:1 分层留台阶。若两个地段同时填,例如上述的流水作业施工法,则应分层相互交叠衔接,其搭接长度不得小于 2m。

§2-5 压路机选型、压实作业参数及作业要点

一、压路机的适用范围

压路机靠滚压作用土壤使之变为更加密实的状态。压路机的滚压工作机构如图 2-5 所示。现将它们适用的作业范围分述如下:

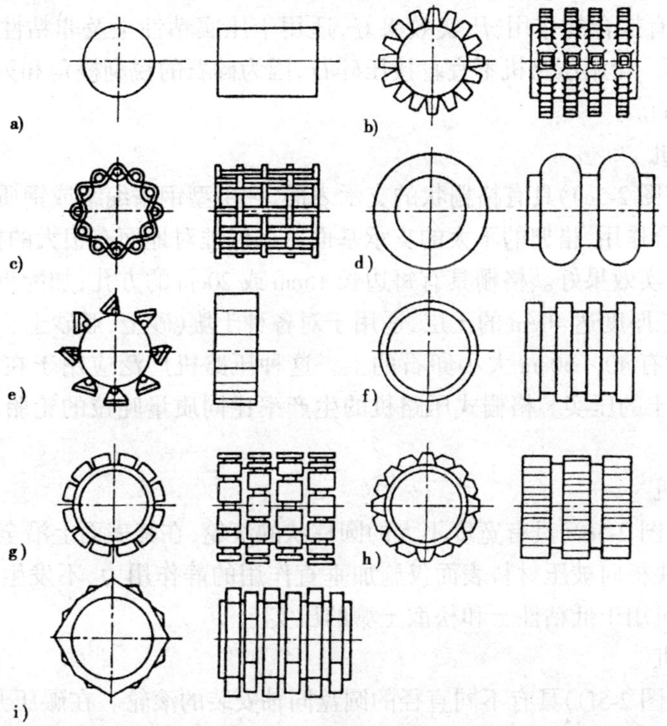

图 2-5 滚压工作机构简图

a)光滚轮;b)羊脚轮;c)格栅轮;d)气胎轮;e)铰接块板式滚轮;f)圆盘式滚轮;g)扇形块式滚轮;h)凸块式滚轮;i)多角圆片式滚轮

1.光轮压路机

光轮压路机的滚轮是一个圆柱形筒体,以压路机的自重实施压实作用,还可通过增减配重适当调整其线压力,扩大其应用范围。

光轮压路机按其质量可分为轻型、中型和重型几种,其适用范围见表 2-11。

光轮压路机按质量划分的应用范围　　表 2-11

压路机型式	质量(t)	单位线压力(kN/m)	适用范围
轻型	≤5	<40	压实人行道和修补黑色路面,路基和路面的初步预压实
中型	6~10	40~60	路基和路面的中间压实以及简易路面的最终压实
重型	>10	>60	路基及沥青混凝土路面的最终压实

2.羊脚压路机

羊脚压路机有较大的单位压力(包括羊脚的挤压力),压实深度大而均匀,并能挤碎土块,因而有很好的压实效果和较高的生产率。它广泛用于粘性土的分层压实,而不适用非粘性土和高含水量土的压实。

3.轮胎压路机

轮胎压路机机动性好，便于运输，进行压实工作时土壤与轮胎同时变形，全压力作用时间长，接触面积大，并有揉合的作用，压实效果好，适用于压实粘性土及非粘性土，如粘土、砂粘土、砂土和砂砾土等。轮胎压路机不宜直接压碎石，因为碎石的锐利棱角和刃部对传输线胎的使用寿命有不良影响。

4. 格栅式压路机

格栅式压路机(图 2-5c))具有格栅状的支承表面，它由型钢条编结或钢质弓形板制成。在碾压过程中也有揉合作用，格栅的不大的支承基面可以保证对地面有很大的接触压力，能激起上层材料的粉碎，压实效果好。格栅具有每边长 15cm 或 20cm 的方孔，加配重后的压路机的质量为 15 ~ 30t，可碾压厚度达 40cm 的土层，适用于对各种土壤(砂土、亚砂土、亚粘土和粘土等)的压实，其中包括含有 40 ~ 50cm 大小卵石的土。这种压路机广泛应用于在冬季条件下含有 60cm 大小冻土块的土的压实。格栅式压路机的生产率比同质量吨位的轮胎压路机高 20% ~ 30%。

5. 块板式压路机

块板式压路机(图 2-5e))具有宽度不大的圆柱状的滚轮，在其表面上沿全宽度铰接布置着许多块板。滚轮经块板向被压材料表面仅施加垂直作用的静作用力，不发生被压材料的水平位移。块板式压路机用于低粘性土和松散土壤的压实。

6. 圆盘式压路机

圆盘式压路机(图 2-5f))具有不同直径的圆盘同轴安装的滚轮。在碾压开始时，滚轮沉埋到被压材料内，所有圆盘与材料接触，随着压实程度的提高，滚轮将向上升起，与材料接触的仅是大直径的圆盘，接触压力因而增加。圆盘式压路机用于非粘性和低粘性土的压实。

7. 扇形块式压路机

扇形块式压路机(图 2-5g))备有光面的滚筒，在其筒缘上安装着带扇形块的轮圈。当工作时，碾压滚轮在土中沉埋到滚筒的筒缘处，然后随作业的进行渐渐地升起，仅扇形块紧贴地表面，因而接触压力增加。扇形块式压路机同圆盘式压路机的适用范围相同。

8. 凸块式压路机

凸块式压路机(图 2-5h))具有圆柱筒状的滚轮，在其上焊有多排对称状的凸块，与羊脚滚轮相比，按凸块自身的结构相似于羊脚滚轮羊脚的布置，此外，由于凸块切入被压材料速度快，对材料产生动力作用(冲击荷载)，因此对于此类压路机而言，可以不要求采用附加的激振器。凸块式压路机工作速度高，可用于大面积土壤以及拉圾压实。

9. 多角圆盘式压路机

多角圆盘式压路机(图 2-5i))由安装在同一根轴上的一个跟一个地或相对有间隔地排列的多角圆盘组装而成。圆盘传给土壤挤压和揉合力。由于工作速度高(可达 40km/h)，在碾压作业时，还有附加的冲击荷载对材料发生作用。多角圆盘的周边磨损较快，但圆盘易于更换。此类压路机的应用范围同凸块式压路机。

10. 振动压路机

振动压路机单位线压力大，振动力影响深，因此压实深度可增加，压实遍数相应减少。振动压路机种类繁多，应用广泛。光轮振动压路机最适用于压实非粘性土壤(砂土、砂砾石)、碎石、块石、堆石、沥青混凝土及不同类型、不同厚度的沥青铺层。这种压路机在断开振动机构后，还可作为静力作用压实机用来进行整平碾压作业。

振动压路机的应用列于表 2-12。

振动压路机适用范围表　　表 2-12

质量和型式	块石	砂砾石		粉土、粉质土、冻碛土		粘土	
		优良级配	均匀粒级	粉质砂、粉质砾石、冻碛土	粉土、砂质粉土	低、中强度粘土	高强度粘土
3t 以下光轮		△	△	△	△		
3~5t 光轮		○	○	△	△	△	
5~10t 光轮	△	○	○	○	△	△	△
10~15t 光轮	○	○	○	○	△	△	△
振动凸块式			△	△	○	○	○
振动羊足式			△	△	△	○	○

注:○表示"适用";△表示"可用"。

用于土方压实施工的还有夯实机械,夯实机械分振动夯实机械及冲击夯实机械,它们体积小,质量小。由于生产率很低,主要用于狭窄工作面的土层、石碴的压实。振动夯用于非粘性土、砾石、碎石的压实,而冲击夯实机或夯实板则适用于粘土、砂质粘土和灰土的夯实作业。

二、压实作业参数

1.被压材料的含水量

压实度 $k=\delta/\delta_0$ 中的 δ 和 δ_0 分别为碾压后材料的密实度和以标准击实法测定的材料的最大密实度。击实标准分为轻型击实法和重型标准击实法。由轻型标准击实法(相当于 8~9t 的中型光轮压路机的压实效果)测定的土的最佳含水量和最大密实度的变化范围见表 2-13 所列。

各种土壤的最佳含水量和最大密实度　　表 2-13

土壤类别	最佳含水量 w_0(%)	最大密实度 δ_0 (g/cm^3)	土壤类别	最佳含水量 w_0(%)	最大密实度 δ_0 (g/cm^3)
砂土	8~12	1.80~1.88	亚粘土	12~15	1.85~1.95
亚砂土	9~15	1.85~2.08	重亚粘土	16~20	1.67~1.79
粉土	16~22	1.61~1.80	粘土	19~23	1.58~1.70
粉质亚粘土	18~21	1.65~1.74			

对于高等级公路(一级公路和高速公路),目前规定采用重型标准击实法来测定土的最佳含水量和最大密实度,其最佳含水量除砂土外均比由轻型标准击实法测定的要略低 3%~5%,而最大密实度约增加 10%。具体应用时可根据实际施工情况确定。

2.碾压和夯实时的强度极限

压实机械的工作机构作用于被压材料表面压力不足,无疑使材料不能达到最大的密实度;但压实机械的工作机构作用于被压材料表面的压力超出了材料的强度极限,将发生材料从工作机构下塑性流动现象,导致碾压时引起波纹,地面不平,材料仍达不到最大密实度。工程实践证明:当土或其他材料表面的接触应力接近以下最佳值时,才能得到最好的密实度。

$$\sigma = (0.9 \sim 1.0)\sigma_B \tag{2-3}$$

式中：σ_B——土或其他材料的强度极限。土的强度极限列于表2-14。

碾压和夯实时土的强度极限 表2-14

土 壤 类 型	强 度 极 限 σ_B(MPa)		
	碾 压		夯 实
	光轮压路机	轮胎压路机	夯板直径 ϕ0.7～1m
低粘性土（砂土、亚砂土、粉土）	0.3～0.6	0.3～0.4	0.3～0.7
中粘性土(亚粘土)	0.6～1.0*	0.4～0.6	0.7～1.2
高粘性土(重亚粘土)	1.0～1.5	0.6～0.8	1.2～2.0
极粘性土(粘土)	1.5～1.8	0.8～1.0	2.0～2.3

*在个别情况下，当粘土颗粒含量为8%～15%，强度极限可降低0.3～0.4MPa

表2-15和表2-16分别列出了压实层面的最大许用应力值和石料碾压时的许用单位线压力，选用压路机时应参照此表，核对是否适用。

压实层表面的最大许用应力值 表2-15

压 实 层 的 类 型	许用应力(MPa)		压 实 层 的 类 型	许用应力(MPa)	
	压实开始	压实终了		压实开始	压实终了
碎石路面	0.7	4.5	砂质沥和土质沥青料(碾压开始温度约100℃，终了温度60℃)	0.5	2.0
条形碎石路面	0.6	3.0	细粒冷沥青混凝土	0.4	3.0
无强土的砾石路基	0.4	2.5	有机结合料稳定土	0.4	1.3
路拌砾石路面	0.6	2.8	最佳成分的土	0.2	0.8
贯入沥青碎石路面	1.0	5.0	细砂	0.15	0.4
热沥青混凝土(碾压开始温度约100℃，终了温度60℃)	0.5	3.0			

石料碾压时的施用单位线压力 表2-16

石 料 性 质	石 料 名 称	抗压强度极限(MPa)	压路机滚轮作用的许用单位线压力(kN/m)
软	石灰岩、砂岩	30～60	60～70
中等	石灰岩、砂岩、粗粒花岗岩	60～100	70～80
坚硬	细粒花岗岩、正长岩、闪绿岩	100～200	80～100
极坚硬	辉绿岩、玄武岩、闪长岩、辉长岩	200以上	100～125

3.路基和路面压实层的深度

前面已经讲到,压路机的吨位、材料状况和压实遍数不变的前提下,压实土层的密实度随深度递减的特性。增大层厚会使工程质量受到影响,减少层厚则会使施工成本增加。较为理想的压实层厚如表 2-17 所列;各种压路机土层压实深度计算公式列于表 2-18。

路基和路面压实层的最佳深度(cm) 表 2-17

压路机类型 \ 材料	碎石、砾石	含有粘结料的碎石和砾石	沥青混凝土
轻型	12~8	7~6	4~5
中型	14~10	9~8	5~6
重型	20~12	12~10	6~8

注:对较粘性的材料取低值。

土层压实深度计算公式 表 2-18

压路机类型	土壤类型	
	粘性土	非粘性土
光轮压路机	$H_0 = 0.25 \frac{w_1}{w_0} \sqrt{qR}$	$H_0 = 0.35 \frac{w_1}{w_0} \sqrt{qR}$
羊脚压路机	$H_0 = 0.65(L + 0.2b - h_p)$	
轮胎压路机	$H_0 = 0.53 \frac{w_1}{w_0} \sqrt{0.1G}$	

式中:H_0——最佳压实厚度(cm);

q——压路机滚轮单位线压力(kN/m);

R——压路机滚轮半径(cm);

G——轮胎压路机气胎轮上的荷载(N);

w_1, w_0——分别为土的实际含水量和最佳含水量(%);

b——羊脚支承面的最小尺寸(cm);

h_p——羊脚松散表面土壤的深度,取 $h_p = 5$cm。

4.压实机械运行参数

压实机械运行参数包括碾压时的行驶速度 v 和行程压实有效宽度 W。运行速度太高,初压松散材料易被推移,且相同压实遍数所能达到的密实度不足;运行速度太慢,则降低了压实机械的台班生产率。行程压实有效宽度 W 是平均每一行程所能压实的有效宽度。因为压实机械在进行排压作业时,为了保证处处都能得到压实,第二个行程所占的宽度范围必须与先一行程所压的宽度范围有一重叠带,这一重叠带的宽度,工程上叫“重叠度”。整个压实场面的宽度与压实行程数之比,该平均值的单位行程所能碾压的宽度,称行程压实有效宽度。压实作业进的行驶速度格行程压实有效宽度分别列于表 2-19 和表 2-20。

压实机械作业行驶速度 v 表 2-19

机　种	速度(km/h)	机　种	速度(km/h)
光面压路机	约 2.0	羊路压路机	约 4～10
振动压路机	约 1.5	打夯机具	约 1.0
轮胎式压路机	2.5		

压路机行程压实有效宽度 W 表 2-20

机　　种	有效压实宽度(m)	机　　种	有效压实宽度(m)
三轮光面压路机	主动轮宽度 - 0.2	三轮光面压路机	主动轮(后)宽度 - 0.2
串联压路机	主动轮宽度 - 0.2	羊足(土壤)碾	(主动轮宽 × 2) - 0.2
轮胎式压路机	(最外轮轮胎左外侧边至右边最外侧边距离) - 0.3	大型振动压路机	压路机宽度 - 0.2
小型振动压路机	压路机宽度 - 0.1	推土机	履带宽度 - 0.3

三、压实机械的选择

在进行压实作业之前,必须选择适当的压实机械。压实机械选择的主要根据是:被压材料的种类、性质、颗粒组成、含水量和施工试验所确定的铺层厚度,还有施工条件、工程进度以及所要求的压实度和各种压实机械的技术性能等。

1.压实机械选择要点

(1)对于粘性土的压实,可以选用羊脚(凸块)、光轮和振动压路机。较均匀的砂质土选用轮胎压路机较好。而对于含有砂石、碎石和砾石的土,则采用振动压路机效果好。

(2)当填土含水量较小且难以进行加水湿润时,采用重型的压实机械为宜;当填土含水量较大且干容重较低且难以进行加水湿润时,则宜采用轻型压实机械。

(3)对压实机械本身而言,各种不同类型、不同规格的机械对各种施工条件的适应也各不相同。如重型光轮压路机常用于路基垫层和路基,而中、轻型的则多用于路面。它们对粘性薄层土壤的压实最为有效,但对含水量高的粘土或粒度均匀的砂土则不适用。

羊脚(凸块)压路机常用来作路基或基坑回填土的底层被压工作,特别对湿度较大、粒度大小不等的粘性土及土块、破碎的碎块压实效果较好,而对表层及砂土的压实则不适用。

轮胎压路机能适应各种土质条件的压实工作,特别对砂质土壤的实效果最好。大型振动压路机对深层的压实效果比其他机型都好。

小型振动压路机和小型夯实机械适用于小规模工程的狭窄场合,对构筑物的回填土的压实效果也较好。

(4)在实际施工中,用单一机型的压实机械往往难以完成整个工程的压实工序,通常需要采用大、中、小型配合或多机种组合进行。为此,压实机械的选择和配备必须考虑工程类型、施工规模及压实作业的允许时间等因素。

总之，选择何种压实机械施工要通过各方面的比较，在综合分析的基础上作出最经济合理的选择。

2.压实机械选择参数图表

(1)根据不同土质条件选择压实机械的参考表列于表 2-21。

(2)根据不同作业内容选定机械的参考表列于表 2-22。

(3)图 2-6 示出了各类型压实机械压实各种材料的适用范围。

按照土质种类选择压实机械表 表 2-21

压实机械 土质种类	滚筒压路机	轮胎压路机	大型振动压路机	土壤压实机	牵引式羊足压路机	推土机		小型振动压路机	振动平板夯、摇摆压路机	备注
						普通型	湿地型			
岩块等，经过挖掘，压实也不容易成细粒化的岩石			△					⊙	⊙大	硬岩
风化岩、泥岩，已成为细粒化，但很紧密的岩等		○大	△	○	○			⊙	⊙大	软岩
单粒度砂，碎石、砂丘的砂等			○					⊙	⊙	砂 含砾石砂
含适当量的细粒粉而粒度良好的容易密实的土、细砂、碎石		△大	○	○				⊙	⊙	砂质土含砾石粘性土
细粒多但灵敏性低，低含水率罗姆土，容易坍的泥岩等		○大		△	△				⊙	粘性土含砾石砂质土
含水率调节困难，不容易用来作交通的土，细砂质土等						●				含水分过剩的砂质土
罗姆土等，高含水率，灵敏性高的土；粘土；粘性土						●	●		⊙	灵敏的粘性土
粘度分布好的土	○	○大	△					△	⊙	颗粒材料
单粒度的砂及粘度差混有碎石的砂	○	○大	△						⊙	砂混碎石的砂
砂质土 粘性土			△小 ○小			○		△ ○	⊙ ⊙	

注：△——有效的；○——可以使用的；●——因交通关系其他机械不能使用时，不得已使用的；⊙——因施工现场规模所限，其他机械不能使用时而选用的机械；大——大型的；小——小型的。

按作业内容选定压实机械参考表 表 2-22

作业内容	使用机械	摘要
道路填土，江河筑堤，填筑堤坝等的压实	轮胎压路机 羊脚压路机 振动压路机 压路机	适用于大面积而较厚的填土层的压实。振动压路机在砂质成分多的地方使用效果特别好；羊脚压路机适用于粘性土质多地方
填土坡面的压实	夯具、捣棒，拖式振动压路机、带有坡面压实附件的挖掘机	沿着坡面进行夯实时使用。规模小的进修使用夯具或捣棒等，规模大的时候用拖式振动压路机
桥、涵的里填侧沟等基础的压实	夯具、捣棒	在面积受到限制的地方用来压实
沥青路层的压实	光轮压路机 轮胎压路机 振动压路机	大规模铺路工程，首先用轮胎压路机进行粗压实，然后用光轮压路机进行辗压。简易铺路等小规模作业时，只用振动压路机来进行辗压。

四、压路机作业注意事项

1.压路机的碾压方向、顺序及所需碾压遍数，应由施工人员按作业方法和要求指定进行：碾压路基时通常应纵向运行，行道的排布顺序是先边部后中部，碾压曲线段时，由于外侧加高，行道的排布顺序是先内侧后外侧。

2.对路面铺层的碾压方法，应贯彻从初压到以后各阶段的碾压所用的压路机应先轻后重，其速度应由低到高（速度可按规定或试验压实数据确定）的原则。这是由于初压阶段材料中各颗粒处于松散状态，低速碾压可使材料各颗粒得到较好的嵌挤，压路机本身行驶亦较稳定。初压之后，材料颗粒已相对比较稳定，表面已逐渐平稳，因此压路机机重可增大，速度也可快一些。

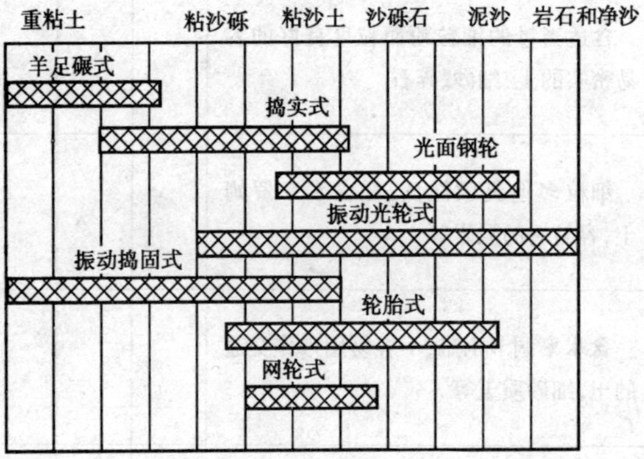

图 2-6 各类型压实机械压实各种材料的适用范围

3.在碾压过程中，如发生波浪起伏现象，即说明选用压实方法不当（一般是压路机选型不当），在这种情况下可改选三轮三轴压路机为宜。

4.压路机碾压中，如出现有细裂缝，一般是因为混合料（土层）过干，可适当洒水后再压；如土层过湿不能碾压时，可待水分蒸发后再压。所摊铺的混合料应当天碾压完。

5.压路机不能在断面上同一地点停放多次或停留时间过长，以免发生局部凹陷，影响表面碾压质量。

第三章　石方爆破施工运用

§3-1　爆破应用场所与设备

利用炸药在介质(例如土壤、岩石)中爆炸时迅速释放出的巨大能量(热能和冲击动能),使周围介质遭到破坏的工程措施,称为爆破。国民经济建设中广泛应用爆破技术,例如矿山及地下资源的开采、城镇改建中旧建筑物的清除、隧道的构建等等。爆破在公路建设中通常用于下列场合:①为获取建筑材料——碎石,利用爆破技术从山体开采块石,然后再利用岩石破碎及筛分设备将块石加工成相应规格的碎石;②开凿穿山或穿越河底隧道;③需要开挖路堑,但材料质地坚硬,用普通的土方机械(挖掘机或松土机)难以开挖时,施工中也常采用爆破方法;④傍山公路修筑半堤半堑路基。

爆破施工的主要工序是:钻孔→装置炸药及起爆器材→堵塞药孔→起爆→爆后清理

用来在岩石上穿凿孔洞的机械是石方爆破施工的关键设备,称石方钻孔机械,包括凿岩机械与穿孔机械。凿岩机械(包括凿岩机及其附属设备),适用于钻凿孔径小于80mm的炮孔,在中、小量石方工程中使用较多。穿孔机械称为钻机,适用于穿凿孔径100mm以上的大炮孔,主要用于大方量的石方工程。

穿孔机械有冲击钻机、旋转钻机、牙轮钻机和潜孔钻机四种:①冲击钻机系利用钻具下落时的冲击能量来破碎岩石;②旋转钻机系通过钻头旋转时的转矩及施加在钻头的钻压来切削岩石;③牙轮钻机是旋转钻机的一种类型,钻孔时,钻头一方面向孔底施加较高的钻压,一方面旋转;钻头的牙轮既绕钻头轴线公转,又绕自身轴线自转,钻头上的各牙齿依次对孔底各点进行挤压或滚压,以破碎岩石;④潜孔钻机是一种旋转冲击式钻机,采用潜入孔底的冲击器冲击钻头来破碎岩石。

凿岩机是用于钻凿小直径炮孔时，以能量转换方式（将电能、热能或流体的动能转化为机械冲击能），通过钻具对岩石进行冲击破碎，以形成炮孔。凿岩机按工作动力不同，分为风动凿岩机、液压凿岩机、电动凿岩机、内燃凿岩机四种。按凿岩机架持方式不同，分为手持式、气腿式、向上式、导轨式四种。按凿岩机冲击频率大小，分为普通频率（2 500次/min以下）和高频（2 500~4 000次/min）两种，按质量不同，分为轻型、中型和重型三种。

公路施工的爆破工程,通常用凿岩机穿凿炮孔。凿岩机的钻杆用六角空心钢做成,钻杆直径22~38mm,钻杆头部由锻钎机锻成凿形、十字形、星形的各种型式。为提高钻进速度和节约钻杆与设备,常用耐磨的合金钢钻头。

合理选择凿岩机的型号,有利于提高钻孔速度和改善劳动条件,应当根据岩石类别,钻孔深度、工作环境与附属设备等情况,选用凿岩机的型号,选型时可参考表3-1。

风动凿岩机在公路石方爆破施工中为最常采用的机种。它是用空气压缩机提供的压缩空气的带动而工作的。其工作气压在 500～800kPa 之间。压力过低工作时的冲击动能不足，因而降低了凿孔进度和工效；压力过高会使凿岩机体强烈振动，加大了操作难度和操作者的疲劳强度，还会使凿岩机内部机件加速磨损和损坏。压缩空气的工作压力由空气压缩机的规格型号和安全阀的调整状态得以维持和保证。空压机规格型号(容量)的确定方法第一章中已经述及。空压机的动力源和移动方式的选择可参考表 3-2。

凿岩机型号选择参考表 表 3-1

轻、重型	凿岩机型号	适用情况	岩石类别
轻	01—17	中等以下的岩石，水平或向下方向的湿式凿眼工作	V～VIII
中	01—23	中等以上硬度岩石，水平或下斜眼	VIII～XI
中	01—30	中等以上硬度岩石进行水平或向上湿式凿岩	VIII～XI
中	01—24	中等以上硬度岩石，作水平，垂直或倾斜方向湿式凿岩工作	VIII～XI
轻、重型	凿岩机型号	适用情况	岩石类别
重	01—38	可在极坚硬岩石上水平方向钻孔，放在风钻台车上及推进器上，完全可以自动推进	VIII～XVI
重	01—45	中等及高硬度岩石，与水平成 60°～90°上斜眼湿式凿岩工作	VIII～XVI
轻	YG—9	中硬及中硬以下岩石	V
中	YG—21	中硬及中硬以上岩石	V～VIII
重	YQ—100	中等以上硬度岩石，直径 100mm 水平眼	V～XVI

空气压缩机动力源及移动方式选择标准 表 3-2

选择项目	选择标准
动力源	1. 在施工范围内有足够的动力电源时，宜采用电动空气压缩机； 2. 无动力电源修建集中发电站不经济，而工程量又较大时，可采用柴油空气压缩机； 3. 无动力电源缺少柴油空气压缩机，而工程量不大时，可采用汽油空气压缩机。
移动方式	1. 移动式，全套设备都装在橡胶轮胎车架上，可视需要随时移动，便于短期施工应用； 2. 固定式，使用时需用混凝土基础与螺栓固定，适用于工期较长的工地。

§3-2 爆破技术

一、基本概念

1. 爆破作用圈

一个充满炸药的球形药包，在没有边界的均质无限介质中爆炸时，根据距离药包中心远近不同，介质受到的破坏程度是不同的。按照破坏程度的差异，可以画出半径不等的 4 个同心球体。图 3-1 为通过药包中心剖面爆破作用圈。

(1)压缩圈：是与药包表面直接接触的一层介质。在药包爆炸时，产生高温与高达几十万个大气压力。这会使可塑性介质被压缩成一个球形空腔；对坚硬的不可压缩的脆性介质将被此压力粉碎，因此也常称为粉碎圈。

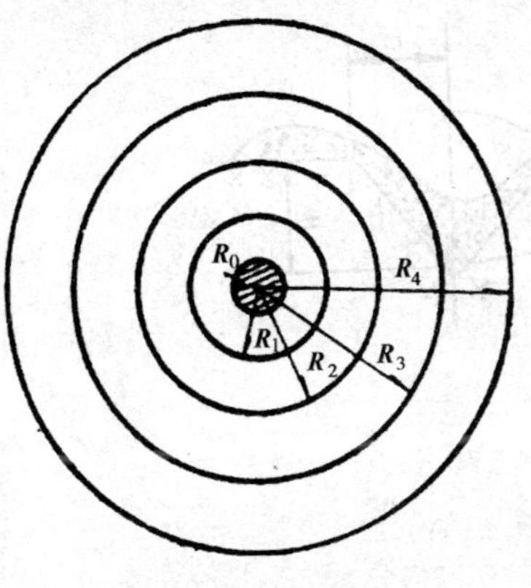

图 3-1　爆破作用圈

R_0-药包半径；R_1-压缩圈（粉碎圈）半径；R_2-抛掷圈半径；R_3-破坏圈半径；R_4-振动圈半径

(2)抛掷圈：紧靠压缩圈的一层介质，由于受到的压力较小，坚硬的脆性介质不能被粉碎，但介质本身除了被破坏外，爆破的剩余能量还能将其推出一定距离。当处在阻力较小的临空面时，便可发生抛掷现象。

(3)破坏圈：在掷抛圈的外层，介质受到的作用力更小，但仍有足够能量，使其原来结构受到破坏，产生破碎裂缝，被分割成若干块体，却不能被推移前进。

(4)振动圈：在破坏圈之外，介质获得的爆炸能量很小，只能产生弹性变形，而应力波消失后，介质就恢复到原来的状态，原有结构不受破坏，只受到爆破振动的影响。

2.爆破作用效果

上述的爆破作用圈，显然是在假设条件下的一项分析研究，而工程爆破通常是在有临空面的情况下进行的。我们可以从一个临空面的平坦地面爆破时的物理现象来阐明其特点。药包中心至临空面的最短距离，称为最小抵抗线长度，用 W 表示。药包爆炸后，在自由面上形成倒立的锥体，称为爆破漏斗。漏斗各部的参数如图 3-2 所示。

最小抵抗线 W 不变，我们改变药包的剂量；或者药包剂不变，我们改变最小抵抗线长度，会发现爆破漏斗的结构特征发生改变。我们把爆破漏斗斗底半径 r 与最小抵抗线长度 W 的比值 $\frac{r}{W}$ 定名为爆破作用指数 n，即 $n=\frac{r}{W}$，爆破作用指数 n 较为准确地描绘了爆破作用效果。下面以药包剂量为定值，分析随抵抗线长度的变化所发生的爆破效果(特征)的变化，见图 3-3。

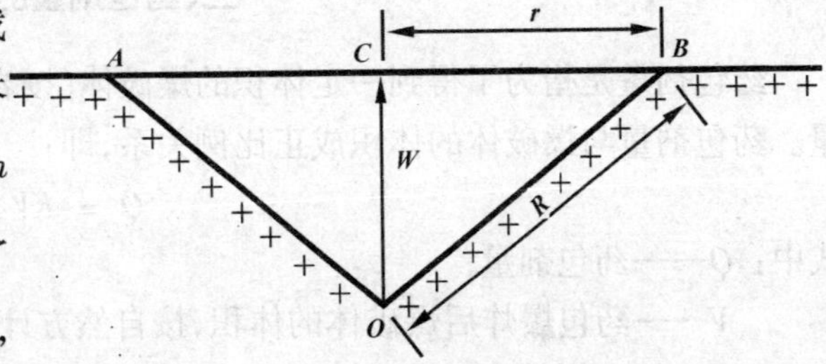

图 3-2　爆破漏斗

W-最小抵抗线；AOB-爆破漏斗；r-爆破漏斗斗底半径；R-漏斗边缘半径

(1)压缩爆破：药包埋藏很深，药包到自由面(临空面)的距离——抵抗线长度很长，此时爆炸后药包周围的岩石产生粉碎和裂缝。但由于抵抗线长度很长，破碎后的岩石无法冲破这种阻力，因此自由面只受到振动，并无破坏。

(2)松动爆破：当抵抗线长度小到某一临界值时，爆破使药包以上直到表面的岩石都受到破坏，而发生松动，但由于抵抗力仍然较大，并无抛掷现象发生。

(3)抛掷爆破：当抵抗线长度再减小，爆破后的岩石不仅松动，且有向四周抛出的现象。当然也有部分岩石抛出后又重新落入漏斗内(如图 3-3c 所示)。

根据抛出岩石数量在爆破岩石中的比例不同，抛掷爆破又可再细分为如下三种不同形状的爆破漏斗，它们的特征都可以用爆破作用指数 n 描述。

①标准抛掷爆破：$n=1$　($r=W$)；

②加强抛掷爆破：$n>1$　($r>W$)，爆破后抛出的岩石，大部分落到漏斗外部；

③弱抛掷爆破：$0.75<n<1$($0.75r<W<r$)爆破后抛出的岩石，小部分落到漏斗外部。

松动爆破的爆破作用指数 $n\approx0.75$，爆破后的岩石绝大部分在漏斗内部，极少有岩石抛出。

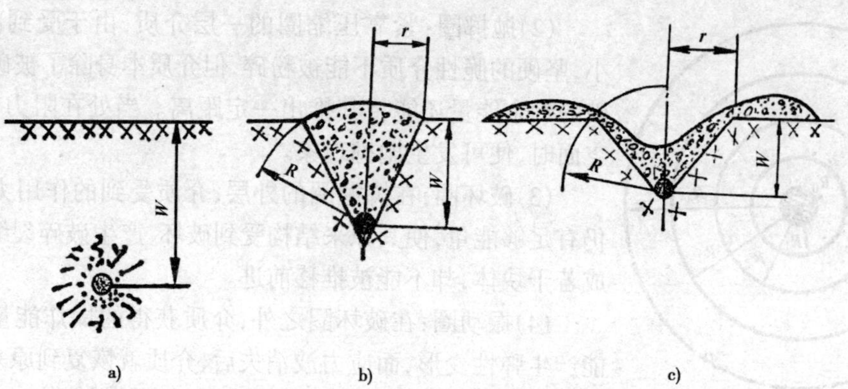

图 3-3　药包爆破效果图

a)压缩爆破；b)松动爆破；c)抛掷爆破

压缩爆破的爆破作用指数 $n<0.75$,爆破时极少有岩石抛出。

各种不同效果的爆破,在工程上的应用场所是不同的。抛掷爆破用于大型爆破工程,定向爆破属于抛掷爆破。松动爆破通常用于一般的土石方施工,例如采石和公路路堑的开挖、巷道的掘进。压缩爆破用于扩大炮孔容量,增加装药量,在大爆破工程中,作为先期的准备工作。

二、药包剂量的确定

药包剂量是指为了得到一定体积的爆破体(按岩石的自然方量计算)所需安放的炸药的质量。药包剂量与爆破体的体积成正比例关系,即:

$$Q = KV \tag{3-1}$$

式中:Q——药包剂量;

V——药包爆炸后爆破体的体积,按自然方计;

K——比例系数。

在标准爆破中,爆破指数 $n=1(r=W)$。参见图 3-2,把标准爆破漏斗看作倒立的圆锥体。显然,爆破体的体积:

$$V = \frac{1}{3}\pi r^2 W \approx W^3 \tag{3-2}$$

将(3-2)代入(3-1),变为:

$$Q = KW^3 \tag{3-3}$$

式(3-3)中的比例系数 K,即为标准抛掷爆破的单位耗药量,其计量单位用 kg/m^3 表示。

加强抛掷爆破的药包剂量计算方法采用式(3-3),并用爆破作用指数 n 的函数加以修正。爆破作用指数的函数 $f(n)$,是以 n 作为自变量的单值函数。根据我国爆破工作者的实践经验,认为一般爆破工程中,$f(n)$按下式表达较为符合实际:

$$f(n) = 0.4 + 0.6n^3 \tag{3-4}$$

因此,加强抛掷爆破药包剂量计算式为:

$$Q = KW^3(0.4 + 0.6n^3) \tag{3-5}$$

弱抛掷爆破药包剂量计算式为:

$$Q = \frac{4 + 3n}{7}KW^3 \tag{3-6}$$

松动爆破药包剂量计算式为：

$$Q = 0.33KW^3 \qquad (3-7)$$

扩孔压缩爆破药包剂量计算式为：

$$Q = 0.2KW^3 \qquad (3-8)$$

以上给出的各种不同类型爆破形式所需药包剂量的计算式中，单位耗药量 K，是指为获取 $1m^3$ 的岩石爆破体(自然方)所需的 2 号岩石铵锑炸药的用量。爆破作用对象的抵抗能力不同(爆破难易程度的差别)所需耗药量必然不同。表 3-3 列出了各种爆破作用对象的 K 值。

各种爆破作用对象的 K 值[kg/m^3] 表 3-3

岩石名称	岩石等级	K 值	岩石名称	岩石等级	K 值
石、干砂土	I	1.8~2.0	砾石、钙质砾石	VI~VII	1.35~1.65
密实的或潮湿的砂土	II	1.4~1.5	砂质砂岩、层状砂岩、泥灰岩	VII~VIII	1.35~1.65
重砂、粘土	III	1.2~1.35	钙质砂岩、白云岩、镁质岩	VIII~X	1.5~1.95
坚实粘土	IV	1.2~1.5	石灰岩、砂岩	VIII~IX	1.5~2.4
黄土	IV~V	1.1~1.5	花岗岩、花岗闪长岩	IV~XI	1.8~2.55
白垩土	V	0.9~1.1	玄武岩、安山岩	VI~XVI	2.1~2.7
石膏、泥灰岩	V~VI	1.2~1.5	石英岩	XIV	1.8~2.1
裂纹喷出岩、重质浮石	VI	1.5~1.8	玢岩	XIV~XI	2.4~2.55
贝壳石灰岩	VI~VII	1.8~2.1			

炸药种类不同，爆炸时爆力是有差别的。因此选用 2 号岩石铵锑之外的炸药时，对单位耗药量应加以修正，其修正系数 $e = \frac{\text{标准炸药(2 号岩石铵锑炸药)的爆力}}{\text{采用的炸药的爆力}}$。从 e 的定义式中，我们看到，选用爆力较大的炸药时，取用的修正系数 e 的值较小。表 3-4 列出了各种炸药的修正系数 e 值。

炸药修正系数 e 值 表 3-4

炸药名称	型号	修正系数 e 值	炸药名称	型号	修正系数 e 值
煤矿铵锑	1 号	0.97	铵萘炸药		0.86
煤矿铵锑	2 号	1.12	铵萘炸药	粒状	0.90
煤矿铵锑	3 号	1.16	62%胶质炸药	普通	0.78
岩石铵锑	1 号	0.80	62%胶质炸药	耐冻	0.78
岩石铵锑	2 号	0.88	35%胶质炸药	普通	0.93
露天铵锑	2 号	1.00	混合胶质炸药	普通	0.88~0.92
胶质硝铵	1 号	0.78	苦味酸		0.90
胶质硝铵	2 号	0.78	黑火药		1.0~1.25
硝酸铵		1.35	梯恩梯	二硝基甲苯	0.92~1.0

三、爆破材料及起爆方法

爆破材料包括炸药和起爆器材。炸药种类很多,在石方爆破中常用的有两类:

1.起爆炸药

它是一种爆炸速度极高的烈性炸药,爆速可达 2 000 ~ 8 000m/s,主要用以制造雷管和速燃导火索等。常用的有雷汞、叠氮铅等。

2.爆破炸药

用以对岩石或其他介质进行爆破的炸药,要求它的敏感性低,要在起爆炸药强力的冲击下才能爆炸,工程常用的有:

(1)黑色炸药

它是由硝酸钾(或硝酸钠)、硫磺和木炭所组成的混合物,对火星和冲击极敏感,易燃烧爆炸、怕潮湿、威力低,适用于石料开采。

(2)硝铵炸药

是硝酸铵、梯恩梯和少量木粉的混合物,对冲击或摩擦不敏感,吸湿能力强,受潮后不能充分爆炸,常用的有:

①岩石铵锑炸药

它有 1 号和 2 号两种(号数大的威力小),特点是威力大,适用于没有煤尘和沼气爆炸危险的矿井和岩石爆破。

②露天铵锑炸药

有 1、2、3 号三种,这种炸药爆炸后产生的有毒气体较多,只能在露天爆破工程中使用。

③铵油炸药

它的爆炸威力稍低于 2 号岩石铵锑炸药,但抛掷效果好,起爆较难,易受潮。但制造方便,成本低,是目前露天爆破中使用最多的一种。

(3)胶质炸药

它是由硝化甘油和硝酸铵的混合物、另外混入一些木粉和稳定剂制成的。特点是对冲击、摩擦和火星都很敏感。但抗水性较强,爆炸威力大,适用于水下和硬岩石爆破。

(4)梯恩梯(三硝基甲苯)

它呈结晶粉末状,淡黄色,压制后呈黄色,熔铸块呈褐色,不吸湿,爆炸威力大。但本身含氧不足,爆炸时产生有毒的一氧化碳气体,不宜用于地下作业。

起爆器材包括雷管和导火索。雷管按照引爆方式分为火雷管和电雷管。电雷管又分即发、延发和毫秒雷管。工业上按雷管内起爆药量的多少分为 10 种号码的雷管,一般多使用 6 号和 8 号两种。

通过电爆网路实现起爆的称为电力起爆,电雷管的联结型式有串联、并联和混联三种。

火花起爆是利用导火索燃烧引爆雷管,从而使药包爆炸。

此外还有传爆线起爆法。传爆线的索芯用高级烈性炸药制成,但着火较困难,使用时须在药室外的一段传爆线上捆扎一个 8 号雷管来起爆,传爆网路与药包的联结方式有并联、串联和并簇联等。

§3-3 爆破工程

一、凿岩机供气管道的设置

凿岩机与空压机是通过输气管道连接的，一般多用高压胶管，在工程量大而集中，施工期长的工地中应选用钢管作为输气主管。输气管的内径应根据通过的总气量和输送的距离长短而定。其原则是保证最远的施工点有足够气压(不低于600kPa)，保证凿岩机正常工作。

对于600kPa的压缩空气所用的气管直径(内径)可参考表3-5先用。

供气管内径选择参考表　　　　表3-5

管长(m) / 气管内径(mm) / 空气流量(m^3/min)	10	25	60	100	200	300	400	500	600	700	800	900
2	25	30	33	37	40	43	46	46	49	49	49	52
3	25	33	37	40	46	49	49	54	54	58	58	64
4	33	37	37	43	49	54	54	58	64	64	64	70
5	33	37	40	46	54	58	58	64	70	70	70	76
6	33	40	43	49	58	64	64	70	70	76	76	76
7	33	40	46	54	64	70	70	76	76	76	82	82
8	37	42	49	58	64	70	76	76	82	82	83	88
9	37	43	49	58	64	76	82	82	88	94	94	94
10	40	46	52	58	70	76	82	82	98	94	100	100
12.5	43	49	58	64	76	82	88	88	94	100	104	106
15	43	52	64	70	82	88	94	94	100	106	113	113
17.5	46	54	64	76	88	94	100	106	106	113	119	119
20	49	58	70	82	88	100	100	113	113	119	125	131
25	54	64	76	88	100	106	113	119	125	125	131	131

在安装输气管道前，必须做好全工地道管的设计，根据工点的布置，选定主气管安装路线，并根据总流量选定合适直径的主管，并备好一切管道附件。在铺设管道时应尽量做到以下几点：

①管道应短而直，尽可能少拐弯，尤其要避免锐角的急拐弯；

②在管路上除了储气筒、油水分离器和开关外，应尽量减少附件，以免增大阻力；

③在一条管路中，不允许直径大小不同的管子间隔交替连接；

④管子架设要牢固，接头应严密，不允许漏气。同时应注意管路防晒，防冻，不允许管内产生局部积水；

⑤尽可能少用阻力大的橡胶管。

二、炮位选择与爆破参数的确定

炮孔位置的选择是十分重要的，因为炮孔的位置、方向和深度都会直接影响爆破效果。选择炮位时应注意岩石的结构，避免在层理和裂缝处凿孔，以防药包爆炸时气体从裂缝中泄出，使爆破效果降低或完全失效。

炮孔应选在临空面较多的方位；或者有意识地改造地形，使先次爆破后给第二次爆破创造较多的临空面。

1. 抵抗线

抵抗线过大会使岩块过大，且易留炮根；抵抗线过小会导致岩石飞散和炸药消耗量增加。根据工点的具体情况和爆破施工的实践经验，通常认为抵抗线长度为梯高的70%～80%较为适宜，见图3-4。

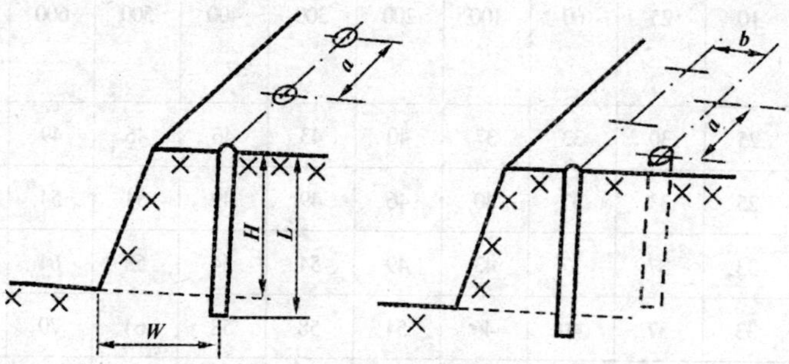

图3-4　爆破参数示意图

2. 炮孔深度

采用台阶式爆破时，炮孔的深度应该使爆破后的地面与原面平齐。较硬的岩石易留炮根，因此炮孔的深度 L 应大于岩层厚度 H，软岩石可小于台阶高度 H。通常炮孔深度 L 根据岩石软硬程度的差别来确定：

坚石　$L=(1.0\sim1.15)H$

次坚石　$L=(0.85\sim0.95)H$

软石　$L=(0.7\sim0.9)H$

3. 炮孔距离和行距

两孔之间的距离为孔距 a，两行之间的距离为行距 b，它的大小与起爆方法和最小抵抗线 W 有关：

火花起爆时　$a=(1.4\sim2.0)W$

电力起爆时　$a=(0.8\sim2.3)W$

采用多排炮孔爆破时，炮孔应按梅花形交错布置，两排炮孔之间的行距 b 约为 $0.86a$。

三、爆破方式及药包分布

1. 爆破方式

目前用两种方式爆破——浅孔爆破和深孔爆破。浅孔爆破，一般爆破的岩石数量不大，药包是装入平行排列的工作面内的，可凿成一行或多行炮孔。通常多用手提式凿岩机凿机，孔径在75mm以下，孔深不超过5m，可用电力或速燃引爆线引起各药包同时爆炸。这种爆破适用于工程不大的路堑开挖、采石和大块岩石的再爆破等。其用药量多按炮孔深度和岩石性质而定。一般装药深度为孔深的1/3～1/2。

深孔爆破即对孔深大于5m,孔径大于75mm的炮孔进行爆破时,通称为深孔爆破。钻凿大型炮孔多采用冲击式钻机或潜孔钻机。因一次爆破的石方量大,从而加快施工进度,如果有适当的装运机械相配合,则可以实现全面机械化快速施工,是今后石方开挖的发展方向。

2.药包分布

根据药包在炮孔中安放的位置和形式的不同,可分为集中药包、分散药包、药壶药包和坑道药包等几种。

①集中药包:炸药完全装于炮孔的底部,这种方式对于工作面较高的岩石,崩落效果较好,但不能保证岩石的均匀破碎。

②分散药包:炸药沿孔深高度分散装置,这种方式可以使岩石均匀地破碎,适用于高作业面的开挖段和采石作业。

③药壶药包:它是在炮孔底部制成葫芦形的储药室,以增大装药量。这种方式适用于岩石量大而集中的石方施工。

④坑道药包:药包装在竖井或平峒底部的特制的储药室内。这种方式在地下开采(例如煤矿)中被采用。

四、药孔堵塞

药孔堵塞的密实程度会对爆破效果产生影响。堵塞药孔的材料不能用可燃物。一般就地取材,采用砂子,稍为潮温的粘土(也可用滑石粉),或者用一份粘土、三份砂子加入约20%的水混合拌制而成。事先将堵塞物搓揉成直径为3～4 cm,长度5～10cm的泥条备用。

堵塞一般在装药完毕后进行。将装药后的炮孔剩余长度全部用堵塞物填堵。在接近炸药包的一部分不要捣压,以免振动引起雷管爆炸,其他部分要分层压紧捣实。捣实堵塞物,切忌使用铁捧。制作捣实棒的材料,一般用坚硬的木质或黄铜。捣实棒的直径为炮孔直径0.75倍,下端较粗约为炮孔直径的0.9倍。捣实棒应开有供导火索或导线穿过的纵向导槽,以防捣实过程损坏导火索或导线。

五、裸露爆破

将扁平圆饼状药包放在被爆物体表面的爆破,称裸露爆破,如图3-5所示。裸露药包主要利用炸药的猛度去破碎物体,炸药爆炸的能量大部损耗在大气之中,单位耗药量比其他爆破方法高3～7倍。因而这种方法限用于孤石或大块岩石的二次爆破。安置裸露药包应注意做到:①炸药摊成圆饼时,炸药厚度应大于炸药传爆的临界速度;②雷管放置在药包中央;③药包周围应当用泥土掩起来,稍加捣实,搭盖厚度不小于药包厚度,应注意把泥土中小石块挑出,以免飞石伤人。

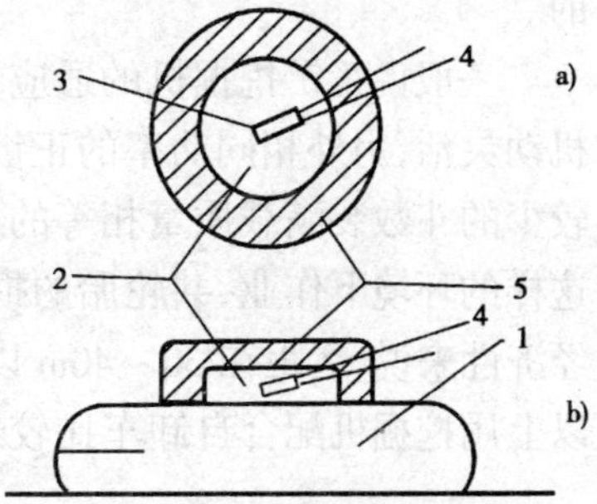

图3-5 裸露药包剖面

a)药包平剖面;b)药包纵剖面

1-被爆物体;2-药包;3-雷管;4-雷管导线;5-覆盖材料

裸露爆破的药包剂量按如下公式计算:

$$Q = KV \quad (kg) \tag{3-9}$$

式中:K——单位耗药量(kg/m^3),见表3-6;

V——大石块体积(m^3)。

表 3-6 所列数据仅是体积小于 $1m^3$ 的石块；而对于体积大于 $1m^3$ 的石块，裸露药包剂量与大块石体积的关系，则见表 3-7。

$1m^3$ 以下块石裸露爆破与二次爆破用药量 表 3-6

岩石等级	大块边长 0.5～0.6m，每 $m^3$5～8 块		大块边长 0.7m，每 $m^3$3 块		
	平均体积(m^3)	每块炸药用量(kg)	平均体积(m^3)	每块炸药用量(kg)	单位耗药量(kg/m^3)
Ⅳ	0.15～0.2	0.25	0.33	0.44	1.3
Ⅴ	0.15～0.2	0.28	0.33	0.47	1.4
Ⅵ	0.15～0.2	0.30	0.33	0.50	1.5
Ⅶ	0.15～0.2	0.32	0.33	0.53	1.6
Ⅷ	0.15～0.2	0.34	0.33	0.57	1.7
Ⅸ	0.15～0.2	0.36	0.33	0.60	1.8
Ⅹ	0.15～0.2	0.38	0.33	0.64	1.9
Ⅺ	0.15～0.2	0.40	0.33	0.67	2.0

$1m^3$ 以上块石裸露爆破与二次爆破用药量 表 3-7

大块石体积(m^3)	0.5	1.0	1.5	2.0	3.0	4.0	5.0
药包质量(kg)	1.1	1.5	2.0	2.5	3.1	4.5	5.5

六、爆破石方清理

石方爆破后，必须逐次清理。清理时一定要根据施工要求和石料的利用情况分别清理。如开挖路堑无填方工程时，则被清理的石料必须组织机械配合运输工具运出施工现场，以利下次爆破。如是傍山筑路半填半挖，则爆破的碎石可作填方用，此时可用推土机或装岩机清方。由于路基施工不同于采石场和矿山开挖，一方面场地狭小，机械设备的布置和使用受到限制，另一方面要求机械设备的能力大、效率高，又要机动灵活和一定的越野性能和爬坡能力。因此在选择清方机械时要考虑以下技术经济条件：工程期限所要求的生产能力；工程单价；爆破岩石的块度和岩堆的大小；机械设备进入工地的运输条件以及爆破时机械撤离和重新进入工作面是否方便等。对以上条件应综合地加以分析，而不能孤立地只考虑某一方面。如果只考虑爆破的块度便于正铲挖掘机挖装，则对于某种结构和岩石来说，可能会大大增加爆破费用。反之，降低了爆破费用，又会使块度增大，而挖掘机又无法装铲，因此清方机械的选配是比较复杂的。

一般说正铲挖掘机的适应性比较强，但进出工点却比较缓慢。轮式装载机与挖掘机相比机动灵活，另外相同功率的正铲和装载机相比，装载机可以铲装较大块度的石块，而且可以用较少的斗数装满载质量相等的运输工具。但装载机的卸载高度不如挖掘机，且轮式装载机在这样的环境下作业，共轮胎的损坏通常是比较严重的。装载机可以自铲运，挖掘机则不能。就经济性来说，运距在 30～40m 以内用推土机推运较为经济；40～100m 用装载机自铲运，100m 以上用挖掘机配合自卸车比较经济。

七、爆破效果评估

每次爆破，可从以下诸方面评估其效果：①能否保持路堑边坡的稳定？边坡的质量如何？②爆破岩石的大块率一般不应大于 7%；③炮孔底部不留根坎且底板平坦；④爆破岩堆宽度适宜，主爆堆高度适合挖装机械挖装，且保证挖装安全；⑤钻孔爆破效率高，对于深孔爆破，100mm 孔径的炮孔每米爆落石方应大于 8 ~ 10m^3，150mm 孔径的炮孔每米爆落石方应大于 15 ~ 18m^3；⑥爆破安全，无瞎炮，周围建筑物及机械无损坏。满足上述各要求，则认为爆破效果良好。

§ 3-4 爆破施工组织管理

爆破是高险情的工作。众所周知，有关爆破的安全问题，贯穿在爆破器材的运输、贮存和保管、爆破施工作业、以及爆破产生的有害效应对周围环境的影响的整个过程之中。无论哪个环节，一旦发生爆破事故，轻者致伤，重者会造成生命财产的巨大损失。因此爆破的组织管理工作，总是以安全为本的观点贯穿始终的。

一、爆破器材的贮存和保管

1.爆破材料库址的选择

公路施工的爆破材料库——炸药库和雷管库的设置地点，应按临时爆破材料库址的标准来确定，不应贪图方便设在村头或街道一端。爆破安全规则规定，临时性爆破器材库对附近各种保护对象的安全距离，主要是按爆破的冲击波危险半径计算，一般不得小于表 3-8 和表 3-9 中规定的距离。

炸药库对临近建筑、构筑物的安全距离(m)　　表 3-8

保护对象	炸药库容量(kg)					
	250	500	2 000	8 000	16 000	32 000
居民区，有爆炸和易燃的工厂和仓库，车站，码头	200	250	300	400	500	600
铁路、公路干线，区域变电站，重要建筑物	200	250	300	400	450	500
交通量不大的铁路、公路，高压输电线路，重要航道	50	100	150	200	250	300
钢和钢筋混凝土构筑物，次要的单独构筑物	40	60	80	100	120	150

雷管库与炸药库、雷管库与雷管库间最小允许距离(m)　　表 3-9

库房名称	雷管存量(个)							
	5 000	10 000	20 000	30 000	50 000	100 000	200 000	300 000
雷管库与炸药库	5	6	9	11	14	19	27	33
雷管库与雷管库	7	10	15	18	23	32	45	55

注：当一个库房设有土护墙时，表列数字可减少 1/3；如两个库房均有土护墙时，则可减少 1/2。

在公路或城市建设的较小爆破工程中，临时需要的少量爆破器材不在药库存放和保管，应得到公安部门的批准,并需采取有效的安全措施和保管制度。

2.爆破材料库的管理

①库内照明宜用铠装电缆引入。固定式灯具应当用防爆型的;移动式灯具必须使用蓄电池和手电筒。切忌灯泡烘烤雷管;切忌用灯泡临时放置在纸装炸药箱上照明。照明设备应经常检查是否牢固,绝缘程度是否良好。

②库区内严禁点火、吸烟;任何人不准携带火柴、打火机、武器或其他引火物品进入炸药库,不准穿带钉子的鞋进入黑火药库房。

③在库区围墙内,要及时清除枯草、干树枝、干树叶,库房外围要有足够的防火沟。

④爆破材料的储量不得超过设计规定量。

二、爆破人员素质要求及爆破管理

1.专业爆破人员

爆破施工必须配备专业施爆人员。专业施爆人员是经专业培训且取得爆破证书的人。施爆人员的思想品德修养必须做到品行端正,作风踏实细致,心理素质良好。专业施爆人员应具备扎实系统的爆破专业理论知识,在爆破施工中能够熟练地分析和处理出现的故障,及时排除险情。

2.调研、设计和审批

在需用爆破法开挖石方的地段,如果空中有缆线,应查明其平面位置和高度;还应调查地下有无管线,如果有管线应查明其平面位置和埋设深度;同时应调查爆区周边建筑结构类型、完好程度和距离远近,然后制定爆破方案。任何爆破方案的制定,必须保证空中缆线、地下管线和周边建筑物的安全。根据制定的方案,进行炮位、炮孔深度和药包剂量设计。其设计图纸和资料应报送有关部门审批。报送审批的部门有业内上级主管部门、当地公安部门、城区的市政管理部门、县区的政府部门。

3.合理确定安全警戒范围

进行爆破设计和确定安全警戒范围,应防止周围人畜、设备或建筑物受到爆破飞石的伤害或损坏。露天爆破或二次破碎大块石,总有个别岩块飞散得很远,其飞散距离与爆破参数、堵塞质量、地形、地质构造、气象等因素有关。在一般抛掷爆破施工中,个别飞石范围可按常用经验公式计算:

$$R = 20Kn^2W \tag{3-10}$$

式中:R——个别飞石的安全距离(m);

K——安全系数,通常取1.0~1.5,根据地形不同方向上可能产生的飞石条件而定;

n——爆破作用指数;

W——最大一个药包的最小抵抗线(m)。

由于地形高差的影响,飞石向下坠落所增大的距离 ΔX,可按下式计算(忽略空气阻力影响):

$$\Delta X = R2\cos^2\alpha(\tan\alpha + \tan\beta - 1) \tag{3-11}$$

式中:R——个别飞石距离(m),按公式3-10计算;

α——最小抵抗线与水平线夹角;

β——山坡坡角。

4.爆破工序安排

施爆区管线调查→爆破设计与设计审批→配备专业施爆人员→用机械或人工清除施爆区覆盖层和强风化岩石→开凿炮孔→爆破器材检查与试验→炮孔检查与废碴清除→安置药包及起爆器材→布置安全岗和爆区安全员→炮孔堵塞→撤离爆区和飞石、强地震波影响区内的人、畜→起爆→清除瞎炮→评估或测定爆破效果(包括飞石、地震波对施爆区内外建筑物造成的损伤及造成的损失)。

5.起爆线路敷设

敷设线路前,非接线人员和设备应撤离到安全地点,并在爆破影响区外设警戒,禁止人畜进入影响区;切断场内一切设备的电源。然后从药室开始逐渐向主线和电源方向联接。禁止先接电源和供电设备,也禁止在雷雨天或黑夜敷设起爆线路。接线前应检查每个炮孔内的线路电阻,如发现误差超过10%或不能通电,应查明原因排除故障,更换可疑线路和起爆体。为了安全起爆,可设置必要的复线作起爆线路。接线时所有的接头要求清洁,接触良好,并用绝缘胶布包好扎牢,以保证电阻稳定,电流正常。

6.爆破的实施

施爆前,应规定醒目清晰的爆破信号,并发布通告,及时疏散危险区的人员、牲畜、设备及车辆;对不能撤离的建筑物应采取保护、加固措施。在危险区周围设警戒。起爆前15min,由总指挥发布起爆准备令,爆破站作最后一次验收检查和安全检查。如无新情况发生,在接到指挥长起爆命令后立即合闸施爆。起爆后应迅速拉闸断电。起爆后15min,由指定爆破专业人员进入爆区进行安全检查,确认无拒爆现象和其他问题后,方能解除警戒。

7.瞎炮处理

瞎炮处理是一项细致而带有一定危险性的工作,瞎炮应由原施工人员参加处理,采取安全措施排除,通常采取下列方法:

①找出接头,接上电源重新起爆;②从炮孔中小心地掏出堵塞物,取出起爆体;③对于遇水失效的炸药,用水浸灌药室使炸药失效,然后清除之;④对于中小炮孔,可在原炮孔的最近距离不小于0.6m处,另行打孔爆破;当炮孔不深时,也可用裸露药包爆破。

第四章　稳定层施工机械化

§4-1　概　述

一、公路断面结构层次

通常路面有以下结构层次：

1.路面面层

路面面层是直接承受车轮荷载和自然因素(降雨、气温)作用的部分,因此都用强度较高的材料铺筑。为了保护面层延长其使用寿命,常在面层上铺磨耗层和保护层。

2.磨耗层

磨耗层是在表面加铺的一层很薄的表层,一般只有1.5~3cm厚,它是用来保护面层的,直接承受着车轮的磨损消耗,而使面层不直接受车轮的冲击、磨损和自然因素侵蚀的影响。

3.保护层

在磨耗层上再加一层,以减少磨耗层的磨损,其厚度只有0.5cm左右。

4.基层

在面层下的主要承重层。基层主要承受由面层传来的车辆垂直荷载,并把它扩散到垫层和土基中,故基层应有足够的强度和刚度,由于车轮荷载水平力作用沿深度递减的很快,对基层影响很小,故对基层的耐磨性不予重视。

5.底基层

在沥青路面基层下铺筑的次要承重层,或在水泥混凝土路面基层下铺筑的辅助层。

6.垫层

在路基与基层(或底基层)之间加铺的一层材料。多是因为路基强度不够或水位较高的地质条件下采用,垫层多用砾石、砂、炉渣和石灰土等铺筑。

二、基层、底基层的材料类型

基层、底基层可分为结合料稳定类基层和无结合料的粒料类基层。

结合料可分为有机结合料和无机结合料。用有机结合料沥青(液体石油沥青,煤沥青、乳化沥青、沥青膏浆)为结合料与土按一定的配比拌和均匀,并摊平碾实形成的基层称为沥青土基层。无机结合料稳定类基层称为半刚性或整体型基层,它通常包括水泥稳定类,石灰稳定类和综合稳定类。半刚性基层材料的显著特点是整体性强,承载力高,刚度大水稳性好,而且较为经济。半刚性基层是修筑二级以上公路的重要基层形式。

粒料类基层可分为嵌锁型和级配型。嵌锁型包括泥结碎石、泥灰结碎石、填隙碎石等。级配型包括级配碎石、级配砾石,符合级配的天然砂砾,部分砾石经轧制掺配而成的级配砾、碎石。级配碎石或级配砾石可修筑基层或底基层,级配碎石也可用作沥青面层与半刚性基层之间的联结层。

§4-2 各种稳定土的特点及混合料组成

一、稳定土综述

上节我们已经看到:直接位于沥青面层(可以是1层、2层或3层)或水泥混凝土面板之下,用高质量材料铺筑的主要承重叫基层;基层下面铺筑的次要承重层叫底基层,底基层的材质要求可以比基层稍有宽松。基层和底基层材料类型有水泥稳定土、石灰稳定土、石灰工业废渣稳定土、级配碎石或级配砾石,填隙石等。前面几种"稳定土型"基层、底基层材料,由于便于机械化施工,所以当今公路建设中广为采用。"稳定土"的基本概述是什么呢?我们以水泥稳定土为例加以说明。"水泥稳定土"的概念是:在粉碎的或原本松散的土(广义的土——包括各种粗、中、细粒的土,土壤的最大粒径<15mm)中加入足量的水泥和适量的水,经拌和得到混合料,又经压实和养生,当其强度符合要求时,称水泥稳定土,简称水泥土。水泥稳定砂,水稳定碎石的概念与此基本相同。

从以上的介绍可见,欲称得上"水泥稳定土",必须满足如下条件,即必须满足强度标准和最小水泥剂量标准。水泥稳定土必须满足的强度标准如表4-1所列,必须满足的最小水泥剂量标准如表4-2所列。

水泥稳定土应达到的强度标准 MPa　　表4-1

水泥土层次名	一般公路(2级及以下)	高等级公路(1级和高速公路)
基层	2~3	3~4
底基层	≥1.5	≥1.5

水泥稳定土最小水泥剂量标准

(水泥剂量=水泥质量:干土粒质量)　　表4-2

最小水泥剂量 / 施工方法 / 基体土类型	路拌法施工	厂拌法施工
中、粗粒土	4%	3%
细粒土	5%	4%

从稳定土的基本概念出发,连系公路稳定层施工的实际,必须充分注意下列问题:

①基体材料(被稳定的材料):具有明确的块度要求(粒径<15mm),基体材料应是松散的;若材料为非松散型,必须经过精细的加工粉碎,否则,稳定剂的稳定作用(复杂的理化反应过程)难以实现。

②稳定剂与水添加进基体必须经过拌和工序,拌和的目的是为了稳定剂与水在基体材料中能够得以均匀混合,从而提供稳定剂与基体材料的化学反应条件,促进强度形成。加水的目的一方面在于创造化学反应条件;另一方面由于稳定剂是干粉状的物料,与基体土混合后,使混合料平均含水量降低,含水量小于压实所需的最佳值,不利于混合料铺筑后的压实。

③稳定土混合料在强度未形成或达不到表4-1所列的标准时,还不能称稳定土,只能称混

合料。

④强度的形成过程包括稳定层施工过程中的压实和压实后的养生。稳定层施工的最后一道工序应为"养生",并不是压实工作完成后就是稳定层施工的结束。

⑤关于最小水泥剂量标准。水泥剂量关系到能否达到强度标准和工程造价(施工企业所关心的经济性)。剂量小,所能达到的强度相应较低,达不到强度要求就不能通过工程验收,为了达到强度标准,必须增加水泥剂量;但是,有些基体材料,例如胶状的泥土(红粘土),即使不加水泥或只加少量水泥,经压实干燥后其强度也足够大,几乎接近或超过表 4-1 所列的强度要求。为了保证工程质量,防止施工方偷工减料,所以规定了"最小剂量标准",其含意在于:压实养生后即使能够达到强度标准,也必须加入不少于表 4-2 所列的水泥量。当然,加够了"最小剂量"的水泥,如果达不到强度标准,则必须在此基础上再增加水泥投入量,直至达到强度要求为止。通常所需的水泥剂量是通过试验办法确定的。

二、石灰稳定土

1.强度形成及特点

在粉碎的土和原来松散的土中掺入适当的石灰,并在最佳含水量下压实及养生后,既发生了一系列的物理力学作用,也发生了一系列的化学与物理化学作用,从而使土的工程性质发生变化。初期表现为土的结团,塑性降低,最佳含水量增大和最大密实度减小,后期变化主要表现在结晶结构的形成,从而提高土的强度与稳定性。这样形成的稳定土称为石灰稳定土。石灰稳定土的强度和水稳的提高,主要由以下作用产生。

(1)离子交换作用

生石灰消解后生成的 $Ca(OH)_2$,含有 Ca^{2+} 和 $(OH)^-$ 离子。而土的胶体颗粒表面含有 Na^+、H^+、K^+ 等金属离子。石灰掺入土中加水拌和后,随着 Ca^{2+} 就能当量置换土料表面所吸附的一价金属离子。通过离子交换,土料被 Ca^{2+} 所裹覆,缩小土粒距离,并使土粒凝聚而增强了粘结力;另一方面,土粒吸附 Ca^{2+} 的结合水膜的厚度比土粒吸附一价金属离子 K^+、Na^{2+} 要薄,受外来水分的影响较小,因此提高了水稳性。由此可见,石灰的活性氧化钙含量越高,反应越强烈,稳定效果就好。

(2)火山灰作用

土中的活性硅铝矿物在石灰的碱性激发下解离,在水的参与下与 $Ca(OH)_2$ 反应生成水化硅酸钙和水化铝酸钙,这是一种水稳性良好的结合料,具有水硬性胶凝材料的性质。火山灰的作用是石灰土获得强度和水稳定性的基本原因之一,但这种作用比较缓慢。

(3)碳酸化作用

碳酸化作用就是消石灰和 CO_2 起化学反应生成碳酸钙,碳酸钙结晶体,它和其他生成的复杂盐类把土胶结起来,从而大大提高了土的强度和整体性。

(4)结晶作用

石灰土中深层的消石灰,由于 CO_2 进入困难,很难发生碳酸化作用。因此,大部分消石灰吸收水分,由胶体状逐渐形成晶体。这种结晶体能够相互结合,并与土粒结合起来成为共晶体,把土粒胶结成整体。结晶作用完成所需的时间较长,所以是形成石灰土后期强度的重要因素。石灰稳定土具有良好的力学性能,并有较好的水稳性和一定的抗冻性。但由于干缩、冷缩原因,易产生裂缝。石灰稳定土可适用于各类路面的基层和底基层,但不适宜用作高等级路面的基层,而宜作底基层。在冰冻地区的潮湿路段和其他地区过分潮湿路段不宜采用石灰土做基层。若不得不采用石灰土时,应采取措施防止水分侵入石灰土层。

2.对材料的要求和混合料的组成

(1)土质

粘性土以及含有一定数量粘性土的粗粒土(如天然砂砾土、机碎石)均适宜用石灰稳定,不含粘性土的砂砾,级配碎石和未筛分碎石,应用石灰土稳定。

使用石灰稳定土时,应遵守下列规定:

①石灰稳定土用作底基层时,土的最大粒径不应超过 50mm。

②石灰稳定土用作基层时,土的最大粒径不应超过 40mm。

③石灰稳定土作基层时,土中碎石或砾石的抗压碎值应在 30%~40%以内。

④硫酸盐含量超过 0.8%的土和腐殖质超过 10%的土不宜用石灰稳定。

(2)石灰

石灰质量应符合Ⅲ级以上的生石灰或消石灰的技术指标。

通过试验,只要石灰土混合料的强度符合要求,等外石灰、贝壳石灰、珊瑚石灰也可使用。高速公路和一级公路一般宜用磨细生灰粉。

(3)混合料组成

石灰稳定土混合料的组成应根据表 4-3 规定的强度标准,通过试验选取适宜稳定的土,确定必需的或最佳的石灰剂量和混合料的最佳含水量。

石灰稳定细粒土的强度标准　　表 4-3

公路等级 / 层位	其他公路	高速公路和一级公路
基层	≥0.8①	—
底基层	0.5~0.7②	≥0.8

注:①在低塑性土(塑性指数小于 6)地区,石灰稳定砂砾土和碎石土的 7d 浸水抗压强度应大于 0.5MPa(100g 平衡锥测液限);

②低限用于塑性指数小于 7 的粘性土,高限用于塑性指数大于 7 的粘性土。

三、水泥稳定土

1.强度形成及特点

在粉碎的或原来松散的土中,掺入足量的水泥和水并拌和使水泥与细土粒相互作用,水泥矿物质与土中的水份发生强烈的水解和水化反应,同时从溶液中分解出 $Ca(HO)_2$,并形成其他水化物,水化物生成后,有的自行继续硬化形成水泥骨架,有的则与土产生硬凝反应、团粒化作用和硫酸化作用。硬凝反应,团粒化作用等使粒土级粒和微团形成稳定的团粒结构,而水泥石结构则把这些团粒包裹和连接成紧强的整体。这样的混合料经压实及养生后,其抗压强度符合规定要求时,称为水泥稳定土。

水泥稳定土具有良好的力学性能和板体性,它的水稳性和抗冻性都较石灰稳定土好。水泥稳定土的初期强度高,并且强度随龄期增长。它的力学强度还可视需要而调整。一般可适用于各种交通类别道路的基层和底基层,但它不宜用作高级沥青路面及高速公路、一级公路水泥混凝土路的基层,而宜用作底基层。

2.对材料的要求和混合料的组成

(1)土质

凡能被经济地粉碎的土,都可用水泥稳定。

对于二级和二级以下公路,水泥稳定土用作底基层时,颗粒最大粒径不应超过50mm。水泥稳定土用作基层时,土的最大粒径不应超过40mm。适宜作水泥稳定土基层的材料有:级配碎石、未筛分碎石、石渣、石屑、砂砾、碎石土、砂砾土等。

对于高速公路和一级公路,水泥稳定土用作底基层时,集料最大粒径不应超过40mm。水泥稳定土作基层时,集料的最大粒径不应超过30mm,当集料中有机质超过2%,以及塑性指数偏高的土(大于4~6),必须先用石灰进行处理,闷料一夜再用水泥稳定。

(2)水泥、石灰、水

普通硅酸盐水泥、硅酸盐水泥、矿渣水泥等,都可用于稳定土,并应选用终凝时间较长(6h以上)的水泥和较低强度等级的水泥(如32.5级)。石灰应是消石灰粉或生石灰粉。人畜可饮用水均可用于稳定土施工。

(3)混合料的组成

水泥稳定混合料应根据水泥稳定土的强度标准(表4-1),通过试验选取最适宜稳定的土,确定必需的水泥剂量和混合料的最佳含水量,当采用水泥和石灰综合稳定通常水泥和石灰的比例可取60:40;50:50;40:60。

四、石灰稳定工业废渣

路用工业废渣一般用石灰进行稳定,它通常包括两大类:一是石灰粉煤灰类,它还可分为石灰粉煤灰土、石灰粉煤灰砂等;二是石灰其他废渣类:可再细分为石灰煤渣,石灰煤渣土、石灰煤渣碎石等。

1.强度形成及特点

一定数量的石灰和粉煤灰、或石灰和煤渣与其他集料相配合,加入适量的水(通常为最佳含水量),经拌和、压实及养生后得到的混合料,当其抗压强度符合规定的要求时,称为石灰工业废渣稳定土,简称石灰工业废渣。

石灰工业废渣可分为两大类:一类是石灰粉煤灰类(石灰和粉煤灰简称二灰),可分为二灰土、二灰砂砾、二灰碎石、二灰矿渣,其中砂砾、碎石、矿渣和煤矸石等属中粒土或粗粒土,统称为集料。另一类是石灰煤渣等废渣类。

工业废渣,特别是粉煤灰和煤渣中,含有较多的氧化硅、氧化钙、氧化铝等活性物质。用石灰稳定工业废渣,石灰的作用一方面是作为胶结材料,另一方面是作为激发剂,使废渣中的活性物质在$Ca(HO)_2$溶液中产生火山灰反应,生成具有胶凝作用的水化硅酸钙和水化铝酸钙,将颗粒材料胶结在一起。并随水化产物的不断产生而结晶硬化,具有水硬性。因此,用二灰稳定砂性土等低塑性土的效果要比石灰好得多。由于混合料中火山灰反应相当缓慢,使得石灰工业废渣的早期强度低,但随着龄期的延长增长幅度大。温度较高时,强度增长也较快。在二灰土中加入早强的化学添加剂或少量水泥可提高其早期强度。

石灰工业废渣,特别是石灰粉煤灰类材料,具有良好的力学性能、板体性、水稳性和一定的抗冻性,其抗冻性比石灰土高得多。抗裂性能比石灰稳定土和水泥稳定土都好。因而适用各级公路的基层与底基层。但二灰土不应作高级沥青路面的基层,在高速公路和一级公路上的水泥混凝土面板下,二灰土也不应作基层。

2.对材料的要求和混合料的组成

(1)对材料的要求:

①石灰:石灰的质量要求同石灰稳定土中石灰的要求。

②粉煤灰:粉煤灰中 CaO 的含量一般在 2% ~ 6%,这种粉煤灰称为硅铝粉煤灰。粉煤灰的烧失量不应超过 20%。干粉煤灰和湿粉煤灰都可使用。湿粉煤灰的含水量应小于 35%。

③煤渣主要成分是 SiO_2 和 Al_2O_3。要求松干密度为 700 ~ 1 100kg/m^3,煤渣最大粒径不大于 30mm,颗粒组成宜有一定的级配,且不含杂质。

④土

a.塑性指数:细粒土的塑性指数宜为 12 ~ 20,且土块的最大尺寸应小于 15mm。中粒土和粗粒土应少含或不含有塑性指数的土。

b.集料的最大粒径和级配:二级和二级以下公路,用于底基层的二灰集料,其最大粒径不应超过 50mm。用于基层的二灰集料,其最大粒径不应超过 40mm,集料质量宜占 80%以上。

⑤高速公路和一级公路用二灰集料作底基层时,其最大粒径不应超过 40mm,二灰集料作基层时,混合料中集料的质量应占 80% ~ 85%,集料的最大粒径不应超过 30mm。

压碎值(包括碎石和砾石):二级及二级以上公路,集料的压碎值不大于 35%,二级以下公路的底基层,集料压碎值可放宽到 40%。

高速公路和一级公路,集料的压碎值不大于 30%。

⑥有害杂质:细粒土中有机质含量超过 10%的土不宜选用。

⑦水:凡是人或牲畜可饮用的水,均可使用。

(2)混合料组成设计

石灰工业废渣混合料的组成设计包括:根据表 4-4 混合料的强度标准,通过试验选取最适于稳定的土;确定石灰与粉煤灰或者石灰与煤渣的比例;确定石灰粉煤灰或石灰煤渣与土(包括各种集料)的质量比;确定混合料的最佳含水量。

二灰混合料的强度标准(MPa) 表 4-4

	二级和二级以下公路	高速和一级公路
基　层	≥0.6	≥0.8
底基层	≥0.5	≥0.5

石灰粉煤灰类混合料常用参考配比(质量比%) 表 4-5

序号	混合料种类	常用配比范围	说明
1	石灰粉煤灰	25 ~ 15:75 ~ 85	
2	石灰粉煤灰土	6:30:64;9:25:56;12:40:48;15:65:20	
3	石灰粉煤灰钢渣	7:33:63;9:46:45	
4	石灰粉煤灰类重钢渣	10:45:45	
5	石灰粉煤灰碎石	7:30:63;10:50:40	
6	石灰粉煤灰砂砾	5:15:80;12:38:50	第一组为级配砂砾
7	石灰粉煤灰碎砾	10:50:40	

石灰煤渣混合料常用参考配比(质量比%)　表 4-6

序号	混合料种类	组成材料	常用配比范围
1	石灰煤渣	石灰:煤渣	(20~15):(80~85)
2	石灰煤渣土	石灰:煤渣土	(9~15):(65~70):(15~25);(12:48:40)
3	石灰煤渣集料	石灰:煤渣:集料	(7~9):(25~33):(58~67)
4	石灰煤渣集料土	石灰:煤渣:集料:土	(6~7):(31~49):(30~54):(9~28)

§4-3　稳定土路拌法施工工艺及设备配套

各种类型稳定土的机械施工方法大同小异,所需配备的机械设备也近乎一样。本章以石灰稳定土为例,较为详细地介绍其施工工艺与设备。稳定土施工有两种基本方法——路拌法和厂拌法。这两种施工方法,其工艺及所需配套的设备有所不同:路拌法施工的主导机械是稳定土拌和机;厂拌法施工的主导机械是稳定土厂拌设备。路拌法施工机动灵活,工程造价较低(设备运转费用较低所致),但这种施工方法的拌和均匀性不如厂拌法,因为路拌法仅能保证稳定土混合料上、下方的均匀性,在线路长度方向混合料的均匀性只能靠稳定铺摊和刮布的均匀性予以保证,而稳定剂在集料上部刮布分散均匀性仅靠人工凭感观加以控制,所以很难做到集料上部的稳定剂有可靠的均匀分布。因此采用路拌法施工,可能会出现局部区域稳定剂含量不符工程要求的现象。厂拌法施工,稳定土质量均匀,性能可得以保证,但施工费用比路拌法施工高。我国交通部门规定,“高等级公路(高速公路和一级公路)的路面基层必须以厂拌法施工”。当然,我们从这个规定的字里行间,也能领悟到:路拌法施工并未强令禁止,二级及二级以下公路的基层、底基层和高等级公路的底基层,采用路拌法施工也还是允许的。鉴于此,本节及下一节以石灰稳定土为例介绍稳定土路拌法和厂拌法两种施工方法。

一、稳定土拌和机简介

路拌机械有代表性的是稳定土拌和机。这种机械把土、无机结合料(石灰、粉煤灰、水泥)、细料(砂、土)、骨料(碎砾石、炉渣)等材料,按照施工配合比,在路上直接拌和。

稳定土拌和机可分为履带式和轮胎式两种。履带式稳定土拌和机的特点是附着力大,整机稳定性好,但其机动性差,不便于运输,且履带行走对路面有破坏作用。轮胎式稳定土拌和机在应用了低压宽基轮胎后,整机稳定性和附着性能都有很大的提高,因其机动性好,目前在施工中多被采用。

稳定土拌和机按工作装置在拌和机上的位置可分为前置式、后置式和中置式三种。前置式稳定土拌和机多见于路拌机生产的初期,因其作业面上产生轮迹,而逐渐被淘汰,目前已基本上不生产了。后置式稳定土拌和机是目前应用最广泛的机种,其特点是不产生轮迹,更换转子及拌和刀方便,且易于维修、保养、转弯半径小。中置式稳定土拌和机特点是稳定性较后置式拌和机好,更换拌和转子和刀具均不方便,不易于维修保养,且转弯半径较后置式拌和机大。

稳定土拌和机按转子的旋转方向可分为正转和反转两种。正转稳定土拌和机的切削方向是转子由上向下切削(即顺切)。这种切削方式,拌和阻力较反转的小,因此与反转式稳定土拌和机相比,在功率相同的条件下,其拌和宽度和拌和深度都更大一些。正转式稳定土拌和机只适用于拌和松散的稳定材料。

反转式稳定土拌和机的切削方向是转子由下向上切削(即逆切)。这种拌和方式是在转子的前方拌和,材料堆积得多且集中,因此机械可对所拌的材料实现反复拌和与破碎,所以其拌和质量要比正转子好。但是由于拌和阻力大,消耗功率也大。因此反转式稳定土拌和机功率普遍比正转式稳定土拌和机的功率大。

普通稳定土拌和机功率在220~300kW之间,拌和宽度在2.0~2.4m,拌和深度为200~400mm,工作速度为0~3km/h,行走速度一般为8~20km/h。目前国外生产的稳定土拌和机最大功率为551.5kW,其最大工作宽度4.2m,最大拌和深度400mm。

目前,许多施工单位使用我国自己生产的稳定土拌和机,代表性的机型有:WB230、WB220、WBL20、LD160B等。我国从国外引进最多的机型是德国BOMAG公司制造的MPH—100型全液压轮胎式拌和机,工作装置为后置式。MPH—100稳定土拌和机的特点是操作方便、作业质量好、速度快、效率高、功率大、拌和能力强。该机拌和转子上按螺旋线分布排列70只铲形刀具,通过切、撞、拌、磨的作用实现均匀拌和。日本SAKAI株式会社生产的PM—170型稳定土拌和机也是一种全液压轮胎式,但工作装置为中置式。该机拌和转子上装有12个刀盘,拌和刀片通过压板和螺栓固定在刀盘上,与MPH—100(BOMAG)型拌和机所用的铲形刀不同,PM—170型拌和机用的是弯刀,刀头部镶有硬质合金,除了增强刀具的耐磨性之外,还可以破碎沥青混凝土路面。

二、石灰稳定土路拌法施工工艺

石灰稳定土基层属整体性半刚性材料,尤其在后期灰土的刚度很大,为避免灰土层受弯拉而断裂,并使在施工碾压时能压稳而不起皮,灰土层不宜小于0.1m,为便于拌和均匀和碾压密实,用12~15t压路机碾压时,厚度不宜大于0.15m。用15~20t压路机碾压时,压实厚度应大于0.2m,且采用先轻后重碾压次序(分层铺筑时,下层宜稍厚)。碾压后的压实度要求见表4-7。

石灰土基层、底基层压实度要求表 表4-7

层位	压实度(%) \ 公路等级	高速公路和一级公路	其他公路
基层	石灰稳定中、粗粒土 石灰稳定细粒土	—	97 93
底基层	石灰稳定中、粗粒土 石灰稳定细粒土	96 95	95 93

石灰稳定土基层施工在最低气温0℃之前完成,如次年直接铺筑沥青路面时,视南、北方气候不同,应在冰冻前1~2个月完工,并尽量避免在雨季施工。

石灰稳定土的耐磨性差,当施工中断,临时开放交通时,可采取封土保护、封油撒砂等临时性保护措施。

石灰稳定土基层路拌施工工序流程如图4-1所示。

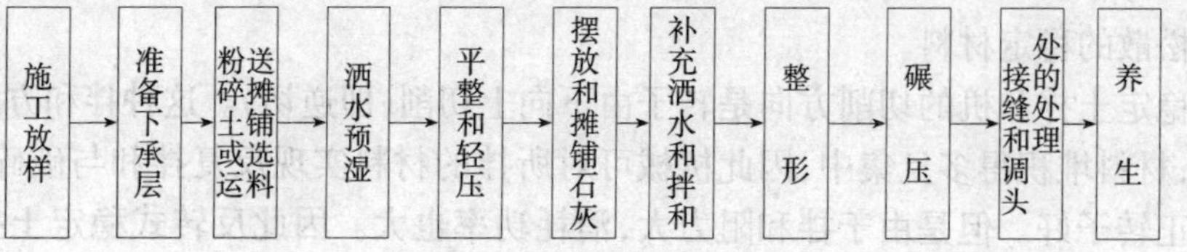

图 4-1　石灰稳定土基层施工流程

1.准备工作

(1)准备下承层

当石灰稳定土用作基层时,要准备底基层;当石灰稳定土用作底基层时,要准备土基,无论土基还是底基层,都必须按规范规定进行验收。凡验收不合格的路段,必须采取措施,使其达到标准后,方可铺筑石灰稳定土层。

在槽式断面的路段、两侧路肩上每隔一定距离(如 5 ~ 10m)应交错开挖泄水沟(或做盲沟)。

(2)测量

在底基层或土基上恢复中线,直线段每 15 ~ 20m 设一桩,平曲线段每 10 ~ 15m 设一桩,并在对应断面的路肩外侧设指示桩。在两侧指示标桩上,标出石灰稳定土层边缘的设计高。

(3)备料

备料应根据各段石灰稳定土层的宽度、厚度及预定的压实度(换算为压实密度),计算各路段需要的干集料用量,根据料场集料的含水量和运料车辆的吨位,确定每车料的摊铺面积及堆放距离。

①集料。采备集料前,应先将树木、草皮和杂土清除干净,并在预定采料深度范围内自上而下采集集料,不宜分层采集,不应将不合格材料采集在一起。如分层采集集料,则应将来料先分层堆放在一场地上,然后从前到后(上下层一起装入汽车),将料运到施工现场。料中的超尺寸颗粒应予筛除。对于塑性指数小于 15 的粘性土,机械拌和时,可视土质和机械性能确定土是否需要过筛。人工拌和时,应筛除 1.5cm 以上的土块。

②石灰。石灰宜选在公路两侧宽敞、邻近水源且地势较高的场地集中堆放。预计堆放时间较长时,应用土或其他材料覆盖封存。石灰堆放在集中拌和场地时,宜搭设防雨棚。石灰应在使用前 7 ~ 10d 充分消解,每吨石灰消解需用水量一般为 500 ~ 800kg。消解后的石灰应保持一定的湿度,以免过干飞扬,但也不能过湿成团,消石灰宜过孔径 10mm 的筛,并尽快使用。

2.运输及摊铺

(1)运料

运料时,要注意对预定堆料处先洒水,使其湿润,但不应过分潮湿而造成泥泞;集料装车时,应控制每车料的数量基本相等;在同一料场供料的路段,由远到近将料按计算的距离(间距)卸置于下承层中间或一侧。卸料距离应严格掌握,避免料不够或过多;料堆每隔一定距离应留有缺口;集料在下承层上的堆置时间不宜过长。运送集料较摊铺集料工序宜只提前 1 ~ 2d;在同料场集料做石灰稳定土时,如路肩用料与稳定土层用料不同,应采取培肩措施,先将两侧路肩培好。路肩料层的压实厚度应与稳定土层的压实厚度相同。在路肩上,每隔 5 ~ 10m 应交错开挖临时泄水沟。

(2)摊铺集料

在摊铺集料时,应预先通过试验确定集料的松铺系数。人工摊铺混合料时,其松铺系数可参考表 4-8。摊铺集料前,应先在未堆料的下承层上洒水使其湿润,但不应过分潮湿而造成泥泞。对能封闭交通的道路，摊铺集料应在摊铺石灰的前一天进行。摊料长度应与施工日进度相同，以次日施工需要量为准。对不能封闭交通的道路以及雨季，宜在当天摊铺集料。用平地机或其他合适的机具将集料均匀摊铺在预定的宽度上，表面应力求平整，并有规定的路拱。在人工摊铺的集料层上，用6~8t两轮压路机碾压1~2遍，使其表面平整，并有一定密实度。摊铺过程中，应注意将土块、超尺寸颗粒及其他杂物拣除，如集料中有较多土块，也应进行粉碎。松铺材料层的厚度应符合预计要求（松铺厚度=压实厚度×松铺系数）。必要时，应进行减料或补料工作。

混合料松铺系数参考值　　表4-8

材料名称	松铺系数	说明
石灰土	1.53~1.58	现场人工摊铺土和石灰，机械拌和，人工整平
石灰土	1.68~1.70	路外集中拌和，现场人工摊铺
石灰土、砂砾	1.52~1.56	路外集中拌和，现场人工摊铺

(3)摊铺石灰

摊铺石灰时，如粘性土过干，应事先洒水闷料，使土的含水量略小于最佳值。细粒土宜闷料一夜；中粒土和粗粒土，视细土含量的多少，可闷1~2h。按计算的每车石灰的纵横间距，用石灰在集料层上做卸置石灰的标记，同时划出摊铺石灰的边线，用刮板将卸置的石灰均匀摊开。石灰摊铺完后，表面应设有空白位置。测量石灰的松铺厚度，根据石灰的含水量和松密度，校核石灰用量是否合适。

3.拌和与洒水

(1)集料应采用稳定土拌和机拌和，拌和深度应达到稳定层底。设专人跟随拌和机，随时检查拌和深度，并配合拌和机操作员及时调整拌和深度，除直接铺在土基上的一层外，严禁在拌和层底部留有“素土”夹层。拌和应适当破坏（约1cm左右，不应过多）下承层的表面，以利上下层的粘结。通常应拌和两遍以上（如使用的是生石灰粉，宜先用平地机或多铧犁将石灰翻到集料层中间，但不能翻到底部），在进行最后一遍拌和之前，必要时先用多铧犁紧贴下承层表面翻拌一遍。直接铺在土基上的拌和层也应避免“素土”夹层。

(2)在没有专用机械的情况下，如稳定的是细粒土和中粒土，也可用农用旋耕机与铧犁或平地机相配合拌和，但其拌和效果较差。先用旋耕机拌和，后用多铧犁或平地机将底部“素土”翻起。再用旋耕机拌和第二遍，多铧犁或平地机将底部料再翻起，并随时检查调整翻犁的深度、使稳定土层全部翻透。严禁在稳定土层和下承层之间残留一层“素土”，同时应防止翻犁过深，过多破坏下承层的表面。还可以用缺口圆盘耙与多铧犁或平地机相配合，拌和石灰稳定细粒土、中粒土和粗粒土（但其拌和效果较差）。用平地机或多铧犁在前面翻拌，用圆盘耙跟在后面拌和，即采用边翻边耙的方法。圆盘耙的速度应尽量快，使石灰与集料拌和均匀。共翻拌4~6遍，开始的两遍不应翻犁到底，以防石灰落到底部，后面的几遍应翻犁到底。随时检查调整翻犁的深度，使稳定土层全部翻透。

(3)洒水量与采用的拌和机械性能有关。当采用高效率的专用拌和机时，所需拌和时间短，洒水量应使集料达最佳含水量。若采用普通路拌机械，拌和细粒土，洒水量使集料的含水量略高于最佳含水量。在拌和过程中，及时检查含水量。若含水量不够时，用喷管式洒水车补充洒水，使混合料的含水量等于或略大于最佳值（视土类而定可大1%左右）。水车起洒处和另一端调头处都应超出拌和段2m以上。洒水车不应在正进行拌和的以及当天计划拌和的路段上调头和停留，以防局部水量过大，拌和机械应紧跟在洒水车后面进行拌和，尤其在纵坡大的路段上更应配合紧密，减少水分流失。

(4)在洒水过程中，要人工配合拣出超尺寸颗粒，清除粗细石料“窝”，以及局部过湿之处。拌和完成的标志是：混合料色泽一致，没有灰条、灰团和花面，没有粗细石料“窝”，且水分合适均匀。

(5)拌和石灰加粘土的稳定碎石或砂砾时，应先将石灰拌和均匀，然后均匀地摊铺在碎石或砂砾层上，再一起进行拌和，用石灰稳定塑性指数大的粘土时，由于粘土难以粉碎，宜采用两次拌和法。即第一次加 70% ~ 100% 预定剂量的石灰进行拌和，闷放一夜，然后补足石灰用量，再进行第二次拌和。

4. 整形与碾压

(1)整形

混合料拌和均匀后，先用平地机初步整平和整形。在直线段，平地机由两侧向路中心进行刮平。在平曲线段，平地机由内侧向外侧进行刮平。需要时，再返回刮一遍。用拖拉机或轮胎压路机快速碾压 1 ~ 2 遍，以暴露潜在的不平。在用平地机整平前，应先用齿耙把低洼处表层 5cm 以上耙松，避免在较光滑的表面产生薄层找补的情况，用平地机整形后再碾压一遍。对于局部低洼处，应用齿耙将其表层 5cm 以上耙松，并用新拌的石灰混合料进行找补平整，再用平地机整形一次，每次整形都要按照规定的坡度和路拱进行。特别要注意接缝处的整平，接缝必须顺适平整。

(2)碾压

整形后，当混合料处于最佳含水量 ± 1%时(如表面水分不足，应适当洒水)，立即用 12t 以上三轮压路机、重型轮胎压路机或振动压路机在路基全宽内进行碾压。碾压时应遵循：先两边后中间(平曲线段先内侧后外侧)，先轻后重，先慢后快，互相搭接的原则。碾压时后轮应重叠 1/2 轮宽，后轮必须超过两段的接缝处，后轮压完路面全宽时即为一遍。碾压一直进行到要求的密实度为止，一般需 6 ~ 8 遍，压路机的行进方式同路基碾压。碾压过程中，石灰稳定土的表面应始终保持湿润。如表面水蒸发得快应及时补洒少量的水。如有“弹簧”、松散、起皮等现象，应及时翻开重新拌和，或用其他方法处理，使其达到质量要求。在碾压结束之前用平地机再终平一次，使其纵向顺适，路拱和超高符合设计要求。终平应仔细进行，必须将局部高出部分刮除并扫出路外，对于局部低洼之外，不再进行找补，留待铺筑面层时处理。

5. 养生

(1)石灰稳定土在养生期间应保持一定温度，不应过湿。养生期一般不少于 7d，养生方法可视具体情况采用洒水、覆盖砂、低塑性土或沥青膜等。在养生期间石灰土表层不宜忽干忽湿，每次洒水后，应用两轮压路机将表层压实。洒水多少视气候而定。用覆盖砂层养生时，要求砂层厚度为 7 ~ 10cm，厚度均匀，并保持在整个养生期内砂的潮湿状态。石灰稳定土层碾压结束 1 ~ 2d 后，其表层较干燥(如石灰土的含水量不大于 10%，石灰粒料土的含水量在 5% ~ 6%)时，可以立即喷洒透层材料，做下封层或铺筑面层，但初期应禁止重型车辆通行。

(2)在养生期间未采用覆盖措施的石灰稳定土上，除洒水车外，应封闭交通。在采用覆盖措施的石灰稳定土层上，不能封闭交通时，应限制车速不得超过 30km/h，如石灰稳定土分层施工时，下层石灰稳定土碾压完后，可以立即铺筑另一层石灰稳定土，不需专门的养生期。

(3)养生期结束后，应立即喷洒透层沥青或做下封层，并在 5 ~ 10d 内铺筑沥青面层。在喷洒透层沥青后，应撒布 3 ~ 8mm 或 5 ~ 10mm 的小碎(砾)石，小碎石不完全覆盖，均匀覆盖约

60%的面积,露黑。如喷洒的透层沥青能透入基层,运料车辆和面层混合料摊铺机在上行驶不会破坏沥青膜时,可以不撒小碎石。如为水泥混凝土面层时,也不宜让基层长期暴晒开裂。

6.施工中应注意的问题

(1)接缝和"调头"处的处理

两工作段的搭接部分,应采用对接形式。前一段拌和后,留 5~8m 不进行碾压。后一段施工时,将前段留下未压部分,一起进行拌和。拌和机械及其他机械不宜在已压成的石灰稳定土层上调头,如必须在上进行调头,应采取措施(如覆盖 10cm 厚的砂或砂砾)保护调头部分,使石灰稳定土表层不受破坏。结束后,将砂或砂砾除去。

(2)纵缝的处理

石灰稳定土层的施工应尽可能避免纵向接缝,对于不能中断交通的路段,可采用半幅施工方法。必须分两幅施工时,纵缝必须垂直相接,不应斜接。

一般情况下,纵缝可按下述方法处理。在前一幅施工时,在靠中央一侧用方木或钢模板做支撑,方木或钢模板的高度与稳定土层的压实厚度相同。混合料拌和结束后,靠近支撑(或板)的一条带,应人工进行补充拌和,然后进行整形和碾压。在铺筑另一幅时,或在养生结束时,拆除支撑木(或板)。第二幅混合料拌和结束后,靠近第一幅的一条带,亦应做如此处理。

(3)路缘处理

如石灰稳定土层上为薄沥青面层,基层每边应较面层宽 20cm 以上。在基层全宽喷洒透层沥青或设下封层,沥青面层边缘以三角形向路肩抛出 6~10cm。如设路缘块时,必须注意防止路缘块阻滞路面表面水和结构层中的水。

(4)用石灰稳定低塑限指数的砂、粉性土的处理

用石灰稳定低塑限指数的砂性土和粉性土时,碾压过程中容易起皮松散,成形困难,施工时要大量洒水,并分两阶段碾压,第一阶段,洒水后用履带拖拉机先压 2~3 遍,达到初步稳定。第二阶段,待水分接近最佳含水量时,再继续用 12t 以上压路机压实。当缺少履带拖拉机时,洒水后,先用轻型压路机碾压两遍,然后履盖一层素土,继续用 12t 以上压路机压实,养生后将素土层清除干净。

§4-4 稳定土厂拌法施工

一、厂拌设备简介

稳定土厂拌设备是将土、碎石、砾石或碎石、水泥、石灰粉煤灰、水等材料按施工配合比在固定地点拌和均匀的专用生产设备。

厂拌设备一般由供料系统(包括各种料斗)、拌和系统、控制系统(包括各种计量器和操纵系统)、输送系统和成品储存系统五大部分所组成(图 4-2)。各种料斗均装有限制不合格料进入的格栅,料斗下部装有带式送料机,带式送料机的速度和料斗门开度大小可调整,以控制给料量。拌和设备还装有流量计控制供水量,如需加入乳化沥青,则装有沥青流量计及其控制装置。叶轮供料器也是一种机械式供料器,以转速来控制供粉料的料量。

厂拌设备采用卧式拌和器,有单轴和双轴之分。轴上装有桨式螺旋拌和器,可将料拌和均匀并强制送出。

输送系统的输送机以皮带式输送机为主,有些拌和设备也采用螺旋式输送机,靠螺旋将料

强制由筒内送出。操纵控制系统有控制柜或控制室,一般多采用控制室。这种控制系统的操作人员工作环境好,有利于安全生产和操作人员的健康。

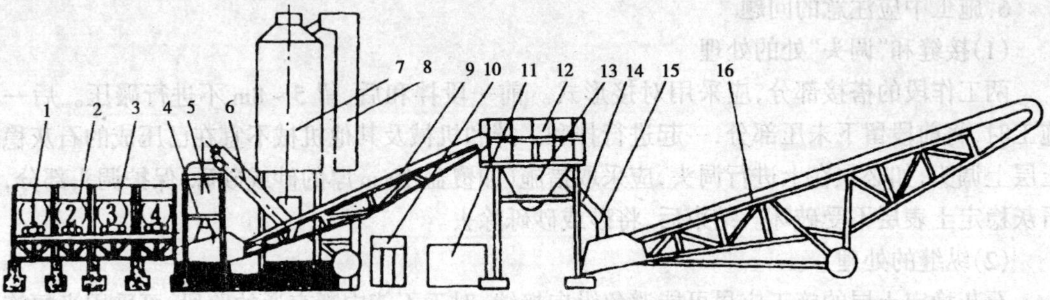

图 4-2 稳定土厂拌设备主要结构简图

1-配料;2-能上能下带供料机;3-水平皮带输送机;4-叶轮供料器;5-小仓;6-螺旋输送器;7-大仓;8-垂直提升机;9-斜皮带输送机;10-控制柜;11-水箱水泵;12-拌和器;13 混合料储仓;14-拌和筒立柱;15-溢料管;16-大料皮带输送机

稳定土厂拌设备在生产作业时,所用的无机结合料,通过皮带输送机、垂直提升机被输送到大仓中,再经螺旋输送器将其送入小仓中。此时,小仓中的无机结合料通过叶轮供料器被送到斜皮带输送机上。同时,各料斗中的其他材料由物料门卸出并经皮带式输送机送至水平皮带输送机上,水平皮带输送机再将各种材料送至斜皮带输送机上,这样就通过斜皮带输送机将按设计要求配比的各种材料送入到拌和器内,同时水箱中的水也被泵入拌和器。拌和器中的螺旋搅拌器将各种料搅拌均匀后并强制送至储料仓,拌和好的成品料通过储料仓的溢料管送到堆料输送机上或直接卸到运输车上。自卸运输车将成品送至施工现场。

二、石灰稳定土厂拌施工艺

石灰稳定土可以在中心站用多种机械集中拌和,如强制式拌和机,双转轴桨叶式拌和机等,集中拌和有利于保证配比的准确性和拌和的均匀性。

1.备料

大土块要粉碎,最大尺寸不应大于 15mm。集料的最大粒径和级配都应符合要求,必要时,应先筛除集料中不符合要求的颗粒。配料应准确,含水量要略大于最佳含水量。在潮温多雨地区施工时,还应采取措施保护集料,特别是细集料(含土)和石灰免遭雨淋。

2.拌制

在正式拌制稳定土混合料之前,必须先调试所用的厂拌设备,确定各料斗闸门的开启刻度和供料小皮带机的转速,使混合料的颗粒组成和含水量都达到规定的要求。集料的颗粒组成发生变化时,还应重新调试设备。应根据集料和混合料的含水量要求调整加水量。

3.运输

已拌成的混合料应尽快运送到铺筑现场。混合料装料、运输不离析。如运距远、气温高,则车上的混合料应加以覆盖,以防水分过多蒸发。

4.摊铺及碾压

下承层为石灰稳定土时,应先将下承层表面拉毛,再摊铺混合料。摊铺应采用沥青混凝土摊铺机、水泥混凝土摊铺机或稳定土摊铺机摊铺混合料。在没有以上摊铺机的情况下,可以用摊铺箱或自动平地机摊铺混合料。用摊铺机或摊铺箱摊铺时,要求拌和设备与摊铺机的生产能力相协调,如拌和设备的生产能力较低,则应用最低速度摊铺,以减少摊铺机停机待料的情况。在摊铺机后面应设专人消除粗、细集料离析现象，特别是局部粗集料“窝”，应该铲除，并用新混合料填补。摊铺后应用振动压路机、三轮压路机和轮胎压路机进行碾压。用平地机摊铺混合料时，根据摊铺层的厚度和要求达到的压实干密度，计算每车混合料的铺筑面积。将混合料均匀地卸在路幅中央，路幅宽时，可将混合料卸成两行，用平地机将混合料按松铺厚度摊铺均匀，平地机后面应及时消除粗集料“窝”和粗集料带(补充细混合料并拌合均匀)。整形、碾压及接缝处理，与路拌法相同。

5.横向接缝处理

(1)用摊铺机摊铺混合料时，每天的工作缝应做成横向接缝。摊铺机应驶离混合料末端。

(2)人工将末端混合料处理整齐，紧靠混合料放两根方木，每根长度为稳定土层宽的1/2，方木的高度与混合料的压实厚度相同，整平紧靠方木的混合料。

(3)方木的另一侧回填约3m长、高度高出方木的砂砾或碎石。

(4)将混合料碾压密实。

(5)在重新开始摊铺混合料之前，将砂砾(或碎石)和方木除去，并将下承层顶表清扫干净并拉毛。

(6)摊铺机返回到已压实层的末端，重新开始摊铺混合料。

(7)如压实层末端未用方木作支撑处理，在碾压后末端成一斜坡，则在第二天开始摊铺新料之前，应将末端斜坡挖除，并挖成一横向(与路中心线垂直)垂直向下的断面。挖的混合料加水到最佳含水量合拌匀后仍可使用。

6.纵向接缝

应尽量避免纵向接缝。在不能避免纵向接缝的情况下，纵缝必须垂直相接，严禁斜接，并按下述方法处理，当前一幅摊铺时，在靠后一幅的一侧用方木或钢模板做支撑，方木或钢模板的高度与稳定土层的压实厚度相同。养生结束后，在摊铺另一幅之前，拆除支撑木(或板)。

养生及路缘处理方法同路拌法。

第五章　沥青混凝土路面施工机械化

§5-1　沥青混凝土路面

用不同粒级的碎石、天然砂或破碎砂、矿粉和沥青按一定比例在拌和机中热拌所得的混合料称为沥青混凝土混合料，这种混合料的矿料部分具有严格的级配要求，经压实后所得的材料具有规定的强度和孔隙率时，称为沥青混凝土。用这种材料铺筑的路面称为沥青混凝土路面。它有以下特点：

①具有较高的强度，能承受较繁重的交通运输任务。

②具有较高的密实度、空隙率小，这就使得水不易渗入，避免沥青粘结力降低，从而使路面有较高的耐久性。

③具有良好的平整度，表面坚实，无接缝，故此行车平稳、噪声小。

④由于沥青混凝土的允许抗应变值小，因此要求沥青混凝土面层下应有坚实的基层。

⑤温度稳定性不甚理想，夏天易软，冬天易脆，易产生裂缝。

当沥青混合料中含有较多的碎石颗粒，且粒径较大，级配要求较松（级配范围较宽）时，就称为沥青碎石混合料。用这种材料铺筑的路面称为沥青碎石面层。由于沥青碎石的强度主要靠石料颗粒间的嵌锁力，受沥青软化的影响较小，因此其热稳定性好，抗永久变形能力较强。在经常启动和制动处（如停车站、十字路口、上下坡处）用其铺路就不易发生搓板状变形。但是由于沥青碎石的孔隙率较大，空气和表面水易透入。空气的进入会促使沥青老化；水的透入，减弱了沥青与矿料间的粘结力，使沥青易从石料上剥离。特别在夏季高温时期，雨水若进入沥青碎石层后，在重车的作用下，容易产生沥青剥落，路面变形，甚至松散等缺陷。因此，沥青碎石只能用做一般道路上的面层，在高等级道路上做沥青面层的底面层。

§5-2　混合料的拌制与运输

一、拌　　制

1.拌和设备的选型

通常根据工程量和工期选择拌和设备的生产能力及移动方式（固定式、半固定式和移动式）。拌和设备的生产能力应和摊铺能力相匹配，一般应高于摊铺能力0.5%左右，对于高等级公路沥青路面的施工，应选用拌和能力较大的设备。但是，如果拌和能力高于原材料供应能力，以及摊铺机的摊铺能力，则搅拌设备不能满负荷工作，也会造成资源浪费。现代公路施工工程，多选用固定式沥青拌和设备。因为固定式设备，特别是间歇拌和式固定设备的配比及其他技术指标易调试和控制，所以国内公路施工企业多选用这种形式。对于工程分散的道路养护工程，也可选用移动式拌和设备。

2.沥青混凝土拌和设备及生产工艺

沥青混合料拌和设备将碎石、砂、矿粉和沥青按一定配比拌和成均匀的混合料。根据工艺流程可分为传统式和滚筒式。按生产能力可分为:小型(<50t/h)、中型(50~100t/h)、大型(150~350t/h)和超大型(>400t/h)四种。大型及超大型属固定式,中型多为半固定式,小型为移动式。

沥青混凝土搅拌设备应有下列组成部分:冷骨料的定量供给和输送装置;骨料的烘干与加热装置;热骨料传输装置;热骨料筛分装置;矿粉的贮存和定量供给装置;沥青保温料传输装置;沥青定量供给系统;矿料各组成的精确称量装置;搅拌器;混合料成品贮仓;除尘装置。

(1)传统式拌和设备

半个多世纪以来,世界各国所使用的沥青混凝土拌和设备都是采用先将骨料粗配、烘干、加热,然后再筛分、精确称量,最后加入矿粉和沥青,强制搅拌成沥青混合料的工艺方式。这种工艺形式的搅拌设备称为传统式沥青混凝土拌和设备。在传统式沥青混凝土拌和设备中骨料的烘干与加热是连续进行的,而混合料的拌制则有间歇(即周期式或循环式)进行和连续进行两种。前者称为传统间歇式沥青混凝土拌和设备,后者称为传统连续式混凝土拌和设备。两者的组成部分基本相似,只是搅拌结构以及矿粉与沥青的供给形式有所区别。

①传统间歇式沥青混凝土拌和设备

图5-1为传统间歇式沥青混凝土拌和设备的基本结构示意图。此设备的工艺流程如下:

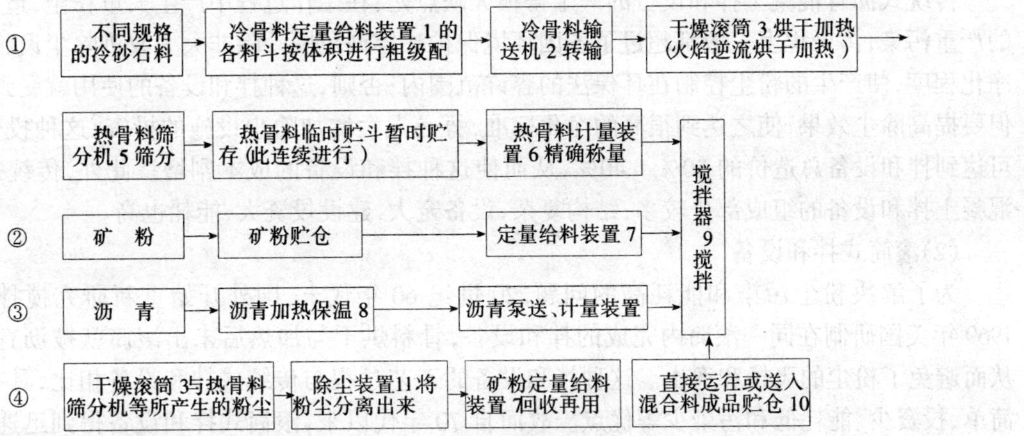

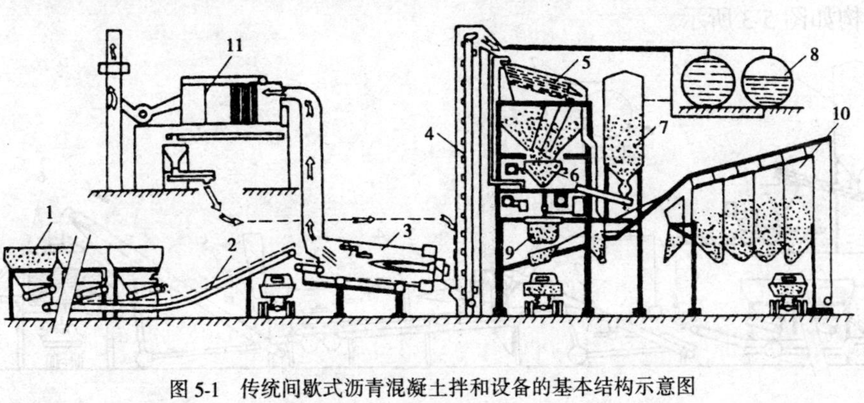

图5-1 传统间歇式沥青混凝土拌和设备的基本结构示意图

1-冷骨料定量给料装置;2-冷骨料输送机;3-干燥滚筒;4-热骨料提升机;5-热骨料筛分机和贮斗;6-热骨料计量装置;7-矿粉贮仓和定量给料装置;8-沥青保温罐和定量供给装置;9-搅拌器;10-成品贮仓;11-除尘装置

②传统连续式沥青混凝土拌和设备

图 5-2 所示为传统连续式沥青混凝土拌和设备的基本结构示意图。它与传统间歇式的主要区别在于热骨料不经过筛分按质量精确称量，而是集中在热骨料贮斗 5 中，通过容积式定量给料装置连续地送入搅拌器 9 中。与此同时，矿粉贮仓 7 中的矿粉也通过定量给料系统，连续地被送入搅拌器 9 中；同样，沥青保温罐中的沥青也由定量供给系统 8 的沥青定量泵连续定量地喷入搅拌器 9 中。干燥滚筒中产生的粉尘经过除尘装置 11，其中被分离出来的粗粒粉尘进入热骨料提升机 4 中，回收再用。搅拌器 9 中进料是连续进行的，搅拌和出料也是连续进行的。拌制好的混合料成品暂存在成品贮仓 10 中待用，也可以直接送往工地。

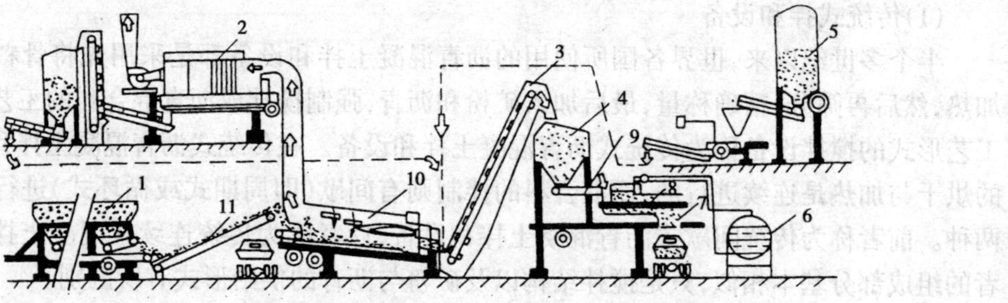

图 5-2　传统连续式沥青混凝土拌和设备的基本结构示意图

1-冷骨料定量给料装置；2-冷骨料输送机；3-干燥滚筒；4-热骨料提升机；5-热骨料贮斗；6-热骨料定量给料器；7-矿粉贮仓和定量给料装置；8-沥青保温罐和定量供给装置；9-连续作业式搅拌器；10-混合料成品贮仓；11-除尘装置

传统式沥青混凝土拌和设备的一个得很大缺点是：在工作过程中产生大量粉尘，造成环境的严重污染，污染程度一般都超过了各国环境保护法容许范围。除非大大改进除尘设施，提高净化程度，使产生的粉尘控制在环保法的容许范围内；否则，这种拌和设备的使用就受到限制。但要提高除尘效果，使之达到很高的净化标准，势必大大增加除尘设施的投资，这种投资通常可达到拌和设备总造价的 30% ~ 40%，从而使这种拌和设备的成本剧增。此外，传统式沥青混凝土拌和设备的组成部分较多，结构复杂，设备宠大，建设投资大，能耗也高。

(2)滚筒式拌和设备

为了解决粉尘污染和能耗高的问题，20 世纪 60 年代末，国外开始重新研究搅拌工艺。1969 年美国研制在同一滚筒内完成的拌和设备，骨料烘干与加热后未出滚筒就被沥青裹覆，从而避免了粉尘的飞扬和逸出。这种拌和设备的工艺过程与传统式拌和设备相比，具有结构简单、投资少、能耗低和污染少等优点。故而自 70 年代以来，滚筒式拌和设备得到迅速发展，其一般结构如图 5-3 所示。

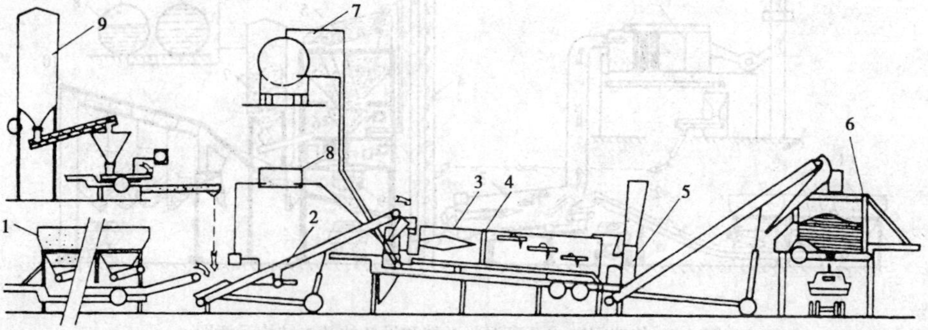

图 5-3　滚筒式沥青混凝土拌和设备的基本结构示意图

1-冷骨料容积式定量给料装置；2-冷骨料输送机；3-干燥搅拌筒；4-料帘；5-除尘装置及烟囱；6-混合料成品贮仓；7-沥青供给装置；8-自动控制中心；9-矿粉供给系统

不同规格的骨料分别装入冷骨料定量给料装置1的各料斗中,按照事前调整好的级配关系先送到冷骨料输送机2上,然后转输到干燥搅拌筒3中,冷骨料输送机的供料皮带的转速是可变的,以便改变骨料的供给量,在它上面还装有重力传感器,通过电子秤可测出进入滚筒内冷骨料质量。此外,冷骨料在进入滚筒前,还可通过测试仪器测出其含水量,测试结果随时输入自动控制中心8的计算机里,换算出干骨料的实际质量,并根据骨料的实际质量随时自动调节沥青的流量,从而达到准确控制配合比的目的。

沥青供给系统7与传统式的基本相似,在其输出管路上所装的沥青流量计,可测出沥青的瞬时和累计流量,此信息也传送到自动控制中心,以便适用干骨料实际质量的变化而自动调节沥青的流量。

矿粉供给系统9也与传统式基本相似,从矿粉筒仓卸下的矿粉通过皮带电子秤连续计量后送到冷骨料输送机2上,会同冷骨料一起输入滚筒内,或者经由专设的管道输送到滚筒内。

进入滚筒内的冷骨料由安装在滚筒进料端的喷燃器烘干加热。沥青在滚筒全长1/3~1/5(靠近进料端)处喷入。随着滚筒旋转,筒内矿料不断地被提升和自由跌落,拌制好的成品料从滚筒卸出后,经过输送机送入成品贮仓,贮仓一般都有保温层或保温设备。

滚筒式沥青混凝土拌和设备与传统式的相比,其优点是:对空气污染小,设备组成工艺较简单。例如:可省去热骨料提升机、筛分机、热骨料贮仓、矿料秤和专门的搅拌器等。因此,投资省、维护费用低、能耗少。其缺点是:骨料的加热采用顺流式,热利用率低,拌制好混合料含有较多的残余水分,且温度也较低,混合料的质量不易精确控制。

目前,欧美各国所生产的滚筒式沥青混凝土拌和设备基本上都是采用可形成料帘的干燥搅拌筒、矿料自动称量供给装置、骨料含水量测定装置、电子计算机控制沥青配比的自动调节装置及燃烧系统的油——风自动调节装置等现代化装置。

(3)新型拌和方式简介

目前对沥青混合料的拌制工艺有两个改进方向:振动搅拌和无尘搅拌。

①振动搅拌

拌制工艺过程中所采用的各组成除了搅拌器外,其他与传统方式拌制工艺的相同。俄罗斯曾在实验室研究中采用过筒式振动搅拌器进行有关试验,而在生产实践中又采用了带振动壳体与轴的间歇作业的叶桨式搅拌器。叶桨在旋转的同时与振动器壳体一起振动,可使混合料中材料颗粒产生很大的加速度,以破坏沥青的凝聚,有利于沥青裹覆在矿料表面上。在振动中,所有沥青都转变成薄膜状态,能很好地包裹矿料颗粒,而沥青膜本身的厚度也更加均匀。所有这些都促使沥青混合料的成品质量的提高,因而延长了沥青混凝土路面的使用寿命。振动搅拌比传统式搅拌虽然有许多优点,但是由于振动大大降低了搅拌器零件的使用寿命,所以这种振动搅拌方法直到目前仍未得到推广使用。

②无尘拌制

无尘拌制沥青混合料有两种方法:一是在骨料被烘干、加热之前,先用双轴叶桨搅拌器将冷骨料与热沥青按份搅拌,制成半成品料,然后再进行加热活化、热拌成品料;二是骨料在一个干燥搅拌筒内被烘干、加热后,就加入热沥青并搅拌成成品料。前一种方法是沥青裹覆在湿骨料上,后一种方法是沥青在同一容器内裹覆在热骨料上,这两种方法都使骨料中的粉尘不易飞扬出来,因而被称为无尘搅拌。

3.沥青拌和设备的生产率计算

沥青混合料的设备的生产率 Q 是按每小时拌制混合料的吨数计算的。

对于间歇式：

$$Q_j = \frac{nm_j k_B}{1\,000}(\text{t/h}) \tag{5-1}$$

式中：m_j——每拌制一份料的质量(kg)；

n——每小时拌制的份数

$$n = \frac{60}{t_1 + t_2 + t_3} \tag{5-2}$$

式中：t_1——搅拌器加热时间(min)；

t_2——混合料搅拌时间(min)；

t_3——成品料卸料时间(min)；

k_B——时间利用系数，$k_B = 0.8 \sim 0.9$。

对于连续式：

$$Q_L = \frac{60 m_L k_B}{1\,000t}(\text{t/h}) \tag{5-3}$$

式中：m_L——搅拌器内的料重(kg)；

t——拌和时间(混合料在搅拌器内的停留时间)(min)。

拌和时间与拌制的混合料种类、搅拌器桨叶端部圆周速度以及所采用的搅拌器型式(间歇式或连续式)有关。当桨叶端部的圆周速度 $v = 2.3 \sim 2.5$m/s 时，搅拌时间应取为：间歇式为 0.5～1.25min；连续式为 1.5～3min。低值对应于粗粒混合料，高值对应于砂粒混合料。当拌制粗粒混合料时，通常取 $v = 1.5 \sim 1.8$m/s，因而拌和时间将超出上述低限值。此时，可降低驱动功率和减少摩擦元件的磨损。

4.混合料的分类方法

(1)根据混合料中骨料的最大粒径值，可将热拌沥青混凝土混合料按表 5-1 分为粗粒式、半粒式、细粒式及砂粒式等类型。

(2)根据强度形成机理的不同，沥青混合料分为嵌挤型和密实型两类。

嵌挤型——沥青混合料的集料颗粒较粗，尺寸较均匀，从而形成骨架空隙结构，强度主要由矿料间的嵌挤力和内摩擦力形成，而沥青与矿料的粘附力及沥青自身的粘聚力为辅。

密实型——沥青混合料的矿料具有连续级配，沥青用量较大，强度主要由沥青与矿料的粘附力及沥青的粘聚力形成，而矿料间的摩擦阻力为辅。

热拌沥青混合料分类 表 5-1

混合料类型	方孔筛系列			圆孔筛系列		
	沥青混凝土	沥青碎石	最大粒径(mm)	沥青混凝土	沥青碎石	最大粒径(mm)
特粗式	—	AM-40	37.5	—	LS-50	50
粗粒式	AC-30	AM-30	31.5	LH-40	LS-40	40
				LH-35	LS-35	35
	AC-25	AM-25	26.5	LH-30	LS-30	30
中粒式	AC-20	AM-20	19.0	LH-25	LS-25	25
	AC-16	AM-16	16.0	LH-20	LS-20	20

续上表

混合料类型	方孔筛系列			圆孔筛系列		
	沥青混凝土	沥青碎石	最大粒径(mm)	沥青混凝土	沥青碎石	最大粒径(mm)
细粒式	AC-13	AM-13	13.2	LH-15	LS-15	15
	AC-10	AM-10	9.5	LH-10	LS-10	10
砂粒式	AC-5	AM-5	4.75	LH-5	LS-5	5
抗骨表层	AC-13		13.2	LH-15		15
	AC-16		16.0	LK20		20

嵌挤型的剩余空隙率较大,即水稳性较差,但其高温称定性较好,而密实型剩余空隙率小,防渗性能好,但其强度受温度影响较大。

(3)根据矿料级配类型不同,沥青混合料可分为:

密级配型——混合料压实后剩余空隙率小于10%;

半开级配型——混合料压实后剩余空隙率大于15%~15%之间;

开级配型——混合料压实后剩余空隙率超过15%;

间断级配型——混合料级配缺少一个或若干个档次的粒径时。

5.混合料的配合比

沥青混凝土面层须具有足够的力学强度、良好的温度稳定性、耐久性、耐磨性及抗滑性,同时混合料应具有良好的施工和易性。而沥青混合料的强度、稳定性等路用性能是由沥青与矿料的性质及二者以何种比例配合所决定的,因此要铺筑高质量的沥青路面,除使用质量合格的沥青、矿料外,必须进行混合料配合比设计,确定沥青混合料的最佳组成成份。

工程实践表明,当结构层的厚度(h)与矿料最大粒径(D)的比值 h/D 减小时,沥青混合料的高温稳定性提高,车辙量减少,但抗疲劳能力降低;当 h/D 增加时,矿料的细集料增加,沥青用量加大,沥青混合料的抗疲劳强度提高,但抗车辙能力降低,通常取 $h/D>2$,此时沥青混合料的施工和易性,压实性较好,易于达到规定的密实度和平整度,从而保证沥青的路用性能符合要求。

根据所在的层位,气候环境、材料来源、施工条件等,确定沥青混合料类型之后,在保证混合料的密实度和稳定性的前提下,根据级配理论和实际需要,确定矿料的级配范围,各种沥青混凝土混合料的矿料级配范围例于表5-2。对于交通量大、轴载重及车辙性能要求高的公路,可取表中所列级配范围的中下限(矿料偏粗);对于交通量小,轴载轻的公路或人行道,可取级配范围的中上限(矿料偏细)。

沥青混合料中沥青的用量是在矿料最大粒径及级配确定之后根据表5-2所列沥青用量和实际工程经费初步估计恰当用量,并以该估计值为基准,以0.5%为步长上下变化沥青用量,取5个不同的沥青用量制备马歇尔试验试件,并按规定的要求进行马歇尔试验,测定混合料的稳定度、流值、密度,并计算压实后混合料的剩余空隙率、饱和度及矿料间隙率,其各项指标应满足表5-3中相应的技术标准。

沥青混合料矿料级配及沥青用量范围(方孔筛)

表 5-2

级配类型			通过下列筛孔(方孔筛,mm)的质量百分率(%)															沥青用量(%)
			53.5	37.5	31.5	26.5	19.0	16.0	13.2	9.5	4.75	2.36	1.18	0.6	0.3	0.15	0.75	
沥青混凝土	粗粒式	AC-30I		100	90～100	79～92	66～82	59～77	52～72	43～63	32～63	25～42	18～32	13～25	8～18	5～13	3～7	4.0～6.0
		AC-30II		100	90～100	65～85	52～70	45～65	38～58	30～50	18～38	12～28	8～20	4～14	3～11	2～7	1～5	3.0～5.0
		AC-25I			100	95～100	75～90	62～80	53～73	43～63	32～52	25～42	18～32	13～25	8～18	5～13	3～7	4.0～6.0
		AC-25II			100	90～100	65～85	52～70	42～52	32～52	20～40	13～30	9～23	6～16	4～12	3～8	2～5	3.0～5.0
	中粒式	AC-20I				100	95～100	75～90	62～80	52～70	38～58	28～47	20～34	15～27	10～20	6～14	4～8	4.0～6.0
		AC-20II				100	90～100	65～85	52～70	40～60	26～45	16～33	11～25	7～18	4～13	3～9	2～5	3.5～6.5
		AC-16I					100	95～100	75～90	58～78	42～63	32～50	22～37	16～28	11～21	7～15	4～8	4.0～6.0
		AC-16II					100	90～100	65～85	50～70	30～50	18～35	12～26	7～19	4～14	3～9	2～5	3.5～6.5
	细粒式	AC-13I						100	95～100	70～88	48～68	36～33	24～41	18～30	12～22	8～16	4～3	4.5～6.5
		AC-13II						100	90～100	60～80	34～52	22～38	14～28	8～20	5～14	3～10	2～6	4.0～6.0
		AC-10I							100	95～100	55～75	38～58	24～43	17～33	10～24	6～16	4～9	5.0～7.0
		AC-10II							100	90～100	40～80	24～42	15～30	9～22	5～15	4～10	2～6	4.5～7.5
	砂砾式	AC-51								100	95～100	55～75	35～55	20～40	12～28	7～18	5～10	6.0～8.0
沥青碎石	特粗式	AM-40	100	90～100	50～80	40～65	30～54	25～50	20～45	13～38	5～25	2～15	0～10	0～8	0～6	0～5	0～4	2.5～4.0
	粗粒式	AM-40		100	90～100	50～80	38～65	32～57	25～50	17～42	8～30	2～20	0～15	0～8	0～3	0～5	0～4	2.5～4.0
		AM-25			100	90～100	50～80	43～73	38～65	25～55	10～32	2～20	0～5	0～10	0～8	0～6	0～5	3.0～4.5
	中粒式	AM-20				100	90～100	60～85	50～75	40～65	15～40	5～22	2～16	1～12	0～10	0～8	0～5	3.0～4.5
		AM-16					100	90～100	60～85	45～68	13～42	6～25	3～18	1～14	0～10	0～8	0～5	3.0～4.5
	细粒式	AM-13						100	90～100	50～80	20～45	8～28	4～20	2～6	0～10	0～8	0～6	3.0～4.5
		AM-10							100	85～100	35～465	10～35	5～22	2～16	0～12	0～9	0～6	3.0～4.5
抗滑表层		AK-13A						100	90～100	60～30	30～53	20～40	15～20	10～23	7～18	5～12	4～8	3.5～5.5
		AK-13B						100	85～100	50～70	18～40	10～30	8～22	5～15	3～12	3～9	2～6	3.5～5.5
		AK-16					100	90～100	60～83	45～70	28～45	15～35	10～25	8～18	6～13	4～10	3～7	3.5～5.5

沥青混合料马歇尔试验技术标准　　表 5-3

试验项目	沥青混合料类型	高速公路和一级公路	其他等级公路
击实次数	沥青混凝土	两面各 75 次	两面 50 次
	沥青碎石、抗滑表层	两面各 50 次	两面各 50 次
稳定度(kN)	Ⅰ型沥青混凝土、抗滑表层	>7.5	>5
	Ⅱ型沥青混凝土	>5	>4.0
流值(0.1mm)	Ⅰ型沥青混凝土	20~40	20~45
	Ⅱ型沥青混凝土、抗滑表层	20~40	20~45
空隙率	Ⅰ型沥青混凝土	3~6	3~6
	Ⅱ型沥青混凝土、抗滑表层	4~10	4~10
	沥青碎石	>10	>10
沥青饱和度(%)	Ⅰ型沥青混凝土	70~85	70~85
	Ⅱ型沥青混凝土、抗滑表层	60~75	60~75
	沥青碎石	40~60	40~60
残留稳定度(%)	Ⅰ型沥青混凝土	>75	>75
	Ⅱ型沥青混凝土、抗滑表层	>70	>70

注：沥青混合料的矿料空隙率(VMA)应符合下表要求：

集料最大粒径(方孔筛 mm)	37.5	31.5	26.5	19.0	16.0	13.2	9.5	4.75
VMA 不小于(%)	12	12.5	13	14	14.5	15	16	18

二、运　输

热拌沥青混合料宜采用大吨位自卸汽车运输，以减少对接次数和对接时间；大吨位车辆由于有较小的体面比(F/V)，因而运输过程中热量散失相对较少，可保证混合料到达摊铺现场所要求的温度指标。车箱内应清扫干净，并涂一薄层油水混合液(柴油：水为 1:3)，运料车上应用篷布覆盖，以保温、防雨、防污染。运至摊铺地点时沥青混合料温度不宜低于 130℃。从热料贮仓向运料车上放料时，应每放一批料挪动一下车位，以减小集料离析现象。

运输能力应比摊铺机摊铺能力略有富余。运输车辆数量 n，视拌和设备生产能力 Q(t/h) 车辆载质量能力 G(t)及运输时间等因素而定，可按下式计算：

$$n = \alpha \frac{t_1 + t_2 + t_3}{T} \tag{5-4}$$

式中：t_1——重载运程时间(min)；

t_2——空载运程时间(min)；

t_3——在工地卸料所需的总时间(min)；

T——拌制一车混合料所需的时间，$T = 60G/Q$；

α——储备系数，视交通情况而定，一般取 $\alpha = 1.1 \sim 1.2$。

§5-3　沥青混凝土摊铺机械化

沥青混凝土路面摊铺作业机械化主要由摊铺机，自卸汽车，和压路机三者进行联合。摊铺作业是沥青路面施工的关键之一。内容包括摊铺准备工作，摊铺机各种参数的选择及调整，摊铺作业等工作。

1.摊铺前的准备工作

摊铺前的准备工作包括下承层准备、施工测量及摊铺机检查调整等。

摊铺沥青混合料前应按要求在下承层上浇洒透层、粘层或铺筑下封层。热拌沥青混合料面层下的基层应具有设计规定的强度和适宜的刚度，有良好的水稳定性，干缩和温缩变形应较小，表面平整、密实，高程及路拱横坡符合设计要求，且与沥青面层结合良好。沥青面层施工前应对其下承层作必要的检测，若下承层受到损坏或出现软弹、松散或表面浮尘时，应进行维修。下承层表面受到泥土污染时应清理干净。

摊铺沥青混合料前，应提前进行标高及平面控制等施工测量工作。标高测量的目的是确定下承层表面高程与设计高程相差的确切数值，以便挂线时纠正为设计值，以保证施工层的厚度。

为便于控制摊铺宽度的方向，应进行平面测量。

在每工作日的开工准备阶段，应对摊铺机的刮板输送器、闸门、螺旋布料器、振动梁、熨平板、厚度调节器等工作装置和调节机构进行检查，在确认各种装置及机构处于正常状态后才能开始施工，若存在缺陷和故障时应及时排除，防止摊铺过程中出现故障停机，影响摊铺质量。

2.调整、确定摊铺机的参数

摊铺前应先调整摊铺机的机构参数和运行参数。其中机构参数包括熨平板的宽度、摊铺厚度、熨平板的拱度、初始工作仰角、布料螺旋与熨平板前缘的距离、振捣梁行程等。

(1)摊铺宽度：摊铺机的摊铺带宽度应尽可能达到摊铺机的最大摊铺宽度，这样可减少摊铺次数和纵向接缝，提高摊铺质量和摊铺效率。确定摊铺宽度时，最小摊铺宽度不应小于摊铺机的标准摊铺宽度，并使上、下摊铺层的纵向接缝错位30cm以上。

(2)摊铺厚度：摊铺厚度是用两块5~10cm宽的长方木为基准来确定，方木长度与熨平板纵向尺寸相当，厚度为摊铺厚度。定位时将熨平板抬起，方木置于熨平板两端的下面，然后放下熨平板，此时熨平板自由落在方木上，转动厚度调节螺杆，使之处于微量间隙的中立值。

(3)拱度和初始工作仰角：摊铺机熨平板的拱度和工作初始仰角根据各机型的操作方法调节，通常要经过试铺来确定。

大多数摊铺机的布料螺旋与熨平板前缘的距离是可变的。通常根据摊铺厚度、沥青混合料组成、下承层的强度与刚度等条件确定。摊铺正常温度、厚度为10cm的粗粒式或中粒式沥青混合料时，此距离调节到中间值。若摊铺厚度大，沥青混合料的矿料粒径大、温度偏低，布料螺旋与熨平板前缘的距离应调大；反之，此距离应调小。

(4)振捣梁行程：通常条件下，振捣梁的行程控制为4~12mm。当摊铺层较薄、矿料粒径较小时，应采用较小的振捣行程；反之，应采用较大的行程。

摊铺机的运行参数为摊铺机作业速度。合理确定作业速度是提高摊铺机生产效率和摊铺质量的有效途径。若摊铺速度过快，将造成摊铺层松散、混合料供应困难，停机待料时，会在摊铺层表面形成台阶，影响混合料平整度和压实性；若摊铺速度不均匀会降低混合料平整度和密实度。因此，应在综合考虑沥青混合料拌和设备的生产能力、车辆运输能力及其他施工条件的基础上，以稳定的供料能力保证摊铺机以某一速度均匀连续作业。合理的摊铺速度应根据混合料供应能力、摊铺宽度、摊铺厚度按下式确定：

$$v = \frac{100QC}{60\rho WH} \tag{5-5}$$

式中：v——摊铺机摊铺速度(m/min)；

ρ——压实沥青混合料的密度(t/m³)；

Q——拌和设备的产量(t/h)；

W——摊铺宽度(m)；

H——摊铺层压实厚度(cm)；

C——效率系数，根据材料供应、运输能力等配套情况确定，宜为0.6~0.8。

按上述方法确定的摊铺速度，摊铺时应根据沥青混合料种类、实际温度、混合料所处层位作适当调整。面层下层的摊铺速度可稍快，而面层上层的摊铺速度应稍慢。

3.摊铺作业

摊铺机的各种参数确定后，即可进行沥青混合料路面的推铺作业。摊铺作业的第一步是对熨平板加热，以免摊铺层被熨平板上粘附的粒料拉裂而形成沟槽和裂纹。同时对摊铺层起到熨烫的作用，使其表面平整无痕。加热温度应适当，过高的加热温度将导致烫平板变形和加速磨耗，还会使混合料表面泛出沥青胶浆或形成拉沟。

摊铺高速公路和一级公路沥青路面时，所采用的摊铺机应装有自动或半自动调整摊铺厚度及自动找平的装置，有容量足够的受料斗和足够的功率推动运料车，有可加热的振动熨平板，摊铺宽度可调节。通常采用两台以上摊铺机成梯队进行联合作业，相邻两台摊铺机前后相距10~30m。

摊铺机必须缓慢、均匀、连续不间断地进行摊铺，摊铺过程中不得随便变换速度或中途停顿。摊铺机螺旋布料器应不停顿地转动，摊铺室内应保证有不低于布料器高度2/3的混合料，并保证在摊铺的宽度范围内不出现离析。

摊铺机自动找平时，中、下面层宜采用一侧钢丝绳引导的方式控制高程，上面层宜采用摊铺前后保持相同高差的雪撬式摊铺厚控制方式。经摊铺机初步压实的摊铺层平整度、横坡等应符合设计要求。沥青混合料的松铺系数根据混合料类型，施工机械等通过试压或根据以往经验确定，也可参照表5-4选用。在沥青混合料摊铺过程中，若出现横断面不符合设计要求、构造物接头部位缺料、摊铺带边缘局部缺料、表面明显不平整、局部混合料明显离析及摊铺机有明显拖痕时，可用人工局部找补或更换混合料，但不应由人工反复修整。

沥青混合料松铺系数 表5-4

种　类	机 械 摊 铺	人工摊铺
沥青混凝土混合料	1.15~1.36	1.25~1.50
沥青碎石混合料	1.15~1.3	1.20~1.45

控制沥青混合料的摊铺温度是确保摊铺质量的关键之一。摊铺时应根据沥青品种、标号、稠度、环境温度、摊铺厚度等满足表5-5所列的要求。高速公路和一级公路的施工气温低于10℃，其他等级公路施工气温低于5℃时，不宜摊铺热拌沥青混合料。必须摊铺时，应提高沥青混合料拌和温度，并符合规定的低温摊铺要求，运料车必须覆盖以保温，尽可能采用高精度摊铺机摊铺，并在熨平板加热摊铺后紧接着碾压，缩短碾压长度。

热拌沥青混合料的施工温度(℃) 表 5-5

沥青种类		石油沥青			煤沥青	
沥青标号		AH—50 AH—70 AH—90 A—60	AH—110 AH—130 A—100 A—140 A—180	A—200	I—8 I—9	I—5 I—6 I—7
沥青加热温度①		150 ~ 170	140 ~ 160	130 ~ 150	100 ~ 130	80 ~ 120
矿料温度	间隙式拌和机	比沥青加热温度高 10 ~ 20(填料不加热)			比沥青加热温度高 15(填料不加热)	
	连续式拌和机	比沥青加热温度高 5 ~ 10(填料加热)			比沥青加热温度高 8(填料加热)	
沥青混合料出厂正常温度②		140 ~ 165	125 ~ 160	120 ~ 150	90 ~ 120	80 ~ 110
沥青混合料储料仓贮存温度		贮料过程中温度降低不超过 10			贮料过程中温度 降低不超过 10	
运输到现场温度		不低于 120 ~ 150			不低于 90	
摊铺温度	正常施工	不低于 110 ~ 130 不超过 165			不低于 80 不超过 120	
	低温施工	不低于 120 ~ 140 不超过 175			不低于 100 不超过 140	
碾压温度	正常施工	110 ~ 140 不低于 110			80 ~ 110 不低于 75	
	低温施工	120 ~ 150 不低于 110			90 ~ 120 不低于 85	
碾压终了温度	钢轮压路机	不低于 70			不低于 50	
	轮胎压路机	不低于 80			不低于 60	
	振动压路机	不低于 65			不低于 50	
开放交通温度		路面冷却后			路面冷却后	

注:①施工温度与沥青品种及标号有关,较稠的沥青使用近高限值,较稀的沥青可用近低限值;

②对高速、一级公路,沥青混合料出厂温度超过正常温度高限 30℃时,混合料应予废弃。

§5-4 沥青摊铺的找平系统

沥青路面的摊铺质量精度主要由找平系统来控制。适宜的找平方式是获得优良沥青路面的可靠保证。

一、摊铺质量与找平系统的关系分析

沥青摊铺机的摊铺质量应根据以下几个方面综合评判:铺层的高程精度;铺层的平整度(高程变化的剧烈程度);消除基层不平度和高程偏差的程度(铺层经压实后,对基层不平度和高程起伏的反映程度)。

1.铺层的高程精度依赖于精确的找平基准,但是当基层高程起伏变化较大时,即使新铺层高程 100%合格,仍会存在压实后表面质量不理想的问题。其原因是:由于基层出不平度或高程偏差,虽然新铺层在压实前的表面高程合格率很高,实际上新铺层厚度不均匀。压实过程中,铺层厚处变形大,铺层薄处变形小,从而在压实后,虽对基层的高程偏差有一定的改善,可仍对基层的起伏状况所反映。这种反映既有可能导致铺层压实后部分点的高程不合格,也有可能引起平整度的不合格。因此,绝对准确的新铺层高程也不一定能实现优良的摊铺质量。

2.摊铺机找平传感器应能采集准确的高程信息,找平油缸也应能迅速响应传感器采集的这些信息,但前提是系统能对这些信息实施有效的分析处理。因为简单的高程信息采集有可能摄入非真实的基层情况(如基准线意外掉落,工具、抛洒物料等被传感器收集),而未经系统有效分析处理的错误信息则极有可能引起找平油缸的误动作。即使传感器采集的信息是真实的,找平油缸响应这些信息,虽会使铺层高程较快的过渡到期望水平,但正是这种较快的过渡往往会引起不良的平整度,响应过快还会引起严重的不良行车感觉。因此摊铺机找平系统必须对传感器采集的高程信息进行有效的分析处理。而传感器对高程信息的采集方式最好是多点平均和提前预测,以便给摊铺机产生高程变化留有充足的过渡距离。

3.由于基层高程偏差会导致新铺层厚度的不均匀,新铺层又有松铺系数存在(初期密实度达不到终压密实度),这种情况下,要使摊铺机的摊铺质量在压路机压实后得以完美体现,除了摊铺机本身性能以外,找平系统还必须根据不同的摊铺厚度,确定不同的松铺厚度,即根据压实厚度变化的大小,科学地增减松散厚度,以抵消由于存在松铺系数而使基层高程偏差反映于压实后的新铺层表面,从而达不到保证路面平整度指标的目的。这对摊铺机自动找平系统提出了更高的要求,即应使找平系统具有一定的智能特点。

4.摊铺机自动找平系统应能适应各种复杂工况(如小弯道、多障碍、铺层衔接等)和恶劣环境,并且具备拆装运输方便,操作维修简单,可靠性高等特点。

二、几种找平方式的比较

现代公路施工中,为了提高沥青路面摊铺质量,采用了各种找平方式配合摊铺机的作业。这些找平方式在摊铺实践中逐步形成和完善。目前大体能见到四种基本找平方式,兹将其比较如下:

1.钢丝线找平基准配以角位移传感器的找平方式

这是我国高等级公路建设初期普遍采用的一种接触式固定基准找平方式。其特点是结构简单,线性度好,工作温度范围宽,可靠性高,使用寿命长,价格低廉。由于这种找平方式能较为准确地控制高程,目前在路面基层稳定材料摊铺时,此方式仍不失为一种有效的找平方式。在面层沥青料摊铺时,会暴露出由于人为架线误差,支架间距不均,牢固度不易控制,钢线张紧力不足等缺点而影响找平基准精度,加上传达感器在基准线上滑动时容易产生振动,系统本身不具备基本的信息过渡功能,既不能保证较好的保证高程精度,也不能保证较好的平整度。因此在高等级公路沥青面层施工中已较少采用。

2.机械式平衡梁配以角位移传感器的找平方式

这是目前我国高等级公路沥青面层施工中普遍采用的一种找平方式,属接触式移动基准。由于这种移动式基准的参考范围大,且采样点较多,所以具有高效的滤波功能,可缓慢改变铺层厚度,起到调平作用。这种找平方式较之于钢丝线为基准的找平方式,使沥青面层的摊铺平整度,尤其是摊铺直线路段时的平整度得到了较大的改善,但也暴露出如下不足:

①结构件过于庞大,难以保管,且运输费用高;

②黏附现象严重,清理困难;

③机械损坏率高;

④需要人工精细保修,工作烦琐;

⑤小弯道摊铺时易损坏梁架,且难以保证摊铺平整度。

因此,这种找平方式大有被更为先进的找平方式取代的必要。

3.多声纳非接触式平衡梁找平方式

这种找平方式属于非接触式移动基准。它除具备机械式平衡梁的使用性能,还具有如下显著特点:

①数字控制,精确度高。

②非接触、无粘结、不必清洗,结构紧凑,使用方便。

③摊铺机可随意前进、后退,压路机可及时碾压铺层,保证碾压温度和密度。用于匝道、变坡、桥梁及特殊路面的摊铺找平效果及方便性尤为突出。

④起步、收尾、接缝处理良好。但也存在由于声纳距地较近(约 50cm),挥发物易凝附于声纳发射片上而影响声纳传感器正常工作的情况。

4.非接触式激光扫描自动的找平系统(RSS 系统)

RSS(Road Scanning System)使用一种激光扫描器作为传感器,由其发射出多束不可见的激光投射到路面上,激光再从路面反射回扫描器。扫描器内的电子装置计算出从发射到接收反射激光波所经历的时间,从而测量出激光波所运行的距离,时间越长,距离越大。

系统工作时,通过安装在扫描器内的旋转镜头测量待铺基层和已铺面层上各点相对于扫描器的距离,所有数据从扫描器送入 RSS 计算机,路面信息经过 RSS 计算机进行处理。RSS 计算机在处理信息时会将进入系统的超大物体(如人体、熨平板等部件)无效数据过滤,筛选出有用信息,筛选物的尺寸可预先设定。机器前后方向的扫描范围可在 7 ~ 30m 之间调整,测量点数可多达 150 个。

RSS 的主要部件是两个电子单元:激光扫描器和控制盒。其质量分别为 4.5kg 和 1.5kg,它们通过蛇形电缆与摊铺机原有的控制系统相连接。

扫描器的高度为离地 2 ~ 2.5m,位于熨平板的上前方,既可装于牵引大臂之上,也可装于熨平板端部档板之上,扫描器安装在设有橡胶减振装置的支架上。

由于 RSS 系统使用了大范围的多点测量和计算机信息处理技术,使平均过滤功能更为明显。而且,RSS 的无效物体识别功能彻底消除了找平调节油缸的误动作,因此其摊铺质量较之于以往各种找平方式具有更好的效果。RSS 的测量长度通常选为 16m,当测量长度调到 30m 时,其测量精度会进一步提高。扫描长度和测量点的可设定,使得摊铺机在小弯道施工和桥面铺装等复杂工况作业时,摊铺更为方便,精度更易掌握,适应范围更为广泛。

较之机械平衡梁和多声纳非接触式平衡梁,RSS 系统的结构最为简单,无磨损,易拆装,不易损坏;精度高,操作方便;适合与多种品牌、型号的摊铺机配套,也可与路面铣刨机配套,现有摊铺机加装该系统后不影响原有找平系统的使用。

§5-5 沥青铺层的压实技术

一、沥青混合料的压实

碾压是热拌沥青混合料路面施工的最后一道工序,若前述各工序的施工质量符合要求而碾压质量达不到要求,则将前功尽弃。压实的目的是提高沥青混合料的密实度,从而提高沥青路面的强度、高温抗车辙能力及抗疲劳性等路用性能,是形成高质量沥青混凝土路面的又一关键工序。碾压工作包括碾压机械的选型与组合,碾压温度、碾压速度的控制,碾压遍数、碾方式及压实质量检查等。

1.碾压机械的选型与组合

沥青路面压实机械分静载光轮压路机、轮胎压路机和振动压路机等类型。静载光轮压路机,分双轮式和三轮式,常用的有 6 ~ 8t 双轮钢筒压路机、8 ~ 12t 或 12 ~ 15t 轮钢筒压路机等。也使用三轴或三轮的静载压路机,如图 5-4 所示。静载光轮压路机的工作质量较小,常用于预压、消除碾压轮迹的作业。轮胎压路机的光面橡胶碾压轮具有改变压力的性能,碾压轮通常为 5~11 个,工作质量 5~25t,主要用于接缝和坡道的预压、消除裂纹、压实薄沥青层。用于沥青路面碾压的振动压路机多为自行式,前轮为钢质振动轮,在有的机型中它也是驱动轮,后面有两个橡胶驱动轮,工作质量随振动频率和振幅的增大而增大,常作为主要的压实机械。应根据工程量的大小、摊铺设备的摊铺效率、混合料特性、碾压厚度、现场施工条件等选择合适的压路机;按压路机尽可能跟随摊铺机的要求,通过试铺、试压确定压路机的数量。选择压路机的质量和振幅时,应与摊铺厚度和压实材料相适应,摊铺厚度小于 6cm,最好使用振幅为0.35~0.6mm的中小型振动压路机(2~6t),在压实较厚的摊铺层(大于 10cm)时,使用高振幅的(可高达 1cm)的大中型压路机。

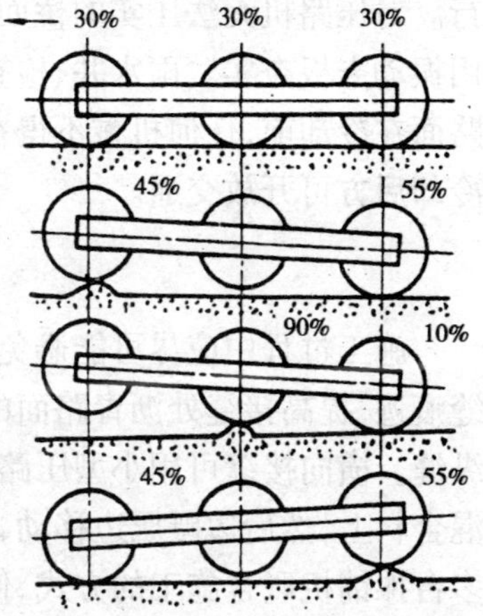

图 5-4　三轮三轴式压路机工作示意图

为了达到最佳压实效果,通常采用静载光轮压路机与轮胎压路机或静载光轮压路机与振动压路机组合的方式进行碾压。

2.碾压作业

沥青混合料路面的压实分初压、复压、终压三个阶段进行。初压的目的是整平、稳定混合料,为复压创造条件。

初压:初压是压实沥青混合料的基础,一般采用轻型钢筒压路机或关闭振动装置的振动压路机碾压两遍,其线压力不宜小于 35N/m,应在沥青混合料摊铺后温度较高时进行初压。碾压最佳温度是在材料允许的温度范围内,沥青混合料能够支承压路机而不产生水平推移,且在压实阻力较小的温度。压实温度应根据沥青稠度、压路机类型、气温、摊铺层厚度、混合料类型经试铺、试压确定,并符合表 5-5 规定碾压温度要求。碾压时必须将驱动轮朝向摊铺机,以免使温度较高的摊铺层产生推移和裂缝。压路机应从路面两侧向中间排压,相邻碾压轮迹重叠 1/3~1/2轮宽,最后碾压中心部分,压实全幅为一遍。初压后应检查平整度、路拱,并对出现缺陷的部位作适当修整。

复压:复压的目的是使混合料密实、稳定、成型,使混合料的密度度达到要求。初压后紧接着进行复压。复压是路面铺层能否达到压实度要求的关键工序,一般采用重型压路机,碾压温度符合表 5-5 的规定;碾压遍数经试压确定,并不少于 4~6 遍,直至达到要求的压实度为止。用于复压的轮胎式压路机的压实质量应不小于 15t,用于碾压较厚的沥青混合料时,总质量应不小于 22t。轮胎充气压力不小于 0.5MPa,相邻轮带重叠 1/3~1/2 的轮宽。当采用三轮钢筒压路机时,总质量不应低于 15t。采用振动压路机时,应根据混合料种类、温度和厚度选择振动压路机的类型,振动频率取 35~50Hz,振幅取 0.3~0.8mm,碾压层较厚时,选用较大的振幅和频率,碾压时相邻轮带重叠 20cm 宽。

终压:终压的目的是消除碾压轮产生的轮迹,最后形成平整的路面。终压应紧接在复压后用 6~8t 的振动压路机(关闭振动装置)进行,碾压不少于两遍,直至无轮迹为止,终压温度应符合表 5-5 的要求。

碾压过程中有沥青混合料粘附于碾压轮时,可间歇向碾压轮洒少量水或加洗衣粉的水,严禁洒柴油。压路机不得在新摊铺的混合料上转向、调头、左右移动位置或突然制动,压路机的碾压路线及碾压方向不应突然改变,以防止混合料产生推移。压路机启动、停止必须缓慢进行。对压路机无法压实的桥面、挡土墙等构造物接头处、拐弯死角、加宽部分等局部路面，应采用振动夯板夯实。雨水井、检查井设施的边缘应用人工夯锤、热烙铁补充压实。压实后的沥青路面在冷却前，任何机械不得在其上停放或行驶，并防止矿料、油料等杂物的污染。沥青路面冷却后方可开放交通。

二、接缝处理

施工过程中应尽可能避免出现接缝，不可避免时应作成垂直接缝，并通过碾压尽量消除接缝痕迹，提高接缝处沥青路面的传荷能力。对接缝进行处理时，压实的顺序为先压横缝，后压纵缝。横向接缝可用小型压路机横向碾压、碾压时使压路机轮宽的10~20cm置于新铺的沥青混合料上，然后边碾压边移动，直至整个碾压轮进入新铺混合料层上。纵缝应尽量采用两台或多台摊铺机联合施工的方式，使之成为“热接缝”，条件不允许时，对于热料与冷料相接的纵缝，压路机可置于热沥青混合料上振动压实，将热混合料挤压入相邻的冷结合边内，从而产生较高的密实度；也可以在碾压开始时，将碾压轮宽的10~20cm置于热料层上，压路机其余部分置于冷却层上进行碾压，效果也较好。对于与热料层相邻的纵缝，应先压实距接缝约20cm以外的地方，最后压实中间剩下的一条窄的混合料层，这样可获得良好的结合。

§5-6 改性沥青SMA路面施工技术

SMA是一种间断级配的沥青混合料，是由沥青玛蹄脂填充碎石骨架组成的骨架嵌挤型密实结构混合料。改性SMA混合料是从沥青结合料——采用改性沥青SBS和矿料级配，两方面来改善工程质量的一种路面材料，即沥青采用改性沥青，矿料级配采用间断级配。其主要优点是提高了路面抗车辙、抗老化、抗裂、抗滑和水稳性等路用性能，延长使用寿命，减少使用过程中的养护维修费用。

一、改性SMA混合料的特点

1.SMA是一种间断级配的沥青混合料，其中5mm以上粗集料所占比例高达70%~80%，矿粉用量达8%~13%。

2.沥青混合料用量多，高达6.5%~7.0%，粘结性要求高。采用改性沥青，以提高低温变形能力及与矿料的粘结力。

3.为加入较多沥青，可增加矿粉用量，用时使用纤维作为稳定剂，通常采用木质素纤维，用量为沥青结合料的0.3%；也可采用矿物纤维，用量为沥青混合料的0.54%。

二、SMA混合料的拌和与贮存

SMA与普通密级沥青混凝土的最大不同之处是SMA是间断级配，粗集料粒径单一、量多，细集料很少，矿粉用量多。为此，应该注意拌和过程中可能出现粗集料接不上，细集料常溢仓，矿料供不上的问题。解决这一问题的方法是，施工前进行试拌，先根据石料的干湿度初步确定各冷料仓的理论供料比例，然后检测与实际生产配合比的用料比例是否一致，若误差较大应再进行调整，调整时注意出料温度的变化。配比调整完成后，严禁操作人员随意改变冷料仓的放料比例。

加料采用拌和器上面的观察窗，由人工直接将纤维投入拌和斗中。投入的纤维必须预先加工成小袋包装,每拌和一斗投入一包。聚乙烯塑料在集料干拌时熔化,塑料本身也是改性剂,必须在粗集料进入拌和的同时投入纤维。利用粗集料拌和的打击力将纤维打散。为了准确控制投放纤维的时间,在拌和斗外安装一只准确反应粗集料进入拌和斗的信号,目地是防止错过时间。为了使纤维分散均匀,一般需要增加干拌时间 5 ~ 10s,湿拌时可不再增加拌和时间。

SBS 改性沥青及 SMA 混合料拌和以后,不能像普通沥青混合料那样贮存太长时间。这是因为贮存的时间太长使混合料表面形成硬壳,而且 SMA 的沥青用量要比普通的沥青混合料沥青用量多,时间长了,会发生沥青的析漏,造成沥青用量不均匀。因此,当天拌出的混合料必须当天使用完。

用于 SMA 的矿粉要贮存室内并注意防潮,堆放细集料时要加盖雨棚,集料堆放时采取分离措施,防止混仓,以提高混合料的质量。

三、SMA 混合料的运输与摊铺

运料车的车厢底部及侧面要涂刷油水混合物,以防粘料。运输过程中为了保温,需加盖篷布。经测定,加盖棉篷布的装料车 2h 后温降不超过 10℃。此外,为保证一定距离的连续摊铺,还应适当增加运料车辆。

为了保证路面的平整度,按照规范要求做到缓慢、均匀、连续不间断地摊铺。摊铺过程中不得随意变换速度或中途停顿。根据拌和设备的产量调整把摊铺机的摊铺速度。为尽量减少摊铺机的停顿次数,运料车的安排要有一定的富余。施工时在摊铺机前至少要有 3 台以上的运料车等候。换言之,宁可运料车等候摊铺,也不能摊铺机等候运料车。

SMA 混合料摊铺层的可压实余地很少,松铺系数要比普通混合料小很多。

四、SMA 路面碾压

SMA 必须采用刚轮碾压,不允许采用轮胎压路机碾压。因为轮胎压路机的搓揉将使玛蹄脂上浮,造成构造深度降低,甚至泛油。至于振动压路机使用,需根据碎石的坑压碎能力以及沥青结合料的情况和油石比的大小,并通过试验路段的摊铺来确定。如果使用振动压路机碾压,应采用"高频低幅"的方法碾压,且压实遍数不宜太多,防止过度碾压。因为过渡碾压使混合料变成如同含水量很大的弹簧土路基。所以只能通过控制碾压遍数的方法控制压实度。一般初压用 10t 钢碾紧跟在推铺机后面压 1 ~ 2 遍,复压用钢轮碾压机静压 3 ~ 4 遍,或使用振动压路机振动碾压 2 ~ 3 遍。最后用较宽的钢轮碾终压一遍即可,碾压速度不超过 4 ~ 5km/h。

五、SMA 路面的施工温度

SMA 路面的施工与普通的沥青混合料路面除了在施工温度上提高(15℃ ~ 20℃)之外,基本上没有什么区别,见表 5-6。

为保证施工温度,施工时应注意以下环节:

1. 由于 SBS 改性沥青的粘度增大,保证较高的施工温度成了施工最主要的关键问题。如果温度不够,混合料就可能不均匀,摊铺就会不平整,碾压达不到密实,施工质量就会受影响,因此在低温条件下施工进更应该重视。

2. 由于加入的冷矿粉及纤维数量很大,温度不够时就不能完全分散均匀,所以集料的烘干温度要提高到 200℃以上。

SMA 路面施工温度 表 5-6

工　　序	正常施工温度范围(℃)	测量部位
改性沥青现场加热温度	165~170	沥青加热罐
集料加热温度	190~200	热料提升斗
SMA 混合料出厂温度	175~185	运料车
混合料最高温度(废弃温度)	不高于 195	运料车
混合料贮存温度	降低不超过 10	贮存罐及运料车
摊铺温度	不低于 160	摊铺机
初压开始温度	不低于 130	摊铺层内部
碾压终了温度	不低于 120	碾压层内部
开放交通温度	不高于 60	路面内部或路表面

3.改性沥青 SMA 混合料在运输过程中必须加盖棉蓬布,以防止混合料表面形成硬壳。

4.混合料的摊铺、碾压要在尽可能高的温度下进行,一气呵成,所有施工工序必须在混合料温度下降到 120℃以前全部结束。

六、SMA 路面接缝

横向接缝处理是否得当,对路面平整度影响很大。为了提高平整度,一般采用切割成垂直平面的方法,每天施工完工后,稍停一停,在其尚未冷却之前,就切割好,用水将接缝处冲洗干净。第二天涂刷粘层油,即可接着摊铺新的混合料,方法与普通沥青混凝土接缝处理基本相同。

第六章 水泥混凝土路面施工机械化

§6-1 概 述

水泥混凝土路面包括素混凝土、钢筋混凝土、连续配筋混凝土、预应力混凝土,装配式混凝土、钢纤维混凝土和混凝土凝土小块铺砌等面层板和基(垫)层所组成的路面。目前,采用最广泛的是就地浇筑的素混凝土路面,简称混凝土路面。水泥混凝土路面是由水泥碎石、砂子和水按一定的比例配合拌制成混合料,然后浇筑成板块状的坚固整体。水泥混凝土路面与其他路面相比,具有刚度大,强度高,稳定性好,养护维修费用低等优点,在高等级、重交通的道路上得到较为广泛的应用。

实践证明:水泥混凝土路面的使用性能在很大程度上取决于施工质量,而施工质量又取决于施工机械和施工管理。目前,在我国的水泥混凝土路面施工中采用轨道式摊铺机和滑模式摊铺机。为保证高等级公路水泥混凝土路面的施工质量,必须采用机械化施工与现代质量检测手段。

§6-2 水泥混合料的拌和与运输

一、水泥混凝土的拌和

在拌和的技术性能满足混凝土拌和要求的条件下,混凝土各组成材料的技术指标和配合比计量的准确性是混凝土拌制质量的关键。

1.拌和设备

水泥混凝土拌和设备,可分为水泥混凝土搅拌机和水泥混凝土搅拌站(楼)两大类。混凝土搅拌机按其结构形式可分为鼓筒式、双锥反转出料和强制式三种。

鼓筒式和双锥式水泥混凝土搅拌机,其搅拌混合料的原理,均属将拌和物提高到一定的高度,依靠拌和物的自由降落进行搅拌。这种类型的拌和机,因混合料搅拌不够均匀,混合料的配比无法严格控制,且生产效率低,不符合高等级公路水泥混凝土路面的使用要求,在选型上不作考虑。

强制式搅拌机可缩短搅拌时间,提高生产率,搅拌的混凝土质量较好,不仅适用于搅拌轻骨料的混凝土,还特别适用于搅拌干硬性混凝土。它又可分立轴式和卧轴式。立轴强制式混凝土搅拌机,由于其叶片、衬板磨损量较大,其使用受到一定限制。双卧轴强制式搅拌的混凝土均匀,轴和叶片更换方便、省电,有较好的技术经济指标,在选型时应尽可能选用双卧轴强制式搅拌机。

混凝土搅拌站(楼)的搅拌工作装置也基本上按上述形式分类,但附属装置的配置和操纵自动化程度差异较大。一般都有扇形骨料堆场和拉铲集料、骨料称量系统、水及外加剂的供给计量系统、水泥及粉煤灰的供给系统、水泥储仓等附属装置和电—液或电—气操纵、手控及自控系统等。

2.拌和

在机械化施工中,混凝土拌和的供料系统应尽量采用配有电子秤等自动计量的设备。最低限度也要采用集料箱加地磅的计量方法,体积计量法难于达到计量准确的要求,应停止使用。采用自动计量设备,在施工前应按混凝土配合比要求,对水泥、水和各种集料的用量准确调试后,经试拌检验无误,再正式拌和生产。一般国产强制式拌和机,拌制坍落度1~5cm的混凝土,其最佳拌和时间不超过最短拌和时间的3倍。拌和中应注意的以下几点:

①计量要准确。混合料的各组成材料计量度不应超过:水和水泥±1%;粗细骨料±3%;外加剂±2%。

②控制投料顺序和搅拌时间。搅拌时间与选用机型、投料顺序、每次搅量、稠度等因素有关。最好根据试验决定投料顺序,以短的时间搅拌出均质的混凝土来。搅拌时间不能过长,因长时间搅拌会引起集料破碎及混凝土和易性发生变化,同时也会加速机械磨损和消耗能量。

③第一次搅拌混凝土时,因鼓内会粘附一定量的砂浆,而影响混凝土的配合比。因此,在正式搅拌前,可先用适量的混凝土和砂浆搅拌,将其排出后再按规定的配合比搅拌混凝土。

二、运　输

选择运输车辆的主要依据是混凝土的运量和运输距离。为保证混合料的工作性质,在运输中,应考虑蒸发失水和水化失水(指水泥在拌和之后,开始水化反应,其流动性下降),以及因运输的颠簸和振动发生离析,除此之外,还必须注意到水泥混合料的初凝时间。减少这些因素的影响程度,其关键是缩短运输时间,并采取适当措施防止水分损失(如用帆布或其他适当方法将其表面覆盖)和离析。研究表明:运距在1km以内,以2t以下自卸车比较经济;运距在5km左右时,以5~8t中型自卸车最为经济。较长距离的运输,采用水泥混凝土搅拌运输车是最适宜的。

机械化施工时,可以采用自卸汽车或搅拌车运输混凝土。一般情况下,坍落度大于5.0cm时用搅拌车运输。从开始搅拌到浇筑的时间,用自卸汽车运输时不得超过1h,用搅拌车时不得超过1.5h。若运输时间超过限值,或者在夏天铺筑路面时,宜使用缓凝剂。

三、卸　料

卸料机构有侧向和纵向两种。侧向卸料机在路面铺筑范围外操作,自卸汽车不进入路面铺筑范围,需有可供卸料机和汽车行驶的通道。纵向卸料机在铺筑范围内操作,由自卸汽车后退供料,在基层上不能预先安设传力杆及其支架。

§6-3　水泥混凝土路面摊铺工艺与设备

一、机械的选型和配套

各种施工工序可以采用不同类型的机械,而不同类型的机械具有不同的工艺要求和生产率。因此,整个机械化施工需要考虑机械的选型和配套。

1.主导机械选型

决定水泥混凝土路面质量和使用性能的施工工序主要是混凝土拌和摊铺成型。所以,通常把混凝土摊铺成型机械作为第一主导机械,把混凝土拌和机械作为第二主导机械。在机械选型时,应首先选定主导机械,然后根据主导机械的技术性能和生产率,选择配套机械。

主导机械的选择应考虑:

①应能满足施工质量和进度的要求;

②现有工程单位的技术人员业务素质及管理水平;

③施工单位的购买能力。

配套机械的选型和配套数量应考虑:

①保证主导机械发挥最大效率;

②配套机械的类型和数量应尽可能地少。

在选择拌和机型时主要考虑:

①拌和品质和拌和能力;

②机械可靠性;

③工作效率和经济性。

2.机械合理配套

机械合理配套主要指拌和机和摊铺机以及运输车辆之间的配合情况。当摊铺机选定之后,可根据机械的有关参数和施工中的具体情况算出摊铺机的生产率。在保证摊铺机生产率充分发挥的前提下来选择拌和机械,使拌和机械的生产率得到正常发挥,并使它们在施工中保持均衡协调一致地工作。

当摊铺机和拌和机的生产率确定之后,车辆在整个系统内的配套实质上是车辆与拌和机的配套。车辆的配套问题可以应用排队理论找出合理的配套方案,考虑到装载车与车辆的配套是一个动态系统,随着摊铺作业的推进,车辆运输路程随时间增加而增长,并且在运输与装载过程中,随机影响因素较多,如道路状况,设备运行情况,操作水平,天气情况等,都在不断变化。因此,对排队中单通道模型进行改进,增加相应的变化因素,便于在配套方案中适时优化控制。

二、水泥混凝土路面摊铺设备与工艺

目前我国在水泥混凝土路面摊铺机械化施工中主要使用的是轨道式摊铺机和滑模式摊铺机,由于施工机械不同,施工工艺有所不同,下面分别介绍:

(一)轨道式摊铺机施工

1.轨道模板安装

轨道式摊铺机施工的整套机械,在轨道上移动推进,也以轨道为基准控制铺层表面的高程。由于轨道和模板同步安装,统一调整定位,将轨道固定在模板上,既作水泥混凝土路面的侧模板也是每节轨道的固定基座(图 6-1)。

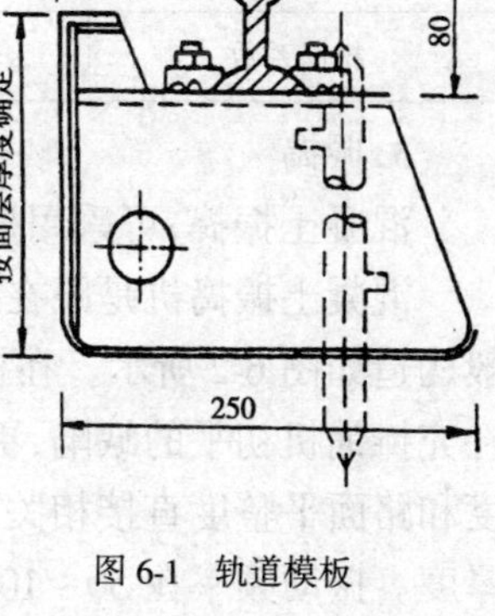

图 6-1　轨道模板

轨道高程控制是否精确,铺筑是否平直,接头是否平顺,将直接影响路表面的质量和行驶性能。轨道模板本身的精度标准和安装的精度要求分别见表 6-1 和表 6-2。模板要能承受从轨道传下来的机组质量,横向要保证模板的刚度。轨道数量根据进度配备,并有拆模周期内的周转数量。施工时日平均气温低于 19℃,

按日铺筑进度的2倍配置。设置纵缝时,应按要求间距,在模板上预先作拉杆置放孔。对各种钢筋的安装位置偏差不得超过1cm;传力杆必须与板面平行并垂直接缝,其偏差不得超过5mm;传力杆间距偏差不超过1cm。

轨道及模板的质量指标 表6-1

项　目	纵向变形	局部变形	最大不平整度(3m直尺)	高　度
轨道	≤5mm	≤3mm	顶面≤1mm	按机械要求
模板	≤3mm	≤2mm	侧面≤2mm	与路面厚度相同

轨道及模板安装质量要求 表6-2

纵向线型顺直度	顶高高程	顶面平整度(3m直尺)	相邻轨板间高差	相对模板间距离误差	垂直度
≤5mm	≤3mm	≤2mm	≤1mm	≤3mm	≤2mm

2.摊铺

摊铺是指将倾卸在基层上或摊铺机箱内的混凝土按摊铺厚度均匀地充满模板范围之内。摊铺机械可以选用刮板式、箱式或螺旋式。

(1)刮板式摊铺机

摊铺机本身能在模板上自由地前后移动,在前面的导管上左右移动,并且由于刮板本身也旋转,所以可将卸在基层上的混凝土堆,向任意方向摊铺。它比其他类型摊铺机的质量轻,容易操作,易于掌握,故使用较普遍。但其摊铺能力较小,德国弗格勒(VOGELE)J型、美国格马可(GOMACO)和我国南京建筑机械厂仿制的C450X等摊铺机都采用这种形式。

(2)箱式摊铺机

混凝土通过卸料机(纵向或横向)卸在钢制的箱子内,箱子在机械前行驶时横向移动,同进箱子的下端按松铺厚度刮平混凝土。

混合料一次全部放在箱内,质量大,且摊铺均匀而准确。其摊铺能力大,故障较少。

(3)螺旋式摊铺机

由可以正反方向旋转的螺旋杆(直径约50cm)将混凝土摊开。螺旋后面有刮板,可以准确调整高度。这种摊铺机的摊铺能力大,其松铺系数一般在1.15~1.30之间,与混凝土的配合比、集料粒径和坍落度等因素有关。但施工阶段主要取决于坍落度,大致的参考数值见表6-3。合适的松铺系数按各工程的配合比情况由试验确定。

摊　铺　系　数 表6-3

坍落度(cm)	1	2	3	4	5
松铺系数	1.25	1.22	1.19	1.17	1.15

3.振捣

混凝土振捣,可采用振捣机或内部振动式振捣机进行。

混凝土振捣机是跟在摊铺机后面,对混凝土进行再一次整平和捣实的机械。振捣机的一般构造如图6-2所示。在振捣梁前方设置一道与铺筑宽度同宽的复平刮梁,其作用一方面是补充摊铺机初平的缺陷,更重要的是使松铺混凝土在全宽度范围内达到正确高度,它与振捣密度和路面平整度直接相关。其后是一道全宽的弧面振捣梁,以表面平板振动把振动力传至全厚度。振动频率在50~100Hz之间属于低频振捣。按混凝土工艺学的振动机理,低频是以集料接触传递振动能量。复平梁前沿堆积着确保充满模板的少量余料，余料堆积高度不应超过15cm，过多会加大复平梁推进阻力。弹性振捣梁通过后混凝土已全部振实，其后部混凝土应控制在2～5mm回弹高度，提出的砂浆使整平工序能正常进行。靠近模板处的混凝土用插入式振捣器补充振捣。

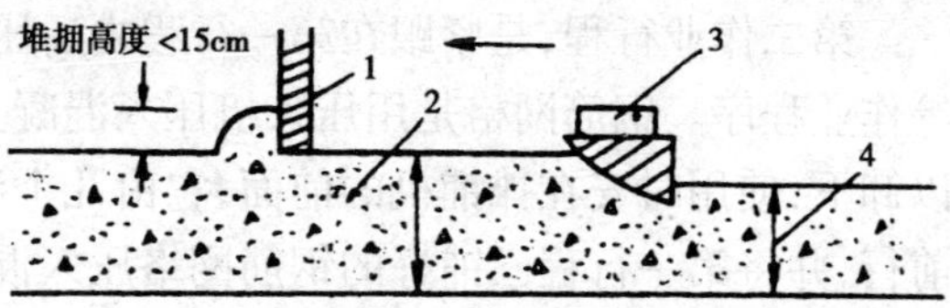

图6-2　振捣机构造

1-整平梁；2-松铺厚度；3-振动梁；4-面层厚度

内部振动式振捣机主要用并排安装的振捣棒插入混凝土中，由内部进行振实。振捣器一般安装在有轮子的架上，可在轨道上自行或用其他机械牵引，振捣器有斜插入式和垂直插入式两种。

(二)滑模式摊铺机施工

滑模式摊铺机的特点是不需轨道，整个摊铺机的机架支承在四个液压缸上，它可以通过控制机构上下移动，以调整摊铺机铺层厚度。在摊铺机的两侧设置机架移动的固定滑模板，因此不需另设轨道。这种摊铺机一次通过就可以完成摊铺、捣振、整平等多道工序。

滑模式摊铺机的摊铺过程如图6-3所示，首先由螺旋摊铺器1把堆积在基层上的水泥混凝土向左右横向铺开，由刮平器2进行初步刮平，然后振捣器3进行捣实，刮平器4进行振捣后整平，形成坚实而平整的表面，再利用搓动式振捣板5对混凝土层进行振实和整平，最后用光面带6光面。

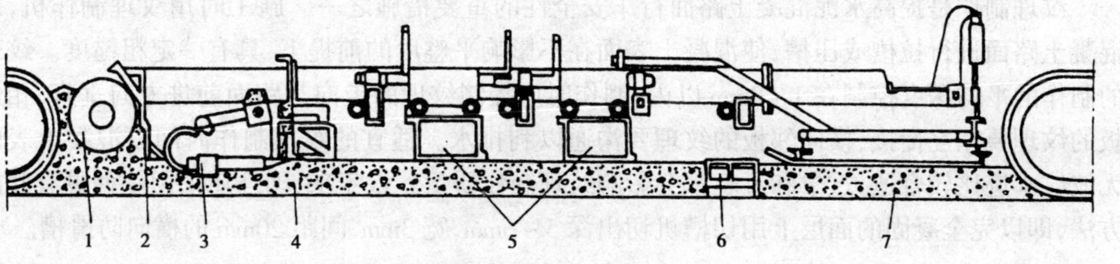

图6-3　滑模式摊铺过程示意图

1-螺旋摊铺器；2-刮平器；3-振捣器；4-刮平板；5-搓动式振捣板；6-光带面；7-混凝土面层

滑模式摊铺机的整面工作与轨道式基本相同，只是工作时各工作装置均由电子液压操纵。

滑模式摊铺机的施工工艺过程与轨道式基本相同，但与轨道式摊铺机配套施工的机械较复杂，程序多，特别是拆装固定式轨道，不仅费工、施工成本增加，操作也比较复杂。而滑模式摊铺机则不同，由于整机性能好，操纵方便和采用电子导向，因此生产率高。

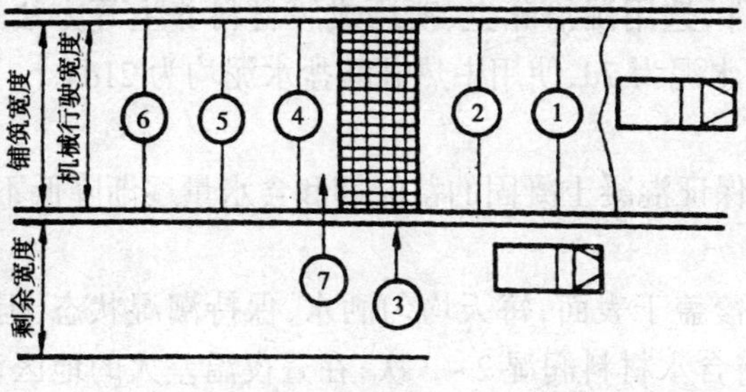

图6-4　滑模式摊铺机施工时的施工机械组合

1-摊铺机；2-钢筋网络平板车；3-混凝土输送机；4-混凝土摊铺机；5-切缝机；6-养护剂喷洒机；7-传送带

采用这种摊铺机铺筑加筋混凝土路面，进行双层施工时，其工艺过程如图6-4所示。整个施工过程由下列两个连续作业行程来完成。

第一作业行程，摊铺机牵引着装载钢筋网格的大平板车，从已整平的基层地段开始摊铺，此时可从正面或侧面供应混凝土，随后的钢筋网格大平板车，按规定位置将钢筋网格自动卸下，并铺压在已摊平的混凝土层上，如此连续不断地向前铺筑。

第二作业行程,是紧跟在第一行程之后压入钢筋网格,混凝土面层摊铺、振实、整平、光面等作业程序。钢筋网格是用压入机压入混凝土的,压入机是摊铺机的一个附属装置,不用时可以卸下,使用时安在摊铺机的前面,它由几个液压千斤顶组成,施工开始时,摊铺机推着压入机前行,并将第一行程已铺好的钢筋网络压入混凝土内,摊铺机则进行摊铺、振捣。

三、表面整修

振实后混凝土还应进行整平、精光、纹理制作等工序。

采用机械修整时的表面修整机有斜向移动和纵向移动两种。斜向表面修整机通过对与机械行走轴线成10°~13°的整平面作相对运动来完成修整。其中一根整平梁为振动整平梁。纵向表面修整机为整平梁在混凝土表面沿线往返移动,由机体前进而将混凝土板表面整平。机械修整的速度必须考虑混凝土的易修性和机械的特性。

整平操作时,应使整平机械前的材料涌向路面横坡高的一侧。采用VOGELE机整平时,要注意随时清除因修光梁往复运行推到路面边沿的粗集料,确保整平效果和机械正常行驶。在施工中途有停歇时,整平梁停驻处的混凝土表面常有微小的棱条出现,可辅以人工抹面。

精光工序是对混凝土表面进行最后的精细修整,使混凝土表面更加致密、平整、美观,这是混凝土路面外观质量的关键工序。国产C450X机由于整机采用三点式整平原理和较为完善的修光配套机械,整平质量较高。由于VOGELE机国内未引进开发纵向修光机组,所以精光工作由人工辅助完成。施工中应加强质量检查、校核,保证精光质量。

纹理制作是提高水泥混凝土路面行车安全性的重要措施之一。施工时用纹理制作机,对混凝土路面进行拉槽或压槽,使混凝土表面在不影响平整度的前提下,具有一定粗糙度。纹理的制作的平均深度控制在1~2mm以内,制作时应控制纹理的走向与路面前进方向垂直,相邻板的纹理要相互衔接,横向邻板的纹理要沟通以利排水。适宜的纹理制作时间以混凝土表面无波纹水迹比较合适,过早和过晚都会影响纹理制作质量。近年来,国外还采用一种更有效的方法,即以完全凝固的面层上用切槽机切出深5~6mm,宽3mm,间距20mm的横向防滑槽。

§6-4　水泥混凝土路面养生技术

混凝土表面修整完毕后,应进行养生,使混凝土板在开放交通前形成足够的强度。养生期间,须防止混凝土的水分蒸发和风干,以免产生收缩裂缝;须采取措施减少温度变化,以免混凝土产生过大的温度应力;须管制交通,防止人畜和车辆等损坏混凝土板的表面。

混凝土的养生,可根据施工工地情况及条件,选用湿治养生、喷洒成膜材料养生等方法。通常使用普通硅酸盐水泥时约为14d,使用早强水泥为7d,使用中热硅酸盐水泥均为21d。

1.湿治养生

湿治养生由三个时期组成:防护层润湿期、保证混凝土凝固的蓄能期和含水量逐渐降低不产生收缩应力的终结期。

润湿期宜用草袋(帘)等。在混合料初凝后覆盖于表面,每天均匀洒水,保持潮湿状态,但注意洒水时不能有水流冲刷。蓄能期内,每天将含水材料润湿2~3次;在昼夜温差大的地区,混凝土板浇筑3d内应采取保温措施,防止混凝土板产生收缩裂缝。终结期内,必须保证混凝土逐渐失水,与周围环境温度保持平衡。

混凝土板在养生期间接缝前,应禁止车辆通行,在达到设计强度的4%后,方可允许行人通行，养生期满后方可将覆盖物清除，板面不得留有痕迹。

2.喷洒成膜材料养生

喷洒成膜材料养生是将各种化工原料按一定比例配制成油状溶液，用喷洒机具喷(或刷)在混凝土表面，溶液中挥发物挥发后形成一层较坚韧的纸状薄膜，利用薄膜不透水的作用，将混凝土中的水化热和蒸发水大部积蓄下来自行养护混凝土的方法。这种方法可节约用水，在干旱地区或施工用水困难地区较为适用。目前常用的成膜材料有过氯乙烯树脂和氯偏乳液等。养生剂应在纵横方面上各喷洒一次以上，洒布要均匀，用量要足够。

3.其他养生方法

除上述湿治养生和喷洒薄膜材料养生外，还有如下一些方法：

(1)用成品薄膜进行养生，即混凝土面板表面整修完成后，在其上履盖成品薄膜。常用的成品薄膜有聚乙烯塑料薄膜等。这种方法工艺简单，但成本较高。

(2)用硬化泡沫进行养生。在混凝土表面分布一层硬化泡沫可以有效地防止混凝土表面的水分蒸发。如果泡沫层厚度达到5cm，一昼夜内混凝土表面温度落差不超过10℃。硬化泡沫含有苯酚甲醛树脂40%~50%，硬化剂(含20%~22%盐酸)3%~5%和剩余量的水。这种方法的主要缺点是树脂用量大，泡沫层回收和废料加工过程困难较大。

(3)用阴离子乳化沥青养生。阴离子乳化沥青是粘度高、干燥时间长的液体，稳定性好，制备所需能源费用比阳离子乳化沥青要少。在混凝土表面上喷布阴离子浮液可达到养生的效果。

§6-5 RCC路面机械化施工

RCC即碾压水泥混凝土是一种采用沥青混凝土路面施工机械，通过振动碾压施工工艺达到高密实、高强度的水泥混凝土。由于其施工速度快、养生期短、经济性好，耐久性长的特点，在可实现道路交通早期开放的道路工程中应用广泛。

一、RCC材料及级配要求

RCC在材料组成和强度形成机理方面接近于普通混凝土，施工工艺有所不同，作为骨架密实结构，需要有一定数量粒径连续的粗集料(>50mm)以形成骨架空间网络，又必须有相当数量的细集料(≤5cm)填充空隙，使其达到较高密实度，粗集料采用连续级配，见表6-4。

RCC集料级配范围 表6-4

筛孔尺寸	30	20	10	5	2.5	1.2	0.6	0.3	0.15
通过百分比(%)	95~100	59~87	44~68	34~54	26~45	18~35	12~25	5~17	3~12

砂率选择范围及配合比确定分别见表6-5、表6-6。

砂率选择范围 表6-5

水灰比	碎石规格碎石最大料径(≤30mm)砂
0.35	30~40
0.40	32~60

配 合 比 确 定　　表 6-6

材料	水泥	水灰比	砂	石子	粉煤灰	添加剂
用量	290kg	0.4	7.96kg	1160kg	72.5kg	1.16kg

二、RCC 施工平整度控制

RCC 路面平整度检验标准:快速通道≤8mm。

1.影响平整度的主要因素

(1)压路机在碾压过程中分段碾压、停机待料及不可避免地停顿,易造成未碾部分隆起,影响结合部的平整性。

(2)分段铺筑(12h 以上)的接头处理不细致,这是引起 RCC 路面平整度不够的主要因素(常常会出现"大波浪",行车时有明显起伏感)。

(3)基层或第一层碾压混凝土平整度不够。

(4)级配不当或水灰比控制不好易造成骨料离析现象,也会影响平整度。

2.平整度控制

(1)选择符合规格的材料按设计配合比进行配料拌和,在规定时间内运输到现场,进行摊铺碾压,避免时间过长水泥硬化、水分蒸发而造成骨料离析现象。

(2)应用沥青摊铺机自动调平装置

①在摊铺前复测基层标高,每 10m 钉一钢钎(带有可上下移动的三角杆),在计划摊铺长度(50~80m)两端固定两根角铁基座,按设计标高以一定的松铺系数将三角杆固定,钢丝绳位于三角杆上端,通过两端的角铁基座用铆固具拉紧钢丝绳。

②调试好摊铺机,将自动调平传感器的触件放在固定好的钢丝绳上,即可进行摊铺。在摊铺过程中,摊铺机按钢丝绳的标高(摊铺高度)均匀地进行摊铺(摊铺速度的均匀性是影响平整度的一项重要因素)。摊铺机的另一侧以一根长圆钢管平均梁作为基准,这样摊铺机两侧均有基准参考物。

应用自动调平装置改变了以往按厚度控制进行摊铺的状况,能将基层潜在的"小不平"通过感应装置进行自动调平,从而达到"大平"。

三、碾　　压

振动压路机静压、低频高幅、高频低幅各 2 遍,轮胎压路机碾压 2 遍。振动压路机由 1/2 路幅向外侧、逆摊铺方向碾压,碾压速度控制在 0.5~0.9km/h。在碾压过程中应注意:

①碾压时 1/2 路幅处应留 20~30cm 宽度不碾压,待另半幅铺好一次性碾压。

②横缝接头处碾压方向应是新铺段—已铺段,这样能保证接头处紧密地结合。

③纵缝交接处的碾压。将先前铺好后未碾压部分刨松并根据情况适量洒水,振动碾压时轮边不宜超过先铺预留未压部分,以免先铺好部分已超过初凝时间受振动后结构及强度被破坏。

1.初碾后的人工找平

振动压路机静压两遍后,一些潜在的不平整就会暴露出来,立即用人工进行二次找平工作,能有效地解决人为及部分机械原因造成影响平整度的因素。例如:机械停顿时容易造成集料拥起,用铁锹将拥起的集料铲除;对因摊铺机摊铺过程中造成的不平也应及时补加少量细料或铲除高出部分;对接头部分的处理更应细致;首先应根据情况洒适量水,接合位置应避免粗骨料集中,且应清除已铺好的一端上面的新料,用刮尺刮平;同时对含水量过大造成的“弹簧”及含水量过小造成的“松散”地方应及时挖除或换料。

2.最终精碾压

最后一道碾压工序是用轮胎压路机带水碾压。轮胎压路机利用具有弹性的充气胎,加上轮胎为弹性均匀悬挂,每个轮胎的负荷相等,被压材料表面既受到垂直负荷,也有水平负荷,由于轮胎弹性所产生的双重负荷作用(揉搓作用)使被压面形成非常均匀且没有空隙的表面结构。振动压路机在振压以后,混凝土表面往往会出现轮迹、横向裂纹等现象,采用轮胎压路机可改善 RCC 路面的表面结构,它将使某些细料到在表面,以闭塞任何孔隙、裂缝或表面撕裂等。在 20℃以上施工季节,由于蒸发,表面材料大多含水量过小,轮胎压路机自身带水碾压效果更好(用洒水车洒水,由于水的冲击力,会将混凝土表面的细料冲刷掉,极大影响表面的密实及强度)。

第七章　施工机械运转准备

公路施工机械化的进行，除了合理地组配相应的施工机械，精心设计施工方案和施工工艺之外，施工机械的运转准备工作是不可忽视的一项重要内容。施工机械运转准备的目的在于：为使施工机械的正常运行在技术和物质基础两个方面得到有力的支持和保障，从而保证施工有序地进行，不致因准备不周造成在机械设备运转中发生这样或那样的问题，避免酿成施工进程的中断，进而提高机械的作业效率和质量，延长机械的使用寿命。

§7-1　技术准备——技术文件的建立与普及

一、机械设备技术文件的内容

机械设备的技术文件包括的内容甚广，从机械设备的设计、制造（加工与装配）到工程施工中的使用、维护保养、修理直到报废，即"孕育—诞生—死亡"的整个寿命期内，人们与之交往应遵循的规程，用文字或图表的形式进行的表述，统统可称为该种机械设备的技术文件。技术文件指导人们的理性行动（有理论依据的技术行为）和对机械设备管理的决策。技术文件的具体表现形式有：

①设计资料：包括设计总图、总成图、零件图、外购件目录。

②制造（加工与装配）资料：零件加工图纸（零件图和零件加工艺图）、总成装配图和装配工艺图（装配工艺图中标明了装配工序和装配配合精度要求）。

③结构、维护、使用说明书：说明书中介绍机械的用途、重要部分的结构及工作原理、机械设备的操作和使用方法、维护保养的部位及保养内容及频度（周期）等。

④大修工艺规范和备件目录：大修工艺规范资料中通常载有：机械的拆卸方法、重要零件部件磨损后的检验方法和使用极限尺寸、重要部位的零件配合要求，重要螺栓紧固力矩等。备件目录中列有制造企业向用户所能提供的修理配件的种类、名称、编号等。

⑤机械设备运转记录：机械设备运转记录也称机械设备档案，其中记录着该机械设备从进厂到申请报废被获准之间的每一天的"动态"。机械运转记录用机械所属单位机务部门设计的记录格式，通常较为详细。表格中除日期之外，还包括机械所在地点、当日操作人员名单、作业内容、作业时间、作业量、燃、润料添注量、日常保养或其他级别保养的项目，机械故障部位，故障名称、原因及故障排除方法，记录填写人签字，施工现场负责人签字等。

二、施工机械零部件拆装图管理系统

新近国内研发的施工机械零部件拆装图管理系统，也属机械设备技术文件范畴。它是一种以三维形式画出的反映工程机械各零部件形状、位置和相互间的工作关系的图形，为用户了解机械内部结构、掌握机械零部件的相互关系提供了最直观的资料。拆装图管理系统利用 Visual Basic 在 AutoCAD 软件件平台的基础上实现了对国内常见施工机械（如推土机、挖掘机和

装截机等)的零部件装配图和零部件编号、名称、规格等信息的管理。

1.系统的组成

该管理信息系统的主要目的,是使用户在使用维修中对施工机械各总成及主要结构件的装配关系、装配要求和零部件的装配及维修技术参数等有所了解。由于只用于维修过程中的装配等工作,其工艺标注信息如表面粗糙度、焊接工艺及几何尺寸参数等不需给出,所以信息内容主要包括以下两部分:

(1)图形信息:包括以三维轴测图形式反映的施工机械各总成及主要结构件的装配图、拆装图和零件图等。考虑到用户的使用要求,开发了拆装解剖图的等轴测图和斜轴测图等多种形式的图形资料。其中正等测图、正二测图用于绘制拆装图,而斜二测图用于绘制正面形状复杂的零部件如变矩器壳等部件,以利用斜二测图正面无变形的特点反映零件正面的复杂形状。

(2)文本信息:即零件产品信息,包括零件名称、厂家情况、零件号、质量、材料、技术要求等数据,为用户在使用维修过程中选购零部件等提供技术帮助。

根据以上信息,系统主要包括三大功能模块:用户界面、数据库和图形库。系统的数据流图如图7-1所示:

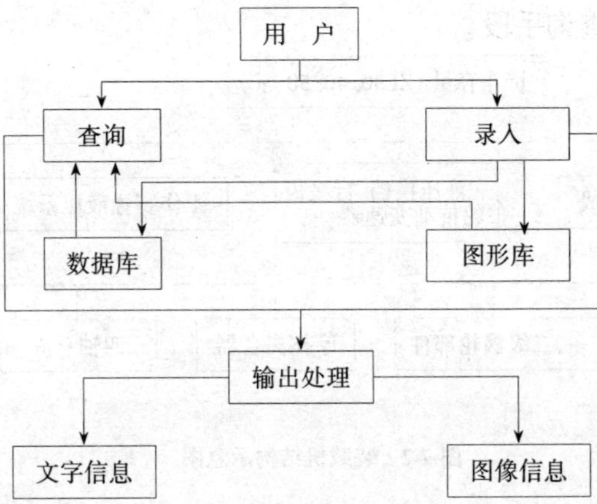

图7-1 系统数据流图

2.用户界面设计

系统界面由主菜单及对话框等组成,选择主菜单相应选项进入系统管理界面。窗口操作环境向用户提供了图形与正文共存的可视化环境,使操作更加简便快速。该系统充分利用了VB的可视化开发环境及高效灵活的开发能力,在人机交互界面下实现系统的各项功能,通过激活对话框中的指定构件,调用构件驱动程序和命令来完成构件的预期功能,如选取查询对象、图纸屏幕显示,嵌套对话框及选取实体等动作,下面以系统中装载机拆装与装配图的管理为例,说明人机交互实现方法,见图7-2。

装载机各总成的装配,拆装图管理界面主要采用二层嵌套对话框,第一层对话框是施工机械类型选择对话框,由此进入相应种类施工机械的装配或拆装图库。第二层对话框也是主对话框,其内容是选择装载机各个结构的装配或拆装总图,包括变矩器总成拆装图、液压换档行星齿变速箱装配图、四轴总成装配图、倒档摩擦离合器拆装图、行星齿轮拆装图等,上述各个部分以图标显示,当激活相应图标时,应在图形区显示相应的图形信息。点取文档选择按钮,则在文本显示区显示相应的技术参数信息,如零件名称、编号、材料等信息。该层对话框还有一个选项,即选择构建或修改新的拆装图或零件图,系统换到AutoCAD作图界面,由用户采用各种方法作出图形，并按提示输入文件名、文件编号、文件类别等信息，系统会自动将所作图形加入到图形库中去。

所包括的总成或零部件具有树状结构。零部件在整个系统中逐层分布，下层零件是上层零件的子件，总成或上层部件是由下层零件组合而成。VB 具有数据库的查询功能，因而采用了 FoxPro 数据库格式，数据库中只存储相应的图形文件名和文本文件名。为保证记录间的相对独立性，系统数据文件及图形文件在录入时，根据记录的类别和隶属关系自动生成文件名，由文件名确定零部件的结构装配关系。文件名的命名规则为：前缀字符 + 总成图号 + 子件图号。

图形库的设计采用了与数据库相似的设计结构。对于总成装配图或拆装图，采用了三维轴测图。经轮廓化处理后消去隐藏线后的图形。有些零部件图则同时给出了二个方向的斜二测图以反映零部件复杂表面的形状及装配结构。当然在录入的过程中，用户需按要求作出这些图形。

该系统利用先进的面向对象的设计语言 Visual Basic5.0 开发 CAD 系统，建立了施工机械各总成及主要零部件的拆装图及数据库信息系统，为机械的使用维护、管理和故障诊断维修人员提供了简单便捷的信息查询手段。

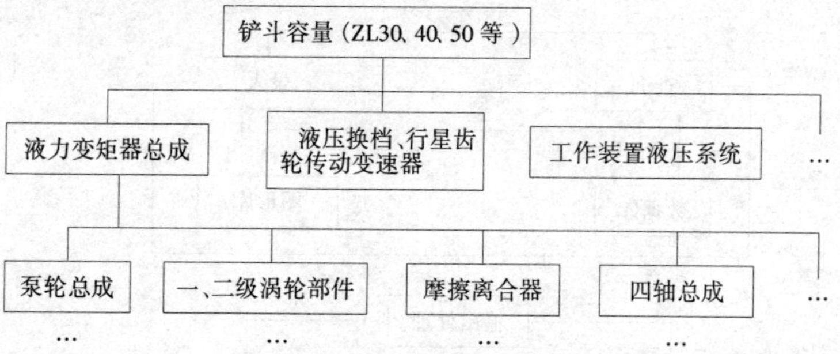

图 7-2　装载机结构示意图

三、技术文件的获取与普及

上述技术文件中并非全部都为公路施工企业所必需，施工企业的机务管理部门一般可从下面几个方面建立起自己所需技术文件。

①购置机械设备时，从经销商或制造厂家索得《结构、使用、维护说明书》、《大修工艺规范》和《备件目录》。

②组织或聘请专业技术人员编写或编译机械技术文件。

③责成下级技术人员和机械设备的操作手详实积累技术资料，主要指详细、如实、及时地填报机械设备台班运转记录表，机械进行保养维修时详细记载修理更换配件资料，装配及调整的间隙等。

施工企业获取的技术文件，不应当作技术机密看待。对使用单位而言，不存在“机械技术保密”问题。机务管理部门应当将机械技术文件加以普及，从而提高相关人员的机械业务知识，为正确合理地操作机械奠定理论基础。技术文件的普及和教育通常从以下几个方面进行：

①印制《说明书》发放给相关人员。进行此项工作时，应注意到说明书的可读性，即《说明书》应该使相关人员读得懂，《说明书》应对实际工作有指导意义。因此在印制《说明书》时，原说明书中的不详内容应予以补充，原说明书若为外文版本要翻译后印制下发。

②对机械设备使用和维修人员进行岗前或岗位培训。人员培训是提高施工单位技术素质的必要手段,对机械人员培训的要求是:

a.通晓所用机械设备的结构、工作原理和特点。这是管好、用好机械的理论基础;

b.完全掌握所用机械设备的操作程式(工序和要领),绝对避免误操作;

c.完全掌握所用机械日常保养和一、二级保养的项目内容和保养方法,避免漏保和保养不善;

d.对于机械维修人员而言,其培训内容还要增加修理工艺规范的普及和教育。

培训师资,师资来源于以下几方面:

a.本单位的机务主管或相关机械设备的机械工程师;

b.外聘教学部门相关专业的师资;

c.制造厂家或中间商代表;

d.培训部门的专职人员。

§7-2 机械设备的场地转移

公路施工具有流动性大的特点,所用的施工机械设备必须随工作场点的变更而转移。施工机械类型不同,经济合理的转移方式也不同。通常根据施工机械的特点和转移距离的长短,确定机械设备的转移方式。大型固定设备需经拆卸、运输和重新安装、调试的工序,方能恢复其正常工作性能;自行式施工机械可根据距离远近和机械本身的结构特点采用自驶或运送的方法进行场地转移。

一、自行式机械的转移和运送

1.自驶

自驶是一种是经济、简便的转移方式,但公路行驶仅适于轮式机械。普通的履带式机械的履带板有履刺,行驶中会破坏路面,在正规公路(特别是等级较高的公路)上是禁止履带式机械行驶的。履带式机械只允许在土路和临时便道上行走,且距离应小于30km,速度控制在4~5km/h。平地机、轮式装载机、自行式铲运机、稳定土拌和机等类型,具有较高行驶速度的轮式机械,可以长途自驶转移,但不得搭载客人或货物。平地机长途自驶时必须将刮刀回转至完全置于基础车辆的宽度范围之内。长途自驶的机械必须技术状况良好,具有可靠的制动性能、安装有行车指示信号装置——转向指示灯、制动警示灯、喇叭。自驶转移的机械在公路上行驶时应遵守交通法规,到交通管理部门申办相关手续,按指定路线和时间,由获得该种机械驾驶资格的人操纵行驶。

2.公路运输

不宜自驶转移的机械和固定设备都可采用公路运输的方式。公路运输的经济合理运距通常认为小于200km,随着国内公路基础设施的加强和路面通行条件的改善,现在认为经济合理运距已不再受此限制。公路运输使用的车辆有两种:一是载质量较大的货运汽车,用以运输体积和质量较小的机械设备;二是大型平板拖车,其载质量从15t到150t的大、中、小型均有,可用于运送履带式机械,压路机及大型固定设备。

采用公路运输方式运送大型机械设备,应注意公路行驶车辆载物的宽度限制和高度限制。若会造成“超高”和“超宽”,应将大型机械设备分解成总成运送。平板拖车运送机械设备时,应捆绑牢靠，防止途中跌落。

3.铁路运输和水路运输。铁路运输的经济合理运距大于200km。铁路运输也有防止超宽、超高的问题，也需将所运物件在铁路平板车上捆绑牢靠。水路运输即船载运送，在沿海或水系较发达的地区可以采用。水运的经济性较好，但受地域影响较大。

二、大型固定设备的场地转移

公路施工部门大型固定设备有沥青混凝土搅拌设备和稳定土厂拌设备、水泥混凝土厂拌和设备等。大型固定设备场地转移一般经历四道工序：拆卸—运输—安装—调试。现以沥青混凝土搅拌设备为例，阐述场地转移应当考虑的若干问题。

1.沥青混合料的合理运距和拆迁的必要性的确定

沥青混合料成品的运输距离越长，运输过程的温度下降越甚，对摊铺和压实作业越不利。此外，从道路建造成本来分析，运距越长工程成本越高。因此，在公路建设过程中，权衡新旧两个拌和厂运往摊铺现场的运费差额大于沥青混合料拌和设备的搬迁费用时，沥青混合料拌和设备应选择新的作业地址。从经济技术要求出发，沥青混合料的供应基地与施工地点之间合理的、最经济的距离 x 可按下列公式计算：

$$S = A + \frac{B}{1\,000bx} + \frac{cx}{2e} \tag{7-1}$$

对 S 求导

$$\frac{dS}{dx} = \frac{B}{1\,000bx^2} + \frac{c}{2e} \tag{7-2}$$

$\frac{dS}{dx} = 0$ 时，则

$$x\sqrt{\frac{Be}{500bc}} \quad (\text{km}) \tag{7-3}$$

式中：S——每平方米铺砌层的沥青混合料成本(元)；

A——与运输距离无关的费用，如沥青混合料成品售价成本(元)；

B——沥青混合料拌和设备搬迁费用(元)；

c——每吨混合料的运费(元)；

x——供应基地与施工地点间的距离(km)；

e——每吨沥青混合料所能摊铺的面积(m^2)；

b——沥青路面铺筑层的宽度(m)。

在公路施工的实践中，沥青混合料的供应基地与施工现场的最大距离，一般为30~40km。

2.场址选择

近年来，在高速公路筹建中，因沥青拌和场选址不当而引起材料运输困难、生态破坏、河道堵塞、水源水井污染等多有发生。仅农田污染一项，就可造成很大经济损失。农田被污染后，土壤结构退化、肥力下降，给农民带来的长期影响。由此引起的农民阻工、工期的延误、政府调解、施工管理部门的奔波及政治影响所造成的损失更是难以计量。因此，拌和场选址应该引起公路施工单位的重视。选址时应着重考虑以下几方面的因素：

(1)基本因素

拌和场应尽量居于拟建公路中段，以缩短混合料到摊铺现场的平均运距提高工效，降低运输费用。同时，应考虑原材料(砂、石等)基地位置，运距越短越好；所选场址本身要有足够面积

的堆料场，一般不小于 2.5 万 m^2。

电力供给是拌和场选址中应考虑的另一重要因素之一。如所选场址距市电接口处不超过 1km，且拟装变压器不超过 380kW（>380kW，市电增收基本电费每月 0.9 元/kW），则以市电供给并考虑择址；反之，利用燃油自行发电为宜。

供水也是选址的基本因素。详细调查当地地下水和地上径流等水文及市水供应情况，综合权衡解决拌和场生产用水和生活用水的办法。

(2)自然因素

不管拟建公路和拌和场所处的大地形属哪一类，其微地貌要求地势平坦，地质构造良好。场地的设计标高要合理，一般相对高差在 0.54～1.5m。过小排水不畅，过大则水土易流失，造成周围农田污染。一旦选择高差较大的场地，最好将大量弃方转卖给路基借方单位，以保证适宜的场地高差。

水文状况既是选址的影响因素，又是选址的基本因素。作为基本因素，主要着眼于供水；作为影响因素，主要着眼于排水。如某场旁有一水沟，集周围近 300 亩的地表径流，建场后，形成了对水沟的堵塞，丰水季节水涯线与枯水季节水涯线之间的高差近 2m，导致丰水季节排水不畅，严重威胁周围几百亩的沃土良田。另外，排水下游方向有无饮用水井水源，也要给予充分考虑，以防污染。

拌和场有时要堆储十几万方的沙料、石粉等易扬尘材料，拌和场本身又是噪声源，尤其沥青拌和场产生的有毒烟雾，对空气质量影响较大。因此，拌和场应选择在靠近人口密集区常年盛行风的下风向，且使居民区包括施工单位自身的生活区处在“声影区”。当地盛行风向可在设计前，从气象部门获得。较好的选址如图 7-3 所示。

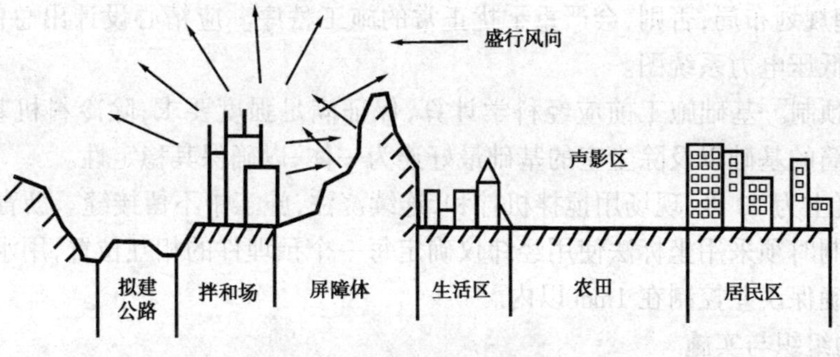

图 7-3　拌和场选址简图

(3)经济因素

当其他条件大致相同时，拌和场应靠近经济实力强大的城市，这对及时补充机械配件、迅速获取有关科技生产信息、职工及时就医等均有好处。

靠近素质较高、价格较低的劳动力聚居地对拌和场的建设及整个公路施工中劳动力的补充亦有好处。

经济因素中，最为重要的是交通状况。靠近铁路货场，对施工材料的及时供应和成本的降低都有利。选址时要注意靠近公路干线，公路等级要高。一定要紧靠稳定土拌和厂。只要有选择余地，就一定要注意避免：“细脖子”差路况段、计划中的改造段、权属不明的便道和雨后不能通行的“季节道”。

(4)社会因素

选址时特别要注意严格遵守国家关于临时租用土地的各种政策、法规。如“森林法”、“森林管理条例”、“国土法”、“环保法”等。国家某些政策法规随着改革开放和四化建设的深入,会有一些补充和修改,这些新的变化内容,在选址时要特别注意。拌和场因具有“临时性”,往往是短期租用的,其土地可分为:撂荒地;滩涂地;工厂闲置地;林草地。这些土地是“国家所有,集体所属”,即所有权归国家,使用权属集体(村队或企业)。前三种一般地形较平坦,污染问题较少,后一种往往地形起伏大,周围有农田,要慎重考虑排水。另外,当场址选定后,其合法手续的办理顺序应该是:当地林业部门(县以上)办理“林地性质变更”手续,并缴纳“森林植被恢复费”,然后办理“国土使用证”,最后与权属集体签订土地租用协议。

当地的民俗和社会风尚也要给予充分考虑。不能违反国家民族政策,要尊重少数民族的生活习惯。选址时要避开那些圣坛、庙宇、祠堂、祖坟。社会风尚因当地经济发展水平、教育普及现状及传统文明与现代文明的渗透程度而千差万别,选址时将此作为影响因素,也是必要的。

(5)其他因素

选址时,如下一些地段一定要避开:

a.自然保护区;b.名胜古迹,国家级、省级保护文物;c.国家高级三角点、水准点;d.船标及军事禁区;e.地下光缆、电缆;f.管道运输线(输油线);g.地方病高发区。

3.场地布局和基础预制

(1)大型沥青拌和设备主要有拌和主机、沥青储存设施、燃料用油储罐、成品料仓、导热油炉、脱桶机、配电房、电缆沟槽、双层沥青管道、汽车电子秤等。此外场区应设置有筑路机械车辆停放处,机修间、试验室、各种规格砂、石的料场和粉料仓;开工后,还有十多种原材料和成品料进出拌和站。对此应根据拌和设备各组成部分的结构特点和拌和站生产作业的运行方式,进行全面合理规划布局,否则,会严重干扰正常的施工秩序。应精心设计出总体平面布置图、安装地基图、低压电力系统图。

(2)基础预制。基础施工前应经科学计算,保证满足强度要求;除冷料机基础外,主机基础、干燥烘干筒的基础以及除尘室的基础最好连为一体,以确保其稳定性。

基础混凝土为20号,现场用搅拌机拌和,连续浇注,施工中不留接缝。沥青拌和站部件总成多,基础预制时须采用坐标法使用经纬仪确定每一个预埋件的相互位置,用水准仪确定每个基础的高程,确保误差控制在1mm以内。

4.安装的组织与实施

(1)拌和设备的主机通常为积木式模块单元,因此各模块单元及其他总成件运到卸货时,要统筹合理地摆放以便于安装,尽量减少搬运次数和吊车移动的次数,提高安装效率。在所有辅助设施和成套设备全部运抵现场之前,绘制各大总成与基础的相互位置图,安装时保证一次起吊成功就位,这点尤为重要,否则,吊车现场多次起吊倒运设备,会造成台班费用的额外增加。

(2)人员、设备组配。安装施工任务应由一支有经验的安装队伍完成,这支队伍的人员配备情况是:组织者1人,技术人员2人(机械工程师、电气工程师各1人),安装钳工4人,安装电工2人,电、气焊工1人,管道工1人,起重工1人,劳力工4~6人,土木工2人。

安装必需的机具设备:行政用车1部(用于接洽及零星购置),35t~50t、10t~12t汽车吊各1部,5t千斤顶1个,30m大绳1根,10m能伸缩的梯子1件,3m以上的人字梯1件,撬棍、大锤、大剪、手锯、电钻、砂轮机、压线钳、各种板手、安全带、水平尺等常用工具齐备,ZL50装载机1台。

(3)安装工序技术交底。安装本着“先主后次、先下后上、先易后难”的原则进行：

①安装的程序为：主机支腿—拌缸—计量仓—振动筛—干燥筒—除尘箱—热料提升机—矿粉提升机。

②统筹安装，提高效率。根据实际情况，电力线路、控制线路及沥青管路、气路、油路安装可同步进行，安装时要严格按照安装工艺进行，管道线路等必须在实用的基础上做到美观大方。

③安装前一定要对基础预埋孔的尺寸(轴线、水平等)进行复核。如超过误差要查找原因及时处理。

④安装前一定要对拌和设备的各部位进行检查，确认完好，发现问题及时处理。

⑤安装完毕要对设备损伤的表面重新油漆一遍，以保护金属表面免遭锈蚀并在外观上给人以美的感觉。

5.安装后的检查调试

(1)安装完毕后须对各部位再次进行仔细严格的检查，特别是各部位螺栓的紧度、电路、管路的连接及各部位的水平状况等。在通电试运转前，要先用手或工具拨转电机轴及转动部件，如出现发“卡”现象必须及时处理；用兆欧电阻表测试电机绝缘情况；检查各转动部位的润滑情况。

(2)安装完毕要对设备进行调试。调试时要按照“先零后整、先部分后整体”的原则进行。先对单台电机进行通电运转，检查电流、旋转方向、绝缘情况以及机械传动件的运转是否有异响，温度是否正常。并按此法逐台检查电机及机械传动件。

在确认每台电机及机械传动件运转无误后，进行联动试运转。在联动试运转中，要对其关键部位进行巡回检查，发现异响与局部过热处应及时查明原因并排除。

在联动试机无误后，进行点火拌干料试车，以检查在加热状态下各部件的运转情况：

——控制室内可否实现自动操作及手动操作；

——各控制元件有无接触不良的现象；

——主要画面可否交替正常显示。

(3)拌和设备的电子计量装置要用标准法码进行称量测试，在其精度符合使用说明书的要求时方能试车。

(4)在干拌料运行一段时间确认无误后，即可进行拌沥青碎石。按规格说明书确定的参数检测，即出一缸料所需的时间。并送现场实验室检验拌制料是否合格，包括温度、油石比以及拌和是否均匀等。如达不到要求，就必须重新调试。

§7-3　机械设备运转的电源及电力供应

机械设备运转所需的动力源大体有两类：电力和燃油。自行式施工机械多以柴油机为动力装置；固定式机械设备，如沥青混合料搅拌设备，稳定土厂拌设备，水泥混凝土拌和楼等，均以电力作为机械设备运转的动力源，现以公路施工企业经常使用的沥青混合料搅拌站为例，谈谈电源及电力供应问题。

城市沥青道路建设由于沥青搅拌站相对固定，电源及电力供应多采用市电经变压器供电方案。采用此种供电方案，需向电力管理部门申请提高“用户等级”。因为沥青搅拌不同于一般家庭或企事业单位，一旦开工搅拌生产，中间不允许发生停电、停机现象，否则，将给搅拌站带来很大的麻烦和经济损失。提高"用户等级"获准后,电力管理部门有义务保证不间断电力供应,由于计划检修或其他原因需要停电,电力管理部门需至少提前 48h 书面告知用户。提高用户等级,电费也相应上浮。

公路施工企业由于施工流动性大,因此多选用柴油发电机组作电源。柴油发电机组既可适应流动施工需要,又可节约购置架设变压器及线路和交纳变压器增容费等费用。而如何选配和使用柴油发电机组,以保证沥青搅拌设备可靠、安全、经济运行是公路施工企业应该研究的一个课题。

一、估算沥青搅拌用电总量(kVA)

不论选用柴油发电机组为搅拌站提供电力,还是向电力管理部门申请市电供应,都必须估算沥青搅拌站的用电总量。此项指标直接与选配发电机组规格型号或与安装变压器的容量的大小相关。柴油发电机组采用三相四线制供电,提供 380/220V 两种电压供不同需要。估算沥青搅拌站用电总量(kVA)有以下二种方法:

1.同时考虑动力和照明的估算

$$S_{总} = K\left(\frac{\sum P_1}{\eta\cos\varphi}K_1K_2 + \sum P_2K_3\right) \tag{7-4}$$

式中:$S_{总}$——沥青搅拌站总用量(kVA);

K——备用系数,$K = 1.05 \sim 1.10$;

$\sum P_1$——动力设备额定输出功率总和(kW);

η——动力设备效率,$\eta = 0.85$;

$\cos\varphi$——功率因数,$\cos\varphi = 0.80$;

K_1——全部动力同时使用系数。连续式沥青搅拌设备 $K_1 = 1$,强制间歇式沥青搅拌调和 $K_1 = 0.8 \sim 0.9$;

K_2——动力负荷系数。电动机拖动时连续运行,间歇运行或短时反复运行即需用系数。连续式沥青搅拌设备 $K_2 = 1$,强制间歇式沥青搅拌设备 $K_2 = 0.8 \sim 0.9$;

$\sum P_2$——照明及电加器额定功率总和(kW);

K_3——照明及电加热器同时使用系数,$K_3 = 0.6$。

2.仅考虑动力时的简化估算

当照明及电加热器用电量很少时,可在动力用电总量之外加 10% 作为总用电量,其简化计算公式为

$$S_{动} = K_1\frac{\sum P_1}{\eta\cos\varphi}K_2 \tag{7-5}$$

$$S_{总} = 1.1S_{动} \tag{7-6}$$

式中符号意义及单位同前。

上述计算完成后,按照柴油发电机组额定发电总功率 $S_{发}$(kVA)$\geqslant S_{总}$(kVA)原则,经认真调查研究,货比三家选定发电机组。

二、电流计算及电缆选配

购买沥青搅拌设备时,从中央控制室到各动力设备线由生产厂选配供应。从电源到中央

控制室电缆由公路施工企业根据现场情况选定。电缆线长度(即发电机到中央控制室的距离)以 50m 为宜。过长线损大,过短发电机噪声及电磁干扰对中央控制室操作不利。电缆线采取电缆沟地埋式,这样便捷、安全、可靠。电缆线径可按下述二种方法选配:

1.计算发电机总电流选电缆线径

发电机输出总电流计算公式为:

$$I_{发总} = \frac{S_{发总} \times 1\,000}{\sqrt{3}V_{线}} \tag{7-7}$$

式中:$I_{发总}$——发电机输出总电流(A);

$S_{发总}$——沥青搅拌站总用电量(kVA);

$V_{线}$——额定线电压考虑线损,取 400V。

2.计算沥青搅拌站所需总电流

沥青搅拌站所需总电流计算公式为:

$$I_{需总} = \frac{S_{发总} \times 1\,000}{\sqrt{3}V_{线}} \tag{7-8}$$

式中:$I_{需总}$——发电机输出总电流(A);

$S_{需总}$——沥青搅拌站总用电量(kVA);

$V_{线}$——额定线电压考虑线损,取 380V。

计算所需总电流后选配电缆线径,此电流值还可与发电机输出总电流比较以掌握发电机电流储备情况。

三、沥青搅拌站发电机组选配实例

某公路施工单位沥青搅拌站所用机型为 M3000,其动力设备总容量为$\sum P_1 = 756\text{kW}$,照明及电加热器$\sum P_2 = 20\text{kW}$。试选配柴油发电机组。

M3000 型移动式沥青搅拌设备属强制间歇式,根据其工作情况,有关参数选择如下:$K = 1.05, K_1 = 0.9, K_2 = 0.8, K_3 = 0.6, \eta = 0.85, \cos\varphi = 0.8$。

1.同时考虑动力和照明时的估算

将上述数字代入式(7-4)

$$S_{总} = K\left(\frac{\sum P_1}{\eta\cos\varphi}K_1K_2 + \sum P_2K_3\right) = 863\text{kVA}$$

2.仅考虑动力时的估算

将上述数字代入式(7-5)和式(7-6)

$$S_{动} = K_1\frac{\sum P_1}{\eta\cos\varphi}K_2 = 810\text{kVA}$$

$$S_{动} = 1.1S_{动} = 810\text{kVA}$$

根据上述估算,所选发电机组额定功率为 891kVA。经调研,选 2 台 SZ404kW 发电机组并机使用。额定总发电量 808kW(1010kVA)(1010kVA × 0.8 功率因数 = 808kW)。柴油发电机组总功率与沥青搅拌站估算所需总用电量之比约为 1.13,与沥青搅拌站名义总和电量之比约为 1.03。

3.计算电流选配电缆线径

(1)根据公式(7-7)

$$I_{发总} = \frac{S_{发总} \times 1\,000}{\sqrt{3}V_{线}} = \frac{1\,010 \times 1\,000}{\sqrt{3} \times 400} = 1\,460\text{A}$$

根据计算 $I_{发总}$选配电缆线径,同时根据 $I_{发总}$定做并机柜。

(2)M3000 沥青搅拌站所需总电流

根据公式(7-8)

$$I_{需总} = \frac{S_{总} \times 1\,000}{\sqrt{3}V_{线}} = 1\,355\text{A}$$

(考虑线路压降,这里取 $V_{线} = 380\text{V}$)

发电机输出总电流大于沥青搅拌站所需总电流 105A,可作他用。1997 年 2 台 SZ404kW 柴油发电机组并机作为 M3000 型沥青搅拌站电源已安全运转至今。

四、柴油发电机组的供电方式

1.单台发电机组供电

根据沥青搅拌站生产能力,通过用电量估算以及公路施工企业情况可由一台柴油发电机组供应电力。该方案适用于小型沥青搅拌站,如生产量在 40t/h 以下的连续式沥青搅拌设备。

2.多台发电机组分开供电

如一台 LB1000 型沥青搅拌设备装机总容量 240kW。用一台 200kW 柴油发电机组拖动引风机和成品料小车电机,一台柴油发电机组拖动其他工作部分电机及照明和沥青脱桶电机。该方案优点是简单灵活,适用于中型沥青搅拌设备;缺点是发电机总负荷不能调剂使用。

3.两台柴油发电机组并机使用

大型沥青搅拌站采用两台发电机并机使用,由于负荷可调剂使用,该方案经济、简单、可靠。例如 M3000 型沥青搅拌站其名义总用电量为 785kW,采用两台 SZ404kW 柴油发电机组并机运转。两台柴油机发电机组并机供电应注意解决有关的问题:

①两台柴油发电机组并机条件:两机频率相同;两机电压相同;两机相序相同且相位一致。

②灯光熄灭并机法:该并机法设备简单,操作直观方便。如图 7-4,甲为首机,乙为待并机。甲正常运转供电后使乙运转,指示灯开关合闸后若指示灯 L_1、L_2、L_3 同时亮暗说明两机相序一致,否则将其中一台发电机线头换接。相序正确后,调整乙的频率,当 L_1、L_2、L_3 指示灯泡从亮到暗或从暗到亮变化很慢直到全面熄灭时表示待并机频率、电压与首机接近相等,相序相同且相位一致,在这一瞬间将并机开关推上,使两机并列运行发电。

图 7-5 为两台并机发电机相电压向量图,该图可说明并机原理。如图示,接到 L_1、L_2、L_3 上的电压是两台发电机的相电压差,如果两发电机相电压在数值、相序或相位上有了差别,相电压之差就存在,指示灯泡 L_1、L_2、L_3 就会发亮;如果两机频率不相等,则同一相间会由于相位差而产生相压差,指示灯泡也会发亮。只有当 L_1、L_2、L_3 同时全部熄灭时,才表示两机符合并机条件。

五、柴油发电机组选配和注意事项

①沥青搅拌站应配备一台专用小型柴油发电机组,当沥青搅拌设备不工作时供给沥青脱桶、沥青升温、电加热器及照明。

②电动机起动电流为额定电流的 4~7 倍。沥青搅拌设备开始工作时,应先起动额定功率

大的电机，如 M3000 型 185kW 引风机电机。

③柴油发电机组选型时，应选长行式。即能在不同荷载下持续提供电力，而不必配备商业电力，允许过载 10%。并机使用时，两台发电机型号应尽量一致，柴油发动机调速器应优先选电子调整式，并机柜应根据发电机计算电流配制。

④发电机底座基础应水平牢固，机房应防雨并通风良好，使机房温度不超出允许室温。

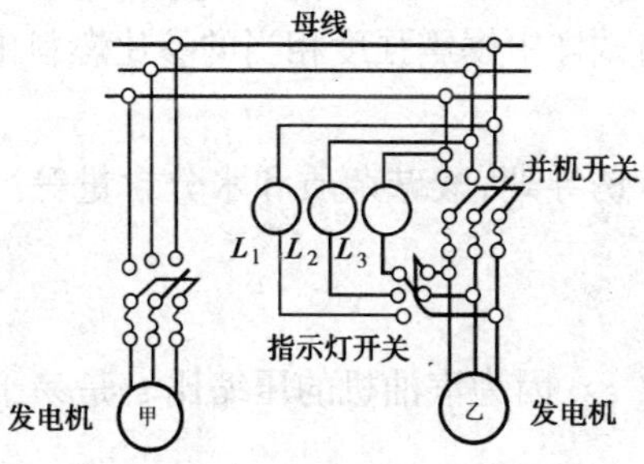

图 7-4　定相和灯光熄灭法并机图

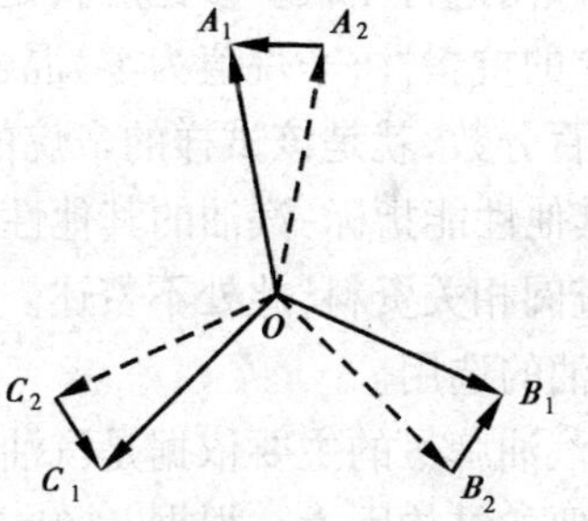

图 7-5　两机相电压向量图

§7-4　施工机械燃料用油准备

施工机械用油包括燃料用油、润滑材料（润滑油和润滑脂）、液体传动介质（静液传动——液压系统用油和动液传动——液力变矩器用油）、传导热量用的导热油、特殊用油（制动液和减振器油）。油的种类和牌号选用不当，将会影响机械技术性能的发挥，使零部件的自然磨损强度增大，使机械运转的经济性变差，另外，还直接影响机械的完好率和出勤率等等。因此各类油料的合理选用对施工机械安全、可靠的运转是完全必要的。

一、汽　油

汽油作为燃料在施工机械上的应用并不广泛，仅在自行式机械主柴油机的起动小汽油机和柴油机的"汽油—柴油转换"起动使用汽油。然而汽油作为中小型汽车的燃料使用却十分普遍，而施工单位均有中小型汽车，因此汽油作为燃料，其社会需求是很大的。

1.主要使用性能指标

(1)热值：1kg 汽油完全燃烧产生的热量（kJ 或 kcal）。汽油的热值略为 4 400kJ/kg 或1 050 kcal/kg。此值为低热值，即汽油在气缸内燃烧后直接产生的热量，没有包括燃烧产物中的气态 H_2O 转变成液态所应放出的"汽化热"。

(2)蒸发性：汽油从液态变气态的难易程度。汽油的蒸发性分别用 10% 的馏出温度、50% 的馏出温度、90% 的馏出温度、干点等四项指标衡量。它们影响着汽油机的冷起动性能，热起动性，加速性和运行稳定性以及燃烧的完全性。

从使用的角度讲，汽油的蒸发性并非越易越好，因为过易于蒸发的汽油，储存过程的损耗很大，且在使用中易在汽油机的燃油输送管道中产生"气阻现象"，从而会自动中断供往化油器的油流。因此常用饱和蒸气压作为汽油蒸发性的限制条件。饱和蒸气压是指在环境温度条件下，在密闭的盛有汽油的容器内，汽油处于平衡状态时的容器内的压力。限制条件由 GB484—93 规定：9 月 1 日至次年 2 月底饱和蒸气压为 88kPa，3 月 1 日至 8 月 31 日饱和蒸气压为 74kPa。

(3)抗爆性指标(辛烷值——汽油的牌号):

①抗爆性:燃烧时气缸中不发生爆震的能力。

②抗爆性指标的测定:汽油抗爆性用"辛烷值"这个指标评价。辛烷值是在规定条件下的标准发动机试验中,通过和标准燃料进行比较来测定的。采用和被测燃料具有相同抗爆性的标准燃料中异辛烷的体积百分比来表示。测定时在标准条件下把试样与已知辛烷值的参比燃料的爆震倾向进行比较。参比燃料是由异辛烷(具有最好的抗爆性,辛烷值为100)和正庚烷(具有最差的抗爆性,辛烷值为零)混合而成的,与试样中爆震强度相当的参比燃料中所含的异辛烷体积百分数,就是该试样的辛烷值。

(4)其他性能指标:汽油的其他性能指标还有诱导期,酸碱杂质和水分含量等。读者若有兴趣,可查阅相关资料,此处不赘述。

2.汽油的选用

选用汽油牌号的主要依据是汽油机的压缩比 ε。因为汽油机的压缩比 ε 是易于引起爆震的一项重要的结构因素。根据SH0112—92标准:

$\varepsilon < 7$ 时选用60号或70号汽油;

$7 < \varepsilon < 8$ 时选用90号汽油;

$\varepsilon > 8$ 时选用93号或97号汽油。

3.汽油的使用和储存注意事项

(1)汽油是易燃品,加注、运输和检查时应严格防火;施工机械配用的汽油机的油箱通常设置在高处(为了在结构设计上省去汽油泵送装置),加注汽油时一定让机械"熄火"。

(2)炎热天气,为防止汽油机输油管路发生"气阻",可以采用"隔热"和降温措施。

(3)汽油运输罐车最好不要混用;若混用必须清理干净。清理罐车内部是一件险情较高的专业工作。洗刷油罐作业前,应打开入口进行8h通风;进罐人员须着防毒器具并系好安全带;罐外有人看守、随时连络;人员轮换时间不应大于15min。

(4)汽油储存容器勿混用。储存容器应预留5%~7%安全空间,防止受热膨胀时汽油溢出。

(5)保管的桶装汽油应先进的先出,防止汽油氧化生胶,降低使用性能。露天存放的桶装汽油,存期不应超过半年。

(6)不要用加铅汽油作清洗油或溶剂使用,禁止用嘴吮吸汽油,防止中毒。不可将溶剂或工业汽油替代作为车用汽油使用,汽油中也不可掺入煤油或柴油使用,因为煤油或柴油蒸发性和抗爆性不好,掺合使用将会引起汽油机爆震,同时会严重破坏发动机的正常润滑条件,造成机件损坏。

二、柴　油

柴油作为燃料在施工机械设备上被广泛使用:作为柴油机的燃料和沥青搅拌设备中的骨料加热、导热油加热用的燃料。柴油与汽油同为石油制品,仅是馏分不同。常压蒸馏中,一般35℃~200℃的馏分为柴油馏分;350℃以上的馏分为润滑油或裂化原料。柴油分为轻柴油和重柴油。轻柴油用于高速柴油机(额定转速 $n_H \geqslant 960$r/min 者);重柴油用于中、低速柴油机。施工机械上的柴油机均为高速柴油机,所以都用轻柴油作燃料。沥青搅拌厂的加热器有用重柴油作燃料的。以下所讨论的柴油,均指轻柴油。

1.柴油的理化性能

(1)化学元素组成:柴油中含有87%的C元素,12.6%H元素和0.4%O元素。

(2)运动粘度：$(2.5\sim8)\times10^{-6}m^2/s$(环温下)，柴油的粘度对雾化性能和对柴油机燃油供给系统的零部件的润滑有影响。

(3)发火性能：柴油的发火性能，即柴油的自然能力，是用十六烷值评定的。柴油十六烷值的测定方法，也是用对比法：具有与参比液相同发火性的柴油，其十六烷值就是该参比液中正构十六烷所占参比液的容积百分比。参比液由两种原料配制：正构十六烷($C_{16}H_{34}$)和 α—甲基萘($C_{11}H_{10}$)，前者有最好的发火性，后者的自燃性最差。

柴油机使用的燃料的十六烷值应在 40～60 之间。十六烷值太高柴油机容易冒黑烟；十六烷值太低，柴油机工作粗暴。

(4)蒸发性：柴油的蒸发性用 50%、90%和 95%的馏出温度来评价。蒸发性表示柴油在气缸内部与空气实现气相混合的难易，表现为柴油燃烧的完全性和柴油机气缸容积内空气利用程度的高低。

(5)凝点：凝点是柴油的冻结温度，也是柴油牌号的依据。例如某批柴油在 -10℃时会冻结，这批柴油就是 -10 号柴油；另一批柴油在 0℃时会冻结，此批柴油的牌号就是 0 号，余此类推。

2.柴油的选用

选用何种牌号的柴油作为柴油的燃料，主要依据的是施工机械工作的环境温度。在该环境温度下，要能保证柴油机燃供系统正常工作。值得指出的是：柴油的冻结和水的冻结是不同的，柴油是不同分子量的物质的混合物，在降到冻结温度以前，其中的大分子物质已经形成固体颗粒，悬浮在柴油中，虽然此时柴油仍有流动性，但在柴油机的燃料供给系统中却会发生问题——柴油滤清器会被这些悬浮的颗粒堵塞，从而中断燃供系的正常工作。

选用柴油牌号实际上是根据“当地 10%的最低风险气温”并考虑上述柴油冻结过程的特点来进行的。当地 10%的最低风险气温用 t_r 表示，适用的柴油牌号如表 7-1 所示，各地区风险率为 10%的最低风险气温如表 7-2 所列。

柴油适用的环温条件 表 7-1

柴油牌号	适用的环境温度条件	柴油牌号	适用的环境温度条件
10 号	燃供系有预热设备的柴油机	-20 号	$-5℃\geq t_r\geq-14℃$
0 号	$t_r\geq4℃$	-35 号	$-14℃\geq t_r\geq-29℃$
-10 号	$t_r\geq-5℃$	-50 号	$-29℃\geq t_r\geq-44℃$

各地区风险率为 10%的最低气温 表 7-2

地区 \ 气温(℃) \ 月份	1 月份	2 月份	3 月份	4 月份	5 月份	6 月份	7 月份	8 月份	9 月份	10 月份	11 月份	12 月份
河北省	-14	-13	-5	1	8	14	19	17	9	1	-6	-12
山西省	-17	-16	-8	-1	5	11	15	13	6	-2	-9	-16
内蒙古自治区	-43	-42	-35	-21	-7	-1	4	1	-8	-19	-32	-41
黑龙江省	-44	-42	-35	-20	-6	1	7	4	-6	-20	-35	-43
吉林省	-29	-27	-17	-6	1	8	14	12	2	-6	-17	-26

续上表

地区 \ 气温(℃) \ 月份	1月份	2月份	3月份	4月份	5月份	6月份	7月份	8月份	9月份	10月份	11月份	12月份
辽宁省	−23	−21	−12	1	6	12	18	15	6	−2	−12	−20
山东省	−12	−12	−5	2	8	14	19	18	11	4	−4	−10
江苏省	−10	−9	−3	3	11	15	20	20	12	5	−2	−8
安徽省	−7	−7	−1	5	12	18	20	20	14	7	0	−6
浙江省	−4	−3	1	6	13	17	22	21	15	8	2	−3
江西省	−2	−2	3	9	15	20	23	23	18	12	4	0
福建省	−1	−2	3	8	14	18	21	20	15	8	1	−3
台湾省	3	0	2	8	10	16	19	19	13	10	1	2
广东省	1	2	7	12	18	21	23	23	20	13	7	2
广西壮族自治区	3	3	8	12	18	21	23	23	19	15	9	4
湖南省	−2	−2	3	9	14	18	22	21	16	10	4	−1
湖北省	−6	−4	0	6	12	17	21	20	14	8	1	−4
河南省	−10	−9	−2	4	10	15	20	18	11	4	−3	−8
四川省	−21	−17	−11	−7	−2	1	2	1	0	−7	−14	−19
贵州省	−6	−6	−1	3	7	9	12	11	8	4	−1	−4
云南省	−9	−8	−6	−3	1	5	7	7	5	−1	−5	−8
西藏自治区	−29	−25	−21	−15	−9	−3	−1	0	−6	−14	−22	−29
新疆维吾尔自治区	−40	−38	−28	−12	−5	−2	0	−2	−6	−14	−25	−34
青海省	−33	−30	−25	−18	−10	−6	−3	−4	−6	−16	−28	−33
甘肃省	−23	−23	−16	−9	−1	3	5	5	0	−8	−16	−22
陕西省	−17	−15	−6	−1	5	10	15	12	6	−1	−9	−15
宁夏回族自治区	−21	−20	−10	−4	2	6	9	8	3	−4	−12	−19

§7-5 施工机械润滑材料准备

润滑材料对保证施工机械的正常运转,延长机械的使用寿命,起着重要作用。润滑材料可粗略分两类:润滑油和润滑脂。润滑油是液态,有较好的流动性,在施工机械上主要用于运动速度较高的零部件的润滑;润滑脂是膏状物主要用在运动速度较低的零部件的润滑。用于润滑发动机的称机油;用于润滑底盘(主要是传动系)的称齿轮油。机油又分若干类型:润滑柴油机的叫柴油机机油,简称柴机油;润滑汽油机的叫汽油机机油,简称汽机油;润滑二冲程汽油机的叫二冲程汽机油。润滑脂,俗称黄油,也有各种不同的类型和规格,分别适合不同工作条件下的机械部位的润滑。

润滑油所起的作用是:减轻相对运动零件的摩擦和磨损,起到润滑作用;通过润滑油在润滑系统内的流动,从摩擦零件表面带走摩擦产生的热量,对机械起到了冷却降温的作用;由于润滑油的流动,从摩擦表面带走了磨屑,对相对运动的零件表面起到了洗洁作用;润滑油在金属零件表面能够形成不同厚度的油膜,避免了金属表面与空气的直接接触,因此还具有密封和防腐蚀的作用。

润滑油的基础油是石油炼治产品,其馏出温度高于柴油。为了改善油的使用品质,通常润滑油中都掺入不同种类的添加剂。

一、内燃机润滑油——机油

1.机油的工作条件及对其品质的要求

(1)工作条件:机油在发动机工作过程中,由于与金属接触,在金属催化作用下,会逐渐老化变质;由于接触高温,机油会氧化生胶;由于气缸不可能绝对密封,发动机的燃烧产物或多或少会进入曲轴箱,机油会受到这些燃烧产物的污染,使之酸性化;随着使用时间的延长,机油内的尘粒、碳粒和磨屑含量会增多。

(2)对机油品质的要求:

①较好的粘-温特性,当机油本身受热温度上升,它的粘度会降低。具有较好粘-温特性的机油,当其温升高后,粘度降低的速率较小,即粘度降低的程度应较轻微。

②良好的"清净"分散性,机油中的杂质(磨屑、尘粒、胶质、积炭等)易于沉淀和过滤。

③抗氧化、抗腐蚀、抗磨性,要求机油不易氧化生胶,在受到废气污染时,不易酸化,在润滑时,零件表面的摩擦系数小。

④适宜的粘度,良好的润滑性。机油粘度太大,泵送耗功增多,机油不易送往所有的润滑点,其分布性能不佳;机油粘度太小,在润滑零件表面形成油膜厚度不足,难以实现"液体摩擦"状况,会增大零件间的摩擦系数,使摩擦功损失增加,同时也相应引起零件表面金属的磨损量增大。

2.机油的分类方法

机油分类方法颇多,但目前国际上广泛采用美国 SAE 和 API 两种分类法。我国机油分类方法已经或正在与国际接轨,例如我国 GB/T 14906—94 便是参照 SAE J300 Jun87 所制定。API 是美国石油协会的英文缩写(简称),SAE 是美国汽车工程师协会的英文缩写。

API 分类标准是按照机油的性能用途进行分类的,为了避免混淆,我们不妨将这种方法划分开的机油的称××类××级的机油。SAE 分类标准是按照机油的粘度等级进行分类的,于是我们不妨将这种方法分开的机油称××号机油。

(1)性能用途分类法——API 分类标准

美国石油协会 API 将机油分为两个系列:S 系列——汽油发动机机油和 C 系列——柴油发动机机油。每个系列又划分若干等级以适应各种不同负荷工况的发动机,其中:

S 系列(汽机油)分成 8 个等级:SA、SB、SC、SD、SE、SF、SG、SH

C 系列(柴机油)分成 7 个等级:CA、CB、CC、CD、CDⅡ、CE、CF。其中 CDⅡ为二冲程柴油机专用机油。

(2)国内国际接轨情况如表 7-3 所列:

机油分类国内国际接轨情况

表 7-3

汽机油国内分类	对应的 API 分类	柴机油国内分类	对应的 API 分类
EQA	≈SA	ECA	≈CA
EQB	≈SB	ECB	≈CB
EQC	≈SC	ECC	=CC
EQD	≈SD	ECD	=CD
EQE	≈SE	ECE	
EQF	≈SF	ECF	
EQG	≈SG	ECG	
EQH	≈SH	ECH	

(3)粘度分类法——美国汽车工程师协会 SAE 1987 年标准

SAE 1987 年标准中，按机油的动力粘度、低温泵送性和 100℃时的运动粘度，将机油分为冬用型和夏春秋用型两类，共 11 个级号。

①冬用油：0W、5W、10W、20W、25W 六个机油号。

②夏春秋用油：20 号、30 号、40 号、50 号、60 号五个机油号。

3. 机油选用方法

正确的选用机油，对保证机械设备的正常运转条件至关重要。选择的方法是：先选定机油类和级(API 标准)，然后确定机油"号"(SEA 标准)。其选用顺序及方法如下：

(1)柴油机选用柴机油，汽油机选用汽机油这个大前提不可忽略。

(2)根据发动机的机械负荷和热负荷，利用强化系数法，确定所需机油的 API 标准质量等级。

①强化系数 K_ϕ 按下式计算：

$$K_\phi = P_e C_m Z \tag{7-9}$$

式中：P_e——发动机气缸平均有效压力(0.1MPa)(kg/cm^2)；

C_m——活塞平均速度(m/s)；

Z——发动机冲程系数，四总程发动机 $Z = 0.5$，二冲程发动机 $Z = 1$。

②所需机油的 API 标准质量等级按表 7-4 选择。

按强化系数 K_ϕ 选择机油的质量等级

表 7-4

强化系数 K_ϕ	API 标准质量等级	备　注
小于 30	CA 级或 CB 或	非增压机，工作条件缓和的柴油机
30～50	CC 级	非增压风冷柴油机，低增压机，工程机械用柴油机
大于 50	CD 级	中增压柴油机

(3)根据季节气温确定机油的粘度级号

API 质量等级确定之后，还应根据施工机械作业地区的环境温度确定各类机油的 SAE 标准粘度级号。选择时，可参照表 7-5。

根据气温与地区情况选择机油 *SAE* 标准　　表 7-5

气温(或月份)	地　区	机油粘度等级
4~9月	全国大部分地区	20、30、40号
0℃~-10℃	长江以南,南岭以北	25W
-5℃~-15℃	黄河以南,长江以北	20W
-15℃~-20℃	华北、中西部及黄河以北的寒区	15W或10W
-20℃~-30℃	东北、西北等严寒地区	5W
-30℃以下	严寒区	0W

有时,为减少冬夏季换油,也可选用多级油,如长城以南,长江以北地区可选用15W/30或15W/40油品,寒区可选用10W/30油品,严寒区可选用5W/30油品。

(4)根据机械技术状况合理选用和调整机油的粘度级号。

①旧机械由于各部配合间隙较大,可根据情况选用粘度等级较高的机油。

②根据机械车辆工作的停歇率,停歇率高(例如短途公交汽车),可选用粘度等级较低的机油。

③新车磨合期:一般选用20号润滑油。

二、齿　轮　油

齿轮油分两类:车辆齿轮油和工业齿轮油。车辆齿轮油用于汽车、施工机械、坦克、舰船的齿轮传动部件以及万向节的滚针轴承等机件,例如自行式施工机械的变速箱,前后桥等,都用车辆齿轮油润滑。工业齿轮油用于各种负荷下的开式、半开式齿轮传动以及蜗轮蜗杆传动。

机械运转时,齿间是线接触,单位面积上的接触压力很高,通常有2 000~4 000MPa,双曲线齿轮的接触压力还要高些。齿与齿之间有滑动接触,通常相对速度可达8m/s,会使油膜变薄或遭到破坏,引起机件擦伤或咬合,但其工作温度较内燃机低些,一般不超过100℃。对齿轮油的要求是:具有良好的油性和极压抗磨性(油膜易于形成,不易于破坏),良好的低温流动性、热安定性和防蚀、防腐性能。

1.车辆齿轮油分类

(1)API用途分类

国际上按美国石油协会API用途分类法,车辆齿轮油划分六个级别:GL—1、GL—2、GL—3、GL—4、GL—5、GL—6,代表级别的阿拉伯数字的值越大,这种级别的齿轮油越能适应更苛刻的工作条件。

(2)按SAE粘度特征分类

这是对API分类的补充,是按各个级别车辆齿轮油的粘度不同,进一步细分。将各级车辆齿轮油分为冬用型和夏春秋用型。

冬用型有:30W、75W、80W、85W。

夏春秋型有:90号、140号、250号。

数字越大,表示油的粘度越大。

(3)我国车辆齿轮油规格

根据SH0350—92(石化部部颁标准),我国把车辆齿轮油划为三级,每级中也有相应的粘

度级号:

①CLC级车辆齿轮油:用途分类相当于API标准的GL—3级。CLC级车辆齿轮油粘度级号有三种:80W/90、85W/90和90号。

这三种油的倾点分别为-28℃,-18℃和-10℃。

②CLD级,相当于API标准的GL-4级。CLD级车辆齿轮油粘度级号有五种:75W、80W/90、85W/90、90号和85W/140。

③CLE级,相当于API标准的GL—5级。CLE级车辆齿轮油粘度级号也有五种:75W、80W/90、85W/140、90号和85W/140。

上述三个质量级别的车辆齿轮油从CLC级到CLE级分别适用于轻型、中型和重型负荷条件。原先使用的"黑油",是一种渣油型齿轮油,现已不再生产。现行的齿轮油是由石油基润滑油或合成润滑油再加上若干种改善使用性能品质的添加剂混合而成的。

2.齿轮油的选用

(1)根据工作条件苛刻程度确定油类级别

苛刻程度用*PV*值衡量,*P*是接触压力,*V*是工作时齿与齿相对滑动速度。现代施工机械后桥主传动器的双曲线齿轮所受的负荷最重,选用CLD级或CLE级,相当于API标准的GL—4,GL—5级。个别老机械,例如老解放汽车,红旗推土机等的变速箱与后桥由于负荷较轻,选用CLC级即可。变速箱中若有铜质零件,则不可选用齿轮油润滑,因为齿轮油中添加的极压抗磨剂对铜质零件有腐蚀作用。有铜质零件的变速箱应选用柴机油作为润滑剂。

(2)根据环境条件确定所用齿轮油的级号

① GL—3(相当于国内的CLC)级:我国长城以北地区全年通用85W/90号,长城以南地区全年通用90号或85W/90号;

②GL—4、GL—5(相当于国内的CLD、CLE)级:严寒地区用75W号;寒区用85W/90号;长江以北地区全年通用85W/90号;长江以南地区全年通用90号或85W/90号;有较大粘度要求的车辆全年通用85W/140号。

③API标准的质量级别的齿轮油,可以降级使用,即应当使用GL—3的地方,GL—4、GL—5也可用,但在经济上是不合算的。质量级别不能升级使用,即应当使用GL—4的地方,不能以GL—3冒顶GL—4使用。

④不同质级的齿轮油,例GL—3和GL—4,不能混合使用。齿轮油也不许与柴机油混合使用。

⑤不要误认为高粘度的齿轮油的润滑性能就好。粘度级号的选择一定要根据施工地区的环境温度确定。

三、润　滑　脂

润滑脂是一种膏状物,与润滑油相比,它对金属表面粘附性好,不易流失,因此对密封的要求较宽松;具有抗碾压,抗冲击的能力,能够适应大负荷。润滑脂润滑作用时间长,不需要经常更换,维护费用低;润滑脂适应的温度范围较宽。但由于它的粘性大,所以不适于高转速机器的润滑。

润滑脂的组成是:基础油加上稠化剂,再加上改善性能的添加剂。基础油有两类;矿物油和合成油。稠化剂有:钙基(动植物油脂肪酸+石灰)、石墨钙基(动植物油脂肪酸+石灰+10%片状石墨)、钠基(脂肪酸钠)、钙钠基(上述二者的混合)、锂基(12羟基脂肪酸锂)等。其中钙基润滑脂有较好的水稳定性;钠基润滑脂有较好的抗高温性能;钙钠基润滑脂兼有抗水和抗高温两方面的性能;锂基润滑脂具有良好的抗水性,机械安定性,防锈性与氧化安定性,适应温度范围宽(-20℃~120℃),可取代钙基、钠基及钙基润滑脂。石墨是一种良好的润滑剂和填充剂,对金属表面的附着性也好,但仅适用于60℃以下的温度条件。对于极压设备的润滑,往往在润滑脂中加入5%二硫化钼(MoS_2),成为二硫化钼润滑脂。

润滑脂的选用主要根据润滑的环境条件(是否有水的侵害是否高温)和工作零件的表面压力大小等因素。

§7-6 施工机械液压油和液力传动油的准备

一、液 压 油

液压系统运行故障的70%是由液压油引起的。正确合理地选用液压油对于保证机械设备的安全正常运行、延长液压系统及元件的使用寿命,发挥机械效率和降低机械运转费用,均有重要意义。液压油作为液压系统实现能量转换、传递和控制的工作介质,工作时的流速不大,但压力较高,油质优劣在很大程度上影响液压系统工作可靠性和使用寿命。对液压油的品质要求是:有合适的粘度和理想的粘-温特性,从而保证油的泵送性能和系统效率;具有良好的润滑性,能在元件的金属表面形成稳定的油膜,防止元件互相咬死;具有化学稳定性,以保证长期使用而不变质;具有防腐性,使之与密封材料相适应;另外还要求有抗起泡性、抗乳化性,良好的消泡性和分离性,必要的非压缩性。

1.液压油的分类及适用条件

根据ISO6743/4国际标准和与之等效的我国GB 76312—87标准,将液压油分成以下若干类,每类液压油又按粘度等级分有若干牌号:

(1)HH液压油

HH液压油是不含任何添加剂的矿物油,是原始型液压油。HH液压油的安全性差,易起泡,寿命短,已不再使用。

(2)HL液压油(也称通用型机床工业用润滑油)

这种油主要用于对润滑油无特殊要求,环境温度在0℃以上的各类机床的轴承箱、变速箱、低压循环系统或类似的机械设备循环系统的润滑。该产品具有良好的橡胶密封适用性,最高使用温度为80℃。

(3)HM液压油(也称抗磨液压油)

HM液压油是在HL液压油的基础上加入了防锈、抗氧化和抗磨等添加剂发展起来的系列产品。HM液压油按40℃运动粘度分有四个牌号:HM—22、HM—32、HM—46和HM—68。

HM液压油主要用于重负荷,中压和高压的叶片泵,柱塞泵和齿轮泵的液压系统,也可用于除了双曲线齿轮外的齿轮润滑。

(4)HR液压油和HG液压油 HR液压油用于环境温度变化大的中、低压系统。油中除防锈、抗氧剂外,还加入了粘温指数改善剂。此类油用量不大,目前未大量开发。

HG液压油是在HM液压油的基础上添加油性剂或减磨剂构成的,它不仅防锈、抗氧、抗磨性能优良,而且具有优良的抗粘滑性;主要用于各种机床液压和导轨合用的润滑系统及机床液压系统。

(5)HV 液压油和 HS 液压油

这两种液压油均为适应低温型，其基础油有矿物型和合成型。

HV 液压油用于寒区或温差变化大的、苛刻条件下的工程机械上的中压和高压液压系统，适用 -30℃以上的环境温度。按 40℃运动粘度，HV 液压油分有六种规格：HV—15、HV—22、HV—32、HV—46、HV—68 和 HV—100。

HS 液压油主要用于极寒地区作业的上述各种设备，适用 -30℃以下的环境温度。按 40℃运动粘度，HS 液压油分有四种规格：HS—15、HS—22、HS—32 和 HS—46。

在 HV 和 HS 液压油中除以上各种添加剂外，又加入了旨在改善低温流动性的添加剂。

上述各类液压油的选用过程中，除保证使用性能外，经济问题也应关注，兹将几种液压油的相对价格比列于表 7-6 供参考。

各类液压油相对价格比　　表 7-6

油　品	相对价格比	油　品	相对价格比
HH 油	1.0	HG 油	2.0~3.0
HL 油	1.5~1.7	HV 油	3.0~3.5
HM 油	2.0~3.0	HS 油	3.0~4.0

2.液压油的使用与管理

(1)根据负荷条件正确选择油类品质，根据环境温度正确选择油级、油号；

(2)及时消除系统的污物、杂质；

(3)定期取样分析油的质量指标或按说明书规定的周期换油；

(4)不同牌号的液压油不能混用。

二、液力传动油

液力传动油用于传动系的液力偶合器、液力变矩器和动力换档变速箱。液力传动油国外称 ATF 油或 PTF 油。PTF 是“动力传动液”(Power Transmission Fluid)英文缩写。液力传动油具有某些与液压油不同的性质要求，不可错用。液力传动油要求有尽可能高的动摩擦系数，因为动摩擦系数过低时，变矩器泵轮驱动液力传动油的能力会降低，同时还会造成动力换档变速箱的换档离合器打滑，换档的可靠性下降；要求有较大的密度，因为泵轮、涡轮和导轮尺寸相同时，在相同的转速和负荷下，油的密度愈大，变矩器所能传递的功率愈大，传递同样功率情况，变矩器尺寸就可小些，结构变得更紧凑。除此之外，要求液力传动油有较好的抗泡沫性，抗氧化性和适宜的粘度等等。

目前，液力传动油尚缺少详细分类，国产液力传动油主要有 6 号与 8 号和按企业规格生产的 4608 号合成液力传动油，计有三种；另有一种拖拉机液压、传动两用油。

6 号油主要用于内燃机车，重负荷载货汽车，履带车、越野车等大型车辆的液力变矩器和液力偶合器。还可用于工程机械的液力传动系统。

8 号油主要用于各种小轿车、轻型载货汽车的液力自动传动系统。

4608 号合成液力传动油适用于轿车、载货汽车等各种汽车的液压伺服系统内作动力传递液，并兼有冷却与润滑作用。该油品属专用油品，价格较高，一般情况不宜选用。

拖拉机液压、传动两用油按 40℃运动粘度分为 68、100、100D 三个牌号，主要用于液压与传动系统同一个油箱的大、中型拖拉机和工程机械，也可用于引进的同类机械设备。

按车辆使用说明书的规定,选用适当品种的液力传动油。轿车和轻型货车应选用8号油,进口轿车要求用GM A型、A—A型或Dexron型自动变速器油的均可用8号油代替。重型货车、工程机械的液力传动系统则应选用6号油。全液压的拖拉机、工程机械应选用拖拉机传动、液压两用油。100号两用油适用于南方地区,100D和68号适用于北方地区。

国外液力传动油的使用分类方案如表7-7所列。

国外液力传动油的使用分类方案　　表7-7

分　类	适用范围	规格举例	对应于国内常用油名
PTF—1	适用于轿车、轻型载货汽车的自动传动装置	通用汽车公司(GM)DexronII; 福特汽车公司(Ford) M2C33—F/或G, M2c138—CJ, M2C166—H; 克莱斯勒(Chrysler) MS—3256或4228; SAE J311b—71	8号液力传动油,自动变速器油(液)
PTF—2	适用于重型载货汽车、履带车、越野车的功率转换器和液力偶合器	通用汽车公司Truck和Coach 阿里森(Allison)C—3型 SAE J1285—80	6号液力传动油,功率转换油
PTF—3	适用于农业和野外建筑机械的液压、齿轮和制动等装置	约翰·狄尔(John Deere)JdT303或J—14B或J—20A 玛赛—费格森(massey-Fenguson) M—1135 福特M2C41A	拖拉机液压/液力两用油

第八章　土方机械施工运用

§8-1　推土机路基施工运用

一、概　　述

推土机具有结构简单、操纵灵活和生产效率高等特点。它是路基施工机械化中最常使用的机械，能够开挖和推运较硬的土壤、风化岩层和爆破石碴等岩土和散粒材料。中小型推土机的经济运距一般为30～40m，大型推土机的经济运距约为50～100m。履带式推土机能在工作条件恶劣的采石场上、潮湿松软地区和较陡的横坡上作业。具有加宽履带板的湿地推土机，其接地压力很低（1×10^4～3×10^4Pa），在软土淤泥上也能行驶作业。轮式推土机有良好的机动性，转移工作点方便迅速，但在进行推土作业时容易打滑。在采石场上轮胎磨损很快，故其用途受到限制。

推土机的主要工作装置是推土铲刀。铲刀有以下几种形式：直铲、角铲（或称斜铲），U形推土铲和缓冲推铲等。

直铲式（也称固定式）铲刀由左右两侧的推杆，斜撑杆和操纵油缸等组成。直铲的推土板垂直于推土机底盘的纵轴线安装，工作时只能将土向前推进。直铲也可作局部调整，如改变一侧斜撑杆的长度，可使铲刀在垂直面内倾斜一角度 ε（ε 约为5°～8°），使一侧的刀角低于另一侧。经此调整后，工作时由于推力集中于较低的刀角上，提高了铲切硬土、冻土和岩层的能力，也可用于修筑路堤和开挖沟渠。在现代新型推土机上，通常采用倾斜油缸代替斜撑，无需事先由人工去调整斜撑杆。

角铲也称回转式推土机，在推土板后部中央，通过球铰与拱形架相连，其两侧亦用球铰与上、下撑杆相连。这种推土机除可作直铲使用外，还可从直铲位置在水平面内向左或向右回转25°角，成为角铲。当推土机向前直驶时，斜置的推土铲刀能使铲取的土壤向一侧移动，实现铲土、运土、卸土三过程的连续作业。角铲用于回填沟槽，傍山开路和清除地面等作业十分方便、有效。

U型推土铲刀与直铲推土机铲刀相比，高度尺寸增大，作业时减少了溢土损失，在铲刀前增加了积土量，因此它适于易挖土方和推运轻质松散材料。缓冲推土板的尺寸较小，但很坚固，用于给铲运机助推取土。

二、推土机基本作业方法

推土机的基本作业循环由铲土、运送、卸土和空回四个工作过程组成。提高推土机作业效率的途径是：铲土时应以最短时间和最短距离铲满土；运送时应尽量减少土壤漏损，使较多的土在尽短的时间内运送到卸土点；卸土时应根据施工条件采取不同的卸土方法，以达到施工技术要求和施工安全；空回时应以较快的速度驶回铲土处。下面就基本作业的四个工作过程详作介绍。

1.铲土方法

铲土方法有：波流式铲土法，跨铲铲土法和平铲法。它们的基本操作方法是：

(1)波浪式铲土法

波浪式铲土法，推土机开始铲土时，应将铲刀最大可能地切入土中，当发动机稍有超负荷现象时，应将铲刀缓缓提起，直到发动机恢复正常运转，再将铲刀降下切土，起刀时不应离开地面，这样多次起伏，直至铲刀前堆满土壤为止，如图 8-1 所示。这种铲土方法的优点是，可以使发动机功率得到最大程度的发挥以及缩短铲土时间和距离。缺点是空回时因铲土道不平使推土机产生颠簸。

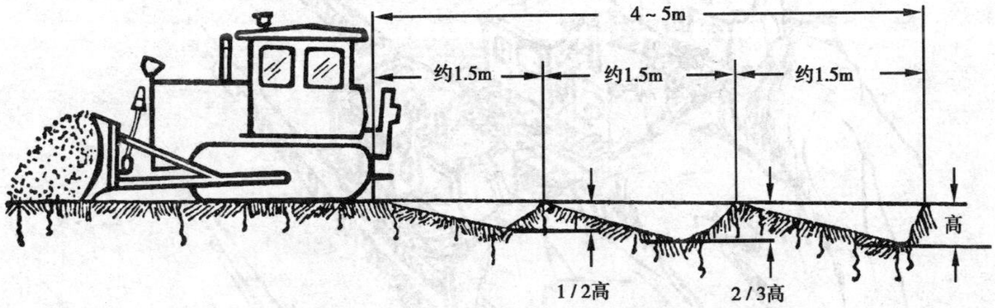

图 8-1 波浪式铲土法

(2)跨铲铲土法

跨铲铲土法又称重叠式或线条式铲土法，如图 8-2 所示。在铲土地点每间隔铲刀宽度的 2/3 铲土一次，第二个作业循环时，再将间隔的土垄铲去，如此循环。这样的铲土方法适用于坚实土壤，由于在第二个作业循环时减少了切土面积，使推土机有足够的力量铲满土壤，提高工效。

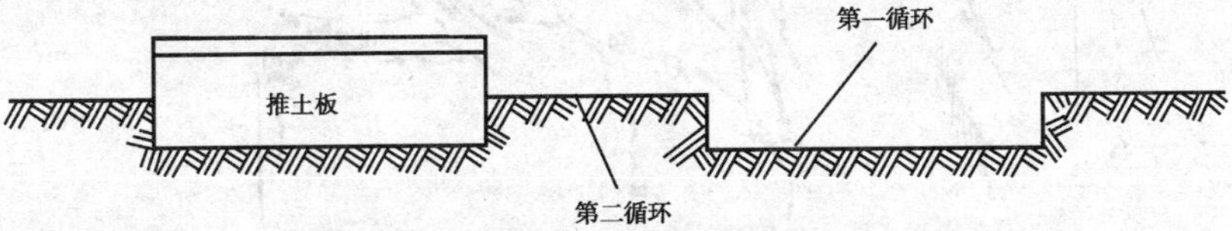

图 8-2 跨铲铲土法

(3)平铲法

平铲法操作时，将铲刀持于自由状态(钢索操纵的推土机，少许牵紧钢丝绳，液压操纵的推土机置操纵阀于“中立”位置)，保持一定的铲刀切入深度，向前平推。在实际施工中，平铲法常与深槽送土相结合。此种方法能够保持铲土道和送土道的平整，利于推土机空回时提高速度而不致使推土机颠颇。

2.推送方法

推土机推送土的方法有三种：深槽式送土法，并进式送土法和分段式(也叫接力式)送土法。

(1)深槽式

深槽式送土法主要是用土埂挡住推土板两侧的土，减少漏损，增加运土量。深槽有两种方法形成：一种是当头几次运土时，推土板两端漏出来的土形成一条土垄，有意识的保存这条土垄，推土机以后推土就在这条槽里工作，可以防止土壤继续漏出。另一种是连续多次在同一条线上推土，使地面拉出一条浅槽，同样可以减少运土损失。但是土埂不宜太高，槽不能太深，一般不超过 1m，土埂的宽度约 0.4~0.5m，深槽本身宽度比推土板宽 0.3~0.4m 即可，如图 8-3 所示。

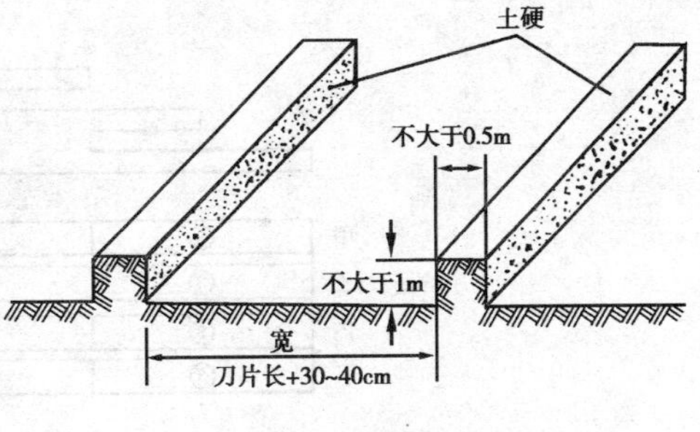

图 8-3 深槽式送土法

(2)并进式

组织并进式送土，如图 8-4 所示，两台以上同类型的推土机并成一排同时推土前进，以减

图 8-4　并进式送土法

少运土损失。并排作业的铲刀间隔，不宜太小或太大，一般应为 0.3～0.5m。这种推土法要求驾驶员操纵技术较高，作业时要注意速度和方向，避免碰车。一般地说，推土前进时，应以左边或右边第一台推土机为准，通过加速踏板控制使推土机的速度达到基本一致，并灵活掌握方向，不使碰车。后退时，应该是左边或右边的一台推土机先后退，然后拉开适当距离。有次序的逐台后退至铲土地点。

(3)分段式

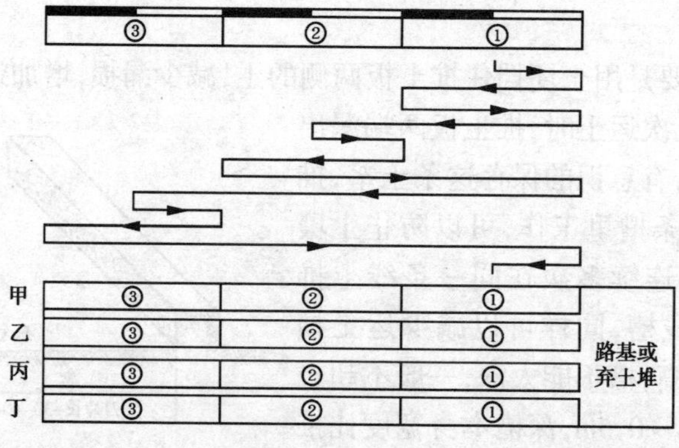

图 8-5　分段推土法

分段式推土就是把推土距离分成数段，逐次分段堆聚土壤，在运土线路上聚积几堆以后，一次推向填筑地点，如图 8-5 所示。推甲槽时，先将①的后部土壤推到路堤上。当推②时，先将②的前部土壤推到①的后部，然后推土机后退，将②的后部土壤推向前，连同前次推的土壤，一同推到路堤上，依次类推。这种方法在铲土时可减少推土板底部阻力，在推土时可减少溜土废方，推土板前保持满载土壤，下坡推土时更为有效。

三、推土机作业范围与适用条件

推土机在道路工程施工中，主要用于填筑路堤、开挖路堑、平整场地、管道和沟渠的回填土以及其他辅助作业。其运距一般不超过 100m，而在 30 ~ 50m 以内效率较高，经济效果也较好，运距过大和过小均会降低生产率，如图 8-6 所示。当运土距离超过 75m 时其生产效率显著降低。此外作业土壤为 I ~ II 级，如 III 级以上应预翻松。如土壤中有少量的孤石，应首先破碎再进行作业，如孤石过多时不宜使用推土机，否则将使机械产生剧烈振动和磨损，大大缩短机械的使用寿命。

另外推土机在施工准备工作中可以开伐树木，清除乱石和挖掘树根；在辅助作业中可顶推铲运机作助铲用。

四、推土机填筑路堤施工作业

推土机填筑路堤的作业方式，一般均为直接填筑，其施工方法有两种，即横向填筑与纵向填筑。在平原地区多采用横向填筑，而在丘陵和山区多用纵向填筑。

1. 横向填筑路堤

这种作业方式是推土机在路堤的两侧或一侧取土坑取土，单台或多台推土机施工时，最好采用分段进行，这样可以增大工作面。每段长度一般为 20 ~ 40m 为宜，也可以按班组的能力划分。

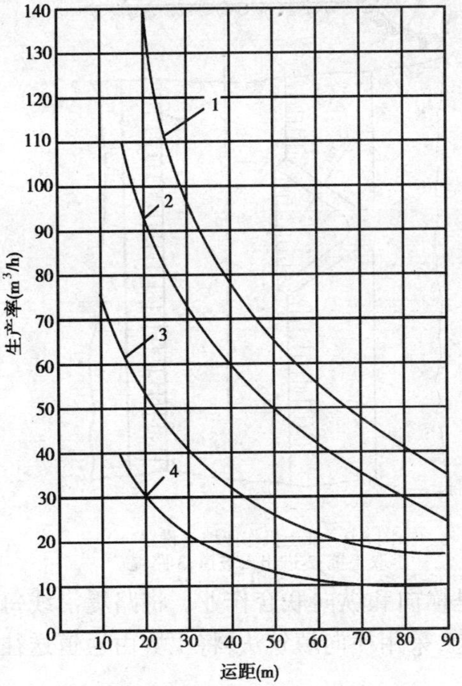

图 8-6 推土机生产率与施工条件的关系

1-下坡 20°；2-下坡 10°；3-水平；4-上坡 10°

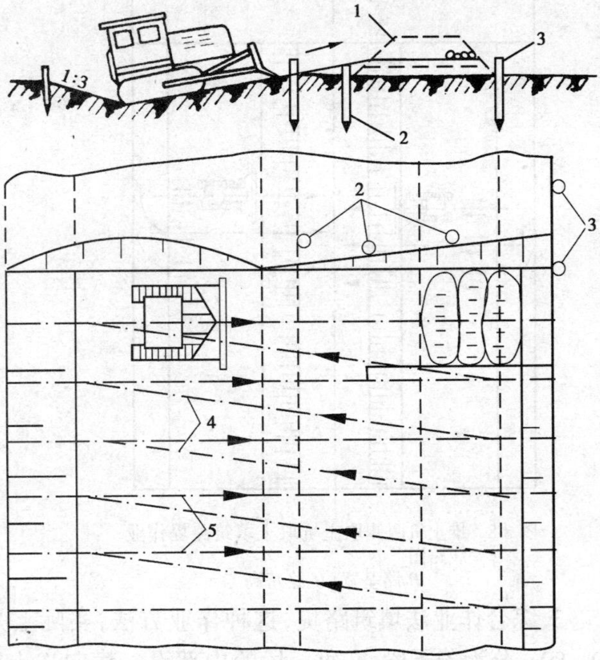

图 8-7 推土机由一侧取土坑取土填筑路堤

1-路堤；2-标定桩；3-间距为 10m 的高标杆；4、5-推土机“穿梭”作业路线

在一侧取土时,每段一台推土机,作业路线可采用“穿梭”法进行,如图 8-7 所示。在施工中,推土机推满土后,可向路堤直送至路堤坡脚,卸土后仍按原推土路线退回到挖土始点。这样在同一路线中按槽式运土法送二三刀就可挖到 0.7~0.8m 深。此后推土机作小转弯倒退,以便向一侧移位,仍按同法推侧邻的土壤。以此类推地向一侧转移,直至一段路堤完工。然后推土机反向侧移,推平取土坑所遗留的各条土埂。

当推土机由两侧取土坑推时,每段最好以两台并以同样的作业法,面对路堤中心线推土,但双方一定要推过中心线些,并注意路堤中心线的压实。图 8-8 所示为从两侧取土时的作业线路图。当路堤填筑较高时,应分层有序的进行,一般每层厚度约 20~30cm,并分层压实。

当推土机单机推土填筑路堤高度超过 1m 时,应设置推土机进出入坡道,如图 8-9 所示。通道的坡度应不大于 1:2.5,宽度应与工作面宽度相同,长度约 5~6m。当采用综合机械化施工时,填筑高度超过 1m 后,多用铲运机来完成。

2.纵向填筑路堤

这种作业方法,多用于移挖作填工程,其开挖深度与填筑高度可以按设计标高规定,不受其他限制,只要挖方的土壤性质适用于填筑路堤即可。这种施工方法最经济,但应注意开挖部分的坡度不能大于 1:2,开挖中应随时注意复核路基标高和宽度,避免出现超挖和欠挖。在填土过程中,应根据施工地段、施工条件,分层填筑、分层压实。纵向填筑作业法,如图 8-10 所示。

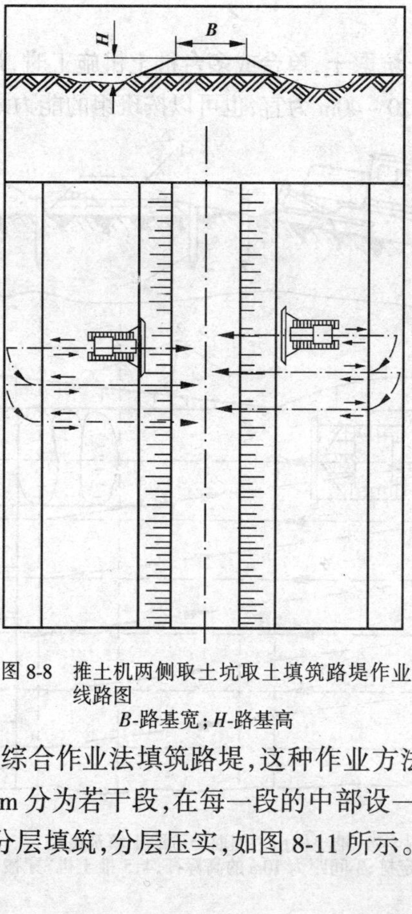

图 8-8 推土机两侧取土坑取土填筑路堤作业线路图

B-路基宽;*H*-路基高

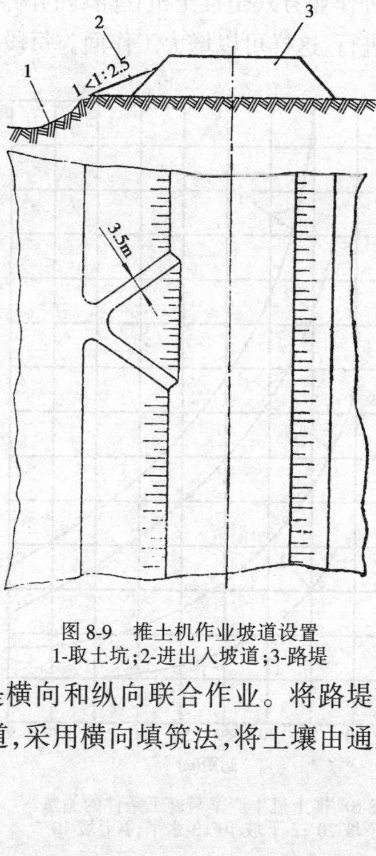

图 8-9 推土机作业坡道设置

1-取土坑;2-进出入坡道;3-路堤

3.综合作业法填筑路堤,这种作业方法,实际上是横向和纵向联合作业。将路堤沿线每 60~80m 分为若干段,在每一段的中部设一横向送土道,采用横向填筑法,将土壤由通道送往路堤,分层填筑,分层压实,如图 8-11 所示。

图 8-10　推土机纵向移挖作填筑路堤作业法

五、推土机开挖路堑施工作业

用推土机开挖路堑，同样有两种施工情况，一种是在平地上开挖浅路堑，这种情形在市政道路施工中较为常见；另一种是在山坡上开挖路堑或移挖作填开挖路堑。

1.平地两侧弃土横向开挖路堑

用推土机横向开挖路堑，其深度在 2m 以内为宜，如图 8-12 所示。开始推土机以路堑中线为界向两侧用横向“穿梭”作业推土法进行，将路堑中挖出的土送至两侧弃土堆，最后再做专门的清理与平整。如开挖深度超过 2m。则需与其他机械配合施工。

此外，对上述施工作业，推土机也可进行环形作业法，如图 8-12 之 4 所示。施工时推土机可按椭圆形或螺旋形路线运行，这种运行路线可以对弃土堆进行分层平整和压实。

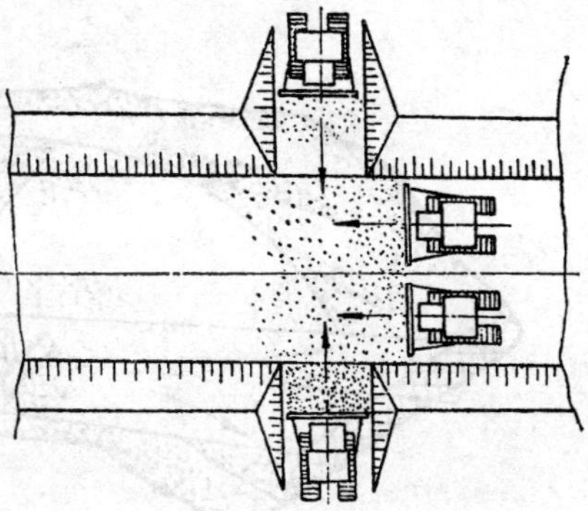

图 8-11　推土机横向纵向联合作业填筑路堤

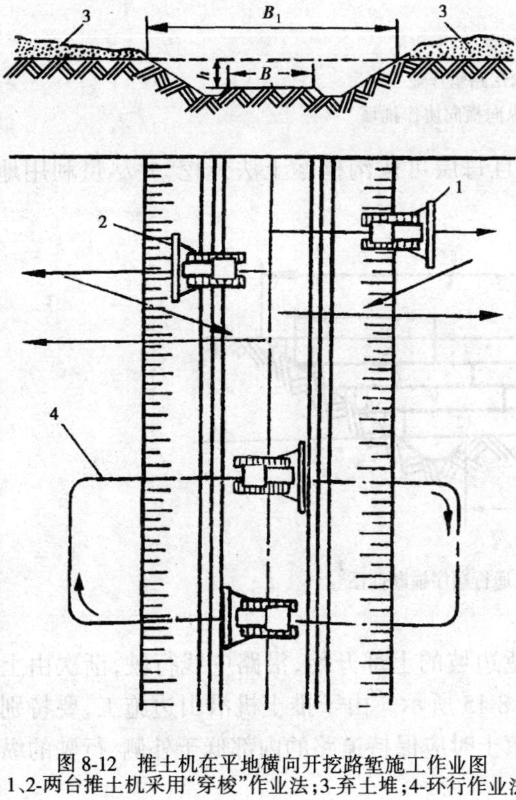

图 8-12　推土机在平地横向开挖路堑施工作业图
1、2-两台推土机采用“穿梭”作业法；3-弃土堆；4-环行作业法

不论采用何种开挖路堑的施工作业方法，都应注意排水问题，绝对不允许路堑的中部下凹，以免积水。在整个路堑的开挖段上，应做出排水方向的坡度以利泄水。在接近挖至规定断面时，应随时复核路基的标高和宽度，以免出现超挖或欠挖。通常在挖出路堑的粗略外形后，多采用平地机来整修边坡和边沟。

2.开挖深路堑

开挖深路堑运土填筑路堤施工时，应首先作好准备工作。要在开挖路堑的原地面线顶端各点和填挖相间的零点，都立起小标杆，同时挖平小丘，使推土机可以进入施工现场。如果推土机能够沿斜坡驶至最高点时，则可以由路堑的顶点开始，逐层开挖推送至路堤处。开挖时可用 1～2 台推土机沿路中心线的平行线进行纵向堆填，如图 8-13a)所示。等到路堑挖到其深度的 1/2 时，再用另外 1～2 台推土机，横向分层推出路堑斜坡，如图 8-13b）所示。由斜坡上往下推的土壤仍由下面的推土机送到填土区，这样挖到路堑与路堤全部完成为止。

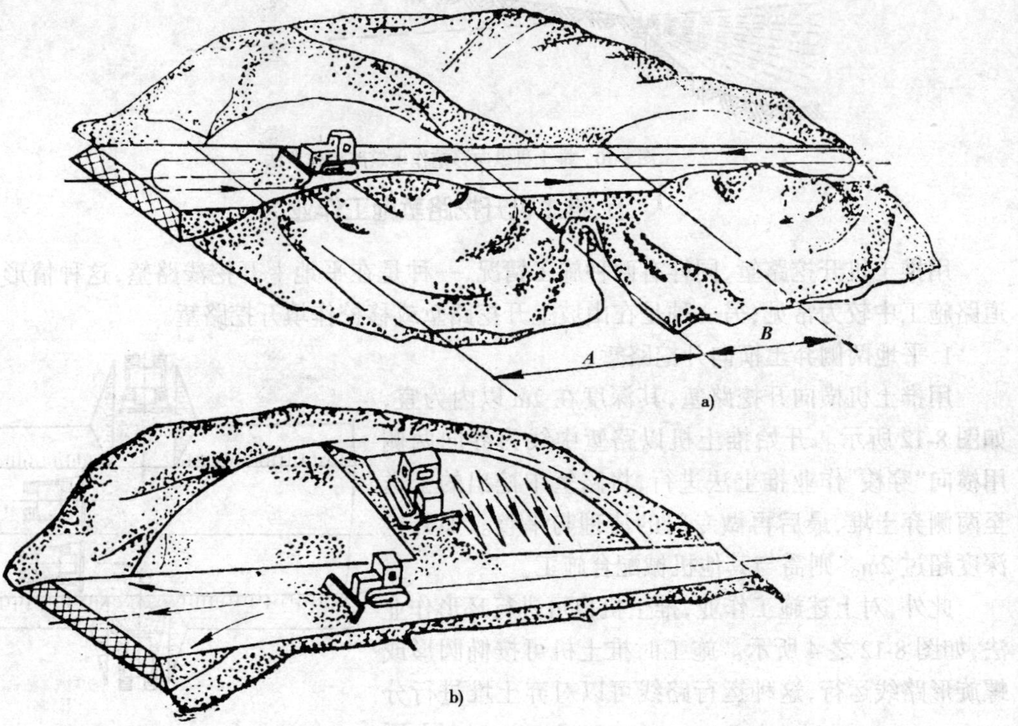

图 8-13 推土机深挖路堑作业

a）推土机纵向推填；b）纵向横向协作推填

这种深路堑的开挖顺序，如图 8-14 所示。而且每层可按沟槽运土法开挖，并尽量利用地形做到下坡推土。

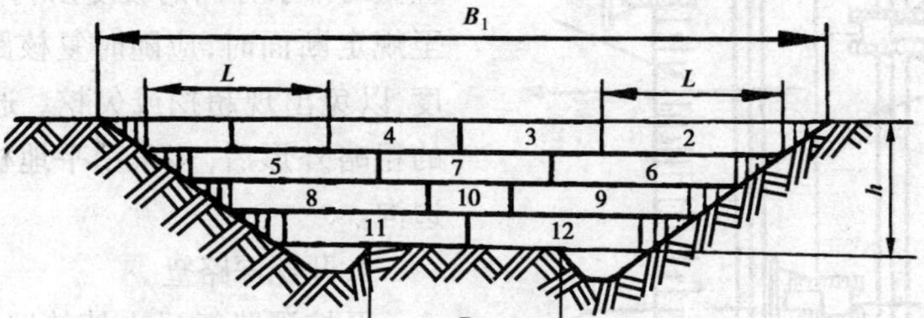

图 8-14 推土机开挖路堑通行顺序横断面图

3. 开挖傍山半路堑

一般多用斜铲推土机进行，开挖时首先由路堑边坡的上部开始，沿路中线行驶，渐次由上而下，分段分层将土推送至坡下填筑路堤处，如图 8-15 所示。由于推土机沿山边施工，要特别注意安全。推土机应在坚实稳定的土壤上行驶，填土时应保持道路的内部低于外侧，行驶的纵坡坡度角不要超过推土机的最大爬坡角。

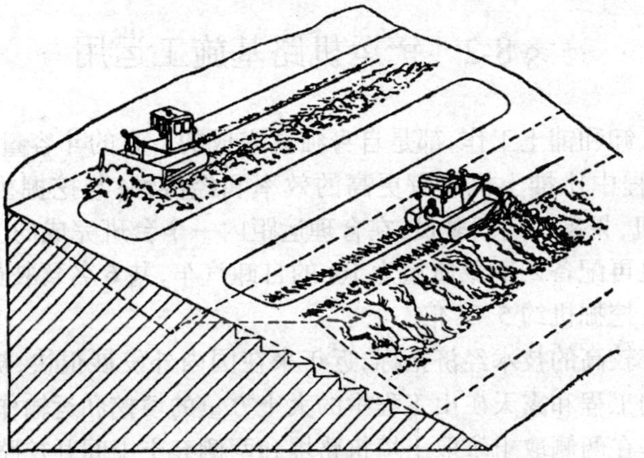

图 8-15　傍山开挖半路堑

推土机的平面角应根据土壤的性质来调整，在Ⅰ～Ⅱ级轻质土壤施工时，可调至60°，Ⅲ、Ⅳ级土壤可调至45°，推土时用铲刀的右角铲入土壤，使被切下的土壤沿刀身向外送出。

推土机开挖山边半路堑时，如果坡度不大(25°以下)也可用直铲推土机，但在下坡送土时，最好铲土数次后，再将土壤堆成堆，最后再将土壤一起推送到边坡前沿，这样不但可以提高生产率，而且也较安全。

固定式推土机还可用下述方法开挖傍山半路堑：首先将铲刀对准线路中心，运用转向离合器及制动器，使推土机作扇形旋转，造成一个平台，然后在平台上继续前进。靠山的一边应较外边铲土稍深，使推土机微向内倾，并注意留足边坡，减少超挖。

六、推土机提高生产率的途径

要提高生产率首先应缩短推土机作业的循环时间，提高时间利用系数，降低运送中的漏损等。

为了缩短一个循环作业的时间，推土机在铲土时应充分利用发动机的功率以缩短铲土距离，合理选择运距，使送土和回程距离最短，并尽量创造下坡铲土的条件。此外应提前为下道工序作好准备，尽量做到有机配合。如当推土机接近推到卸土位置时，应边提刀边换档后，而在后退时就应选好下次落刀的位置。

为了提高时间利用系数，应消除不必要的非生产时间。如做好开工前的各项准备工作，避免因准备工作不善而停机。

另外，正确地进行施工组织，合理选择机型，以免使用不当而不能发挥机械效能。此外，在施工中对各种施工条件采用正确合理的操作方法，如遇硬土，应先翻松再推运。

为了减少土壤漏损，推送时应采用土槽、土埂或并列推送方式，这样不但可以提高送土效率，也可增大铲刀前土堆的体积。

提高操作人员的技术水平也是提高生产率的关键。因为任何机械设备不论本身的技术性能如何先进，施工组织考虑的措施如何周到，最终必须经过人的操作才能体现出实际的工程效果。操作人员的技术水平不仅仅指操纵机械设备的程序无误，更重要的是需有对机械设备的结构、使用、维护方面的广博的知识。

§8-2 铲运机路基施工运用

铲运机的铲、运、卸和铺土工作，都是自身独立完成的。它的斗容量比推土刀的推土量大得多，因而在土方工程中比推土机具有更高的效率和经济性；与挖掘机相比，一台斗容量为 $10m^3$ 的自行式铲运机，只需一名驾驶员，在合理运距内一个台班完成的土方量，相当于一台斗容量为 $1m^3$ 的挖掘机再配备四辆载质量为 10t 的自卸汽车，共 6 名驾驶员完成的土方量，其技术经济指标高于单斗挖掘机约 5 ~ 8 倍。

由于铲运机具有较高的技术经济指标，近年来在国内外发展很快，被广泛地应用于公路、铁路、工业建设、水利工程和露天矿山工程中的大土方量的填挖和运输作业。铲运机在修筑路堤、开挖路堑，尤其是在两侧取土坑取土填筑路堤和两侧弃土中间开挖路堑的施工场合应用十分有利。铲运机也可用来平整场地和在露天矿进行表面剥离工作。

一、铲运机作业适用条件

组织铲运机施工时，应考虑它的作业适用范围，否则机械效能将难以充分发挥。具备以下条件方能取得理想的效果。

1.土壤条件

铲运机一般用于开挖较软的 I、II 级土，当在较硬的 III、IV 级土施工时，需先用松土器预松。它适宜于在湿度较小的松散砂土和粘性土中施工，含水量在 25% 以下较为适宜；不适宜在干燥的粉砂土及潮湿的粘土中作业，更不适宜在地下水位高的潮湿地区和沼泽地带以及岩石类地区作业。

2.运距条件

运距的大小是组织铲运机合理施工的主要因素，运距过短不能充分发挥机械效能（特别是大型的），同时运距过长亦会降低生产率。合理运距的大小，一般与铲运机斗容的大小成正比。小斗容量（$6m^3$ 以下）的拖式铲运机合理运距在 100 ~ 350m，最经济的运距为 200 ~ 350m；大斗容量（10 ~ $30m^3$ 及以上）的自行铲运机合理运距在 800 ~ 1 500m 之间；大功率大轮胎牵引车牵引的铲运机或自行式铲运机，运距可达 5 000m 或更长。表 8-1 列出了各类型铲运机运距和运输道路坡度的适用范围，表 8-2 列出了几种国产铲运机使用性能指标，可作选择铲运机的参考。

各种铲运机的适用范围 表 8-1

类别			堆装斗容（m^3）		适用运距（m）		道路坡度（%）
			一般	最大	一般	最佳	
拖式铲运机			2.5 ~ 18	24	100 ~ 1 000	100 ~ 300	15 ~ 30
自行式铲运机	单发动机	普通装载式	10 ~ 30	50	200 ~ 2 000	200 ~ 1 500	5 ~ 8
		链板装载式	10 ~ 30	35	2 000 ~ 1 000	200 ~ 600	5 ~ 8
	双发动机	普遍装载式	10 ~ 30	50	200 ~ 2 000	200 ~ 1 500	10 ~ 15
		链板装载式	9.5 ~ 6	34	200 ~ 1 000	200 ~ 600	10 ~ 15

几种国产铲运机的使用性能指标 表 8-2

型 号		斗容量（m^3）	牵引方式及功率（kW）	操纵方式	卸土方式	切土深度（mm）	卸土厚度（mm）	适用运距（m）
拖式铲运机	CT6	6 ~ 8	履带拖拉机 80 ~ 100	机械式	强制式	300	380	100 ~ 700
	CTY7	7 ~ 9	履带拖拉机 120	液压式	强制式			100 ~ 700
	CTY9	9 ~ 12.5	履带拖拉机 180 ~ 220	液压式	强制式	300	350	100 ~ 700
	CTY10	19 ~ 12	履带拖拉机 180 ~ 200	液压式	强制式	300	300	100 ~ 700
自行式铲运机	C6	6 ~ 8	单轴牵引车 120	机械式	强制式	300	380	800 ~ 1 500
	CL7	7 ~ 9	单轴牵引车 180	液压式	强制式	300	400	800 ~ 1 500

3.铲装场地的坡度条件

铲运机在施工中应尽可能地利用地形下坡铲装，以提高生产率。但是，它又与推土机不同：推土机下坡推土只要在允许范围内，坡度越大，效率越高；而铲运机一般铲装时的下坡角不应大于 7°~ 8°，在这样的坡度上，铲装效率最高，如坡度过大，铲下的土壤不易进入斗内，效率反而降低。

二、循环作业过程分析

铲运机也是一种循环作业的土方机械，其作业循环由铲装、运输、卸土和空驶四个过程组成。由于铲运机的运输距离长，功率消耗大，所以欲提高铲运机的作业效率，同样应尽力做到以在最短的距离和时间内装满铲斗，而运输中注意安全的前提下应尽量提高运输速度，提高卸土的质量和速度以缩短整个循环时间。

1.关于推土机助铲

铲运机的功率配备是以铲装工况为依据确定的，即使铲斗充盈得非常饱满，也不至于出现运输工况的功率不足。为提高铲运机的台班生产率，应在尽可能短的时间和铲装距离内，使铲斗充入足够的土壤。于是需要加大切土深度，而大的切土深度必将产生大的切削阻力。这样，在铲装阶段的中后期，随着斗内充量的增长，将会发生铲运机功率配备不足的现象。施工组织中常用推土机的铲刀顶推铲运机，以增加铲装动力、帮助铲运机尽快满斗。这种方法叫推土机助铲。工程实践统计，一台推土机每小时可为铲运机助铲 30 次。如果铲装现场每小时铲运机的到达率低于 15 台，显然，配备的这台推土机的空闲率大于 50%，此时的配备是不合理的。经验措施是：当铲装现场每小时铲运机到达率低于 15 台时，不应当用“助铲”方式，而应当采用推土机的松土器将土壤耙松，以降低铲装时的切土阻力，实现快速满斗。

用推土机助铲的方法施工须具有一定的工程量和工作面，方可避免助铲推土机窝工。一般取土场的宽度不小于 20m，长度不短于 80m，铲运机半周程运距不短于 250m，顶推助铲的方式和推土机作业路线分别如图 8-16 和图 8-17 所示。

2.铲装期内斗门合理开启度的变化

为了使更多的土壤挤入斗内，正确掌握斗门开启的大小有很大关系，因为铲运机装土时，

图 8-16　铲运机用推土机顶推助铲

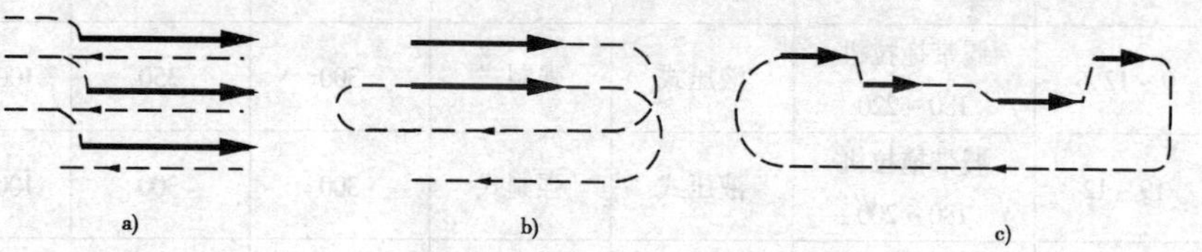

——助铲；····· 返回或移位

图 8-17　推土机推助铲顺序图

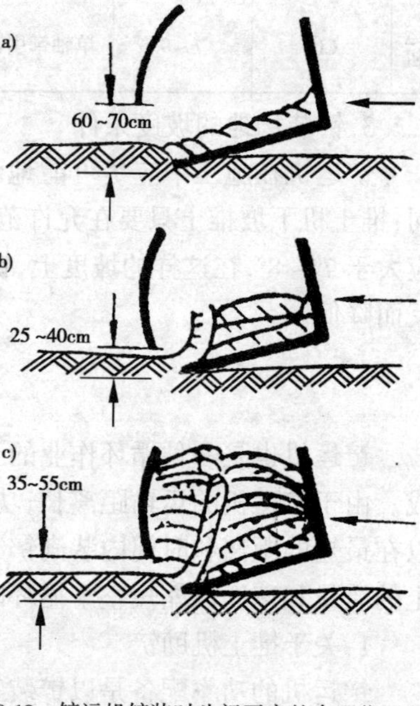

图 8-18　铲运机铲装时斗门开启的合理位置

土层是被挤入斗内的。如图 8-18a)所示，在开始铲土时，土层是沿着斗底向后移动，直至后斗壁为止，此时斗门以开启 60～70cm 为宜。当继续铲土时，各土层则由刀片处向上弯曲，沿着先前进入的土层堆置在前一层的上面，如图 8-18b)所示。随着土层的堆高，土层就曲向前方，朝斗门的方向挤去，此时应将斗门放低些，以便土壤向斗门处弯曲挤入，一般斗门开度约 25～40cm。如要将土层继续挤入，使铲斗装的更满，则必须具有相当大的压力才能装入，为此应将斗门重新开大一些，一般约为 35～55cm，如图 8-18c)所示。等到被铲下的土层再不能挤入时，即可关闭斗门，升起铲斗进行运输。

三、铲土操作方法

根据施工现场的地形和土壤条件，铲运机有以下几种铲土方法：

1. 一般铲土法

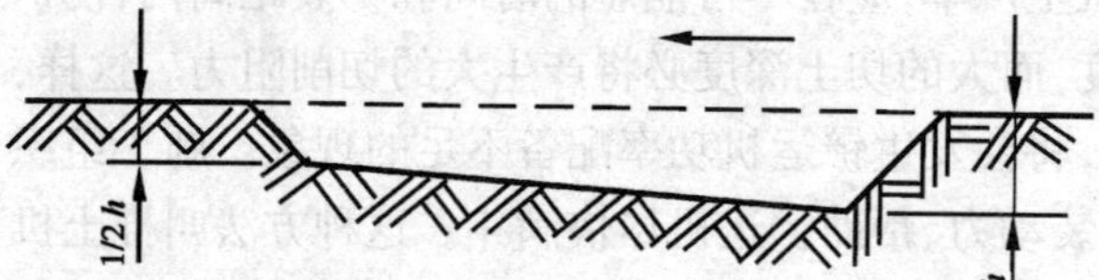

图 8-19　铲运机一般铲土法

铲运机在 I、II 级土壤上施工时，铲土开始应使铲刀以最大深度切入土中（不超过 30cm），随着斗内充量的增长，行驶阻力不断增加而逐渐减小铲土深度，直至铲斗装满为止。此时铲运机形成的铲土道纵断面如图 8-19 所示。

2. 波浪起伏式铲土法

这种铲土方法适用于较硬的土壤。当铲运机开始铲土时，使铲斗以最大深度切入土中，随着负荷逐渐增加，发动机转速降低，相应地减小切土深度，使发动机恢复转速，而后再加大切土深度……这样反复若干次，直至铲斗铲满为止。其铲土道断面如图 8-20 所示。这种铲土方法的优点是可以充分利用发动机功率，并能改善装土条件，从而可以提高作业效率。

3. 跨铲铲土法

这种方法适用于较坚硬的土壤，铲土时按图 8-21 所示的顺序来布置铲土道。作业时，先

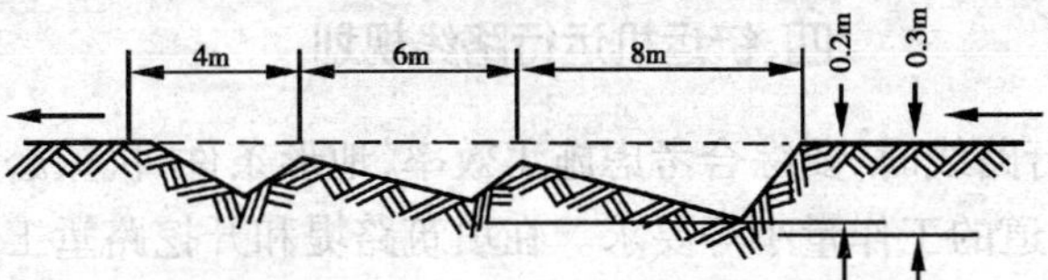

图 8-20　铲运机波浪起伏式铲土法

在取土场第一排(1、2、3 区)铲土道上取土,两相邻铲土道之间留出铲斗宽 1/2 的土不铲。然后再在第二排(4、5 区)铲土道上取土,其起点应在第一排铲土道的起点处向后移铲土道长度的 1/2 处开始。第三、四排铲土道依次后移,使各铲土道前、后、左、右重合起来。采用这种方法,由于铲土的后半段减小了切土宽度,铲土阻力也相应地减小,所以能使铲运机有足够的牵引力将铲斗装满,同时又可以缩短铲土道长度和铲土时间,使铲运机工效提高。如果取土场狭窄,不能按上述施工程序布置时,也可采用单排跨铲,如图 8-22 所示,每条铲土道间留出 1.0～1.3m 的宽度,在铲除这些土埂地段时可减少切土阻力。

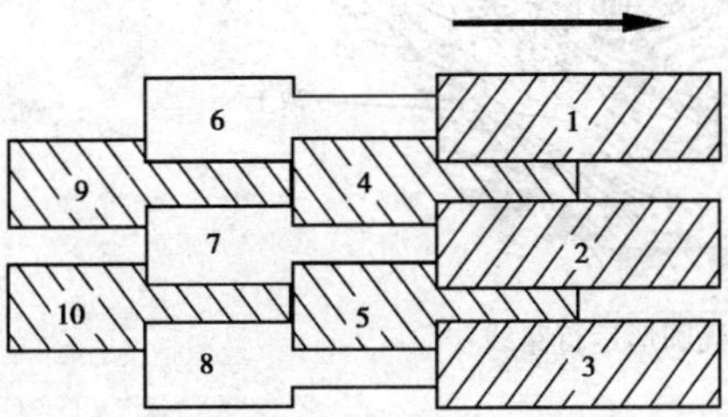

图 8-21　铲运机跨铲铲土法

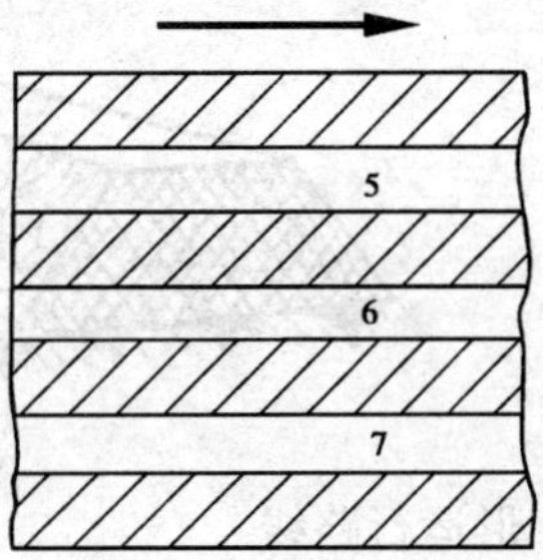

图 8-22　铲运机单排跨铲法

4. 下坡铲土法

这种方法主要是利用铲运机的重力的分力所产生的下坡推力使牵引力增加,从而提高铲土效率,如图 8-23 所示。铲土下坡角一般为 7°～8°,最大不超过 15°。如在平地取土坑铲土,应先在一端铲低,然后保持一定的坡度向后延伸铲土道,人为地创造下坡铲土的有利地形。当进

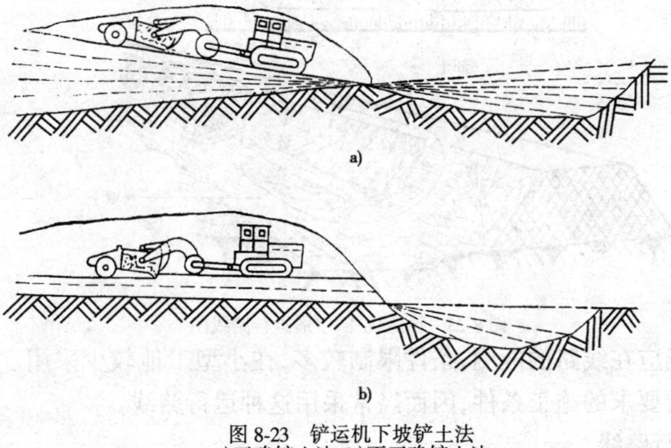

图 8-23　铲运机下坡铲土法
a)正确铲土法;b)不正确铲土法

行下坡铲土时,应特别注意安全。一般下坡时铲运机应低速行驶;当铲运机进入坡道地段时应立即放下铲斗,以便利用铲斗与地面之间的阻力降低铲运机的行驶速度;当铲斗铲满,但后轮未进入缓坡地段前,不应提升铲斗和关闭斗门,以便利用斗前土壤的阻力起制动作用。

四、铲运机运行路线规划

规划铲运机施工运行路线时，要综合考虑施工效率，地形条件、机械磨损等因素，以达到运距短、坡道平缓和修筑通道的工作量小等要求。在填筑路堤和开挖路堑工程中，常用的运行路线有“椭圆形”、“8”字形、“之”字形、“穿梭”形和“螺旋”形等。其中前面两种应用较多。

1.椭圆形运行路线

这种路线适于开挖路堑运土至弃土堆和由取土坑取土填筑路堤，弃土堆或取土坑距路基100～500m的情况，如图8-24所示。它的最大优点是，在不同的地形条件下布置灵活，顺逆运行方向可以随时改变，同时运行中干扰也比较小。缺点是重载上坡的转向角大，转弯半径较小。

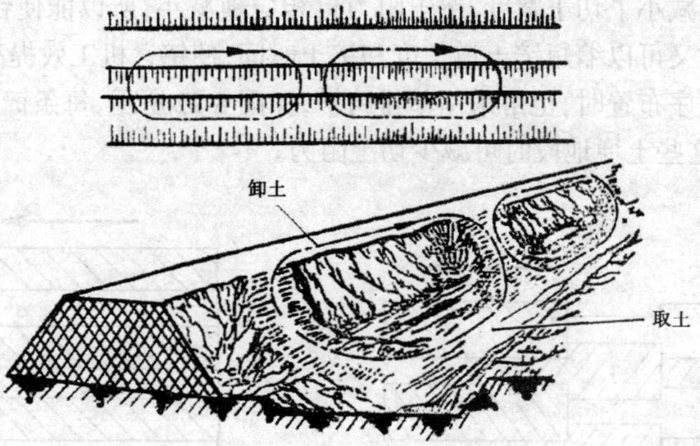

图8-24　铲运机椭圆形运行路线

2.“8”字形运行路线

所谓“8”字形，实际上是两个椭圆形的连接，如图8-25所示，不同的是减少了两个180°的急转弯。它在一次循环运行中可以完成两次铲土和两次卸土。同时重载和空载行驶的距离都比较短，效率高，在同一个运行路线中可以容纳多台铲运机同时施工。缺点是要求有较大的施工场地，而且取土场应在线路的两侧，条件限制较多，在小型工地较少采用。从路侧取土填筑高路堤，满足此法所要求的施工条件，因而经常采用这种运行路线。

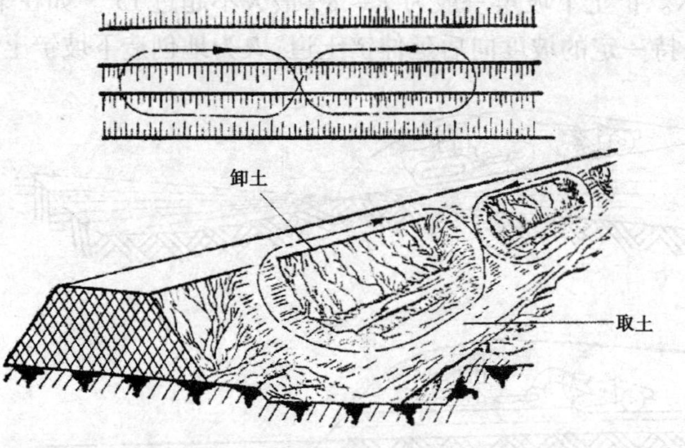

图8-25　铲运机“8”字形运行路线图

3.“之”字形运行路线

实际上是若干“8”字形首尾相接的路线，如图8-26所示。这种路线适应于较长的地段施工，并宜于机群作业，即各机列队(每机间隔20m)依次行进填挖到尽头。作180°转弯后反向运行，只是所填挖的地段应与上次错开。这种运行路线有以下缺点，即一次循环太大，施工面太长，在多雨季节很难施工。

4.穿梭形与螺旋形运行路线

如图8-27所示，与上述几种相比，铲运机空载行驶距离短，全程也较短，在一个循环中可以两次铲、卸土作业，因此施工组织简单。缺点是对一侧取土坑有局限性，运行路线中完成一个循环有四次转弯，增长了运行时间，另外机械单侧磨损较重。

螺旋形实际上是穿梭形的一种变形，铲运机纵向铲土后，转向路堤上横向卸土，随后驶向路堤的另一侧取土坑再行铲装。这种运行路线的主要优点是运距短，工效高。缺点是急转弯多，机械易产生偏磨。

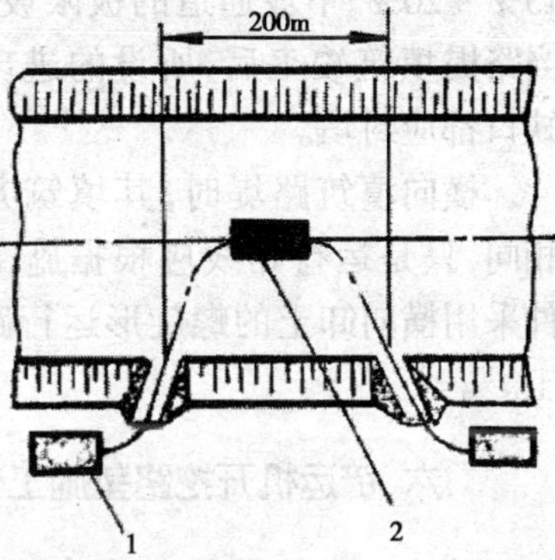

图8-26 铲运机"之"字形运行路线
1-铲土；2-卸土

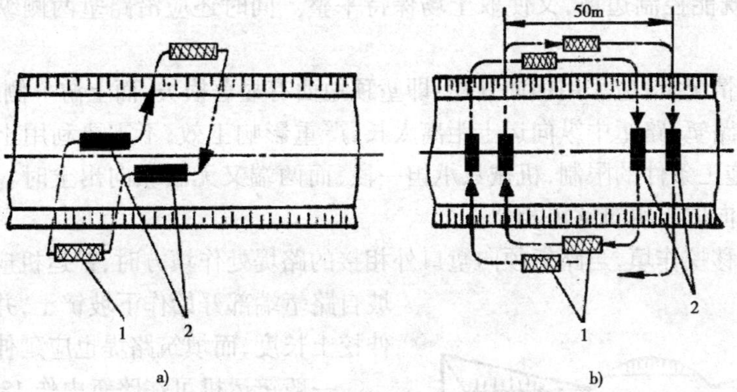

图8-27 铲运机穿梭和螺旋形运行路线图
a)穿梭形；b)螺旋形
1-铲土；2-卸土

五、铲运机填筑路堤施工作业

利用铲运机进行路堤施工时，其取土距离应在路堤100m以外，而填筑高度在2m以上较为合理。2m以下的路堤最好采用堆土机、铲运机联合作业，使两者各自发挥自己的优势。利用铲运机填筑路堤时，按卸土方向不同，分为纵向和横向填筑两种。

纵向填筑的程序：首先检查桩号，边坡处应用明显的标杆标出其准确的位置，再根据施工规定进行基底处理，然后按照选定的运行路线进行施工。填筑高度在2m以下时应采用椭圆形运行路线，如运行地段长也可采用"之"字形。填筑高度在2m以上时，应采用"8"字形，这样可使进出口的坡道平缓些。

填筑路堤时应从两侧分层向中间填筑，使填筑层始终保持两侧高于中间，这样可以防止铲运机向外翻车，如图8-28所示。用铲运机填筑路堤时，多靠自重压实，因此在卸土时应均匀地分布于路堤上，同时铲运机在运土和回驶的行程中，车轮应使路堤上铺卸的土都能压到，以保证路基的初步压实。当路堤两侧填筑到足够标高时，再把中部填平，并使其具有一定的拱度，此时即完成路堤的粗坯工程。

当路堤填筑高度在1m以上时，应修筑上堤运行通道。高度大于2m时，则每隔50～60m修筑上下通道或缺口，通常的最小宽度为4m，转弯半径不小于9m，上坡通道的坡度一般为

15%～20%，下坡通道的极限坡度为50%。当路堤填筑竣工后，所设的进出口通道和缺口都应封填。

横向填筑路堤时，其填筑方法与纵向相同，只是运行路线应根据施工现场的条件采用横向卸土的螺旋形运行路线进行施工。

图 8-28 纵向填筑路堤时由两侧向中间填筑

六、铲运机开挖路堑施工作业

铲运机开挖路堑也有两种作业方式，一种是横向弃土开挖，另一种是纵向移挖作填。路堑应分层开挖，并从两侧开挖，每层厚约15～20cm，这样做既能控制边坡，又使取土场保持平整。同时还应沿路堑两侧纵向做出排水坡度。

路堑在以下情况下，应采用横向开挖：即堑顶地面有显著横坡，而上游一侧须设置弃土堆，阻挡地面水流入路堑；路堑中纵向运土距离太长，严重影响工效；不需要利用土方或利用不完时；长路堑由于施工条件的限制，机械只承担一段，而两端又无法纵向出土时。横向开挖路堑的施工方法与横向取土填筑路堤相似。

铲运机纵向移挖作填，当路堑须向堑口外相接的路堤处作填方时，铲运机应当利用地面纵坡自路堑端部开始作下坡铲土，并逐渐向堑内延伸挖土长度，而填筑路堤也应延伸。

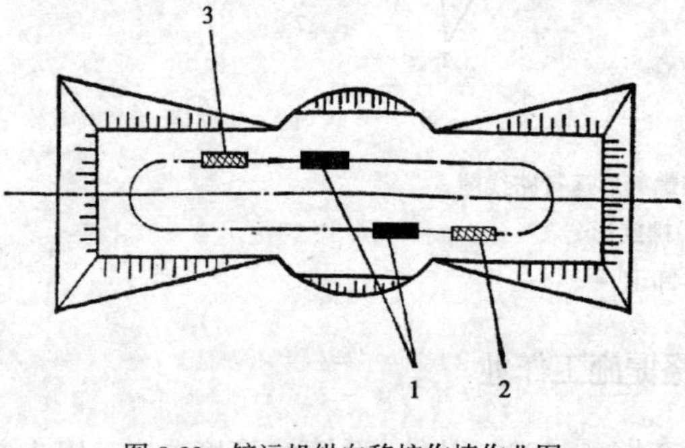

图 8-29 铲运机纵向移挖作填作业图

1-卸土；2、3-铲土

一般铲运机可在路堑内作180°转向，从路堑的两端分别开挖。当延伸到路堑的中部时，而长度在300m以内时，可改用直线迂回运行圈的方法，作纵向贯通运行，往返交替向两端挖运，如图8-29所示。如果地面的纵坡过陡，铲运机不能运行时，应先用推土机在路堑的端部推出15°左右的坡。此外在挖土区内每隔20～30m宽度为铲运机开通一条回驶上坡道，并延伸至填土区内。这样铲运机可用较大功率下坡铲土，在回空上坡道两侧卸土填方，逐步扩大通道宽度，直到工作面的全宽普遍具备正常运行条件。

铲运机在开挖路堑时，应先从两边开始，如图8-30所示。这样不致造成超挖或欠挖，否则将大大增加边坡修整工作量。特别是在边坡大于1:3，而又不能用机械修整时，尤应注意。另

图 8-30 铲运机开挖路堑的顺序

外先挖两边，这样更利于雨后排水。

七、施工现场督导

施工组织者或施工管理、技术人员巡视铲运机施工现场时，应从铲运机工作循环过程和机械本身技术状况去观察研究施工进展情况，从中发现问题，提出改进措施。

1.铲装

(1)检视铲斗充盈情况是否理想。铲斗的充满程度直接影响铲运机的台班生产率，因此要求铲运机在铲装现场应尽量做到“斗平，斗满”。当然，各种土壤性质不同，对铲斗的充盈难易程度不同。表 8-3 示出了各类土壤的充满系数。

铲运机斗的充满系数 K_H 表 8-3

土壤种类	充满系数 K_H	土壤种类	充满系数 K_H
干砂	0.6~0.7	砂土与粘性土(湿度 4%~6%)	1.1~1.2
湿砂(湿度 12%~15%)	0.7~0.9	干粘土	1.0~1.1

(2)铲装过程应在 33m 行程之内完成，且铲装过程耗时不应超过 1min。达不到要求，可能是以下原因所致，要针对具体情况，采取相应措施改进：

①驾驶员操作熟悉程度不够——指导其尽快提高技术；

②机械动力性能或其他作业性能下降，已不能满足作业要求——整修维护机械或更换机械；

③土质较硬，切削土壤阻力太大——采取预松或推土机助铲；

④铲装现场规划布局不合理——重新规划布局。

2.运输

(1)运输途中应有足够速度，要求达的平均时速：拖式铲运机≥4km/h，自行式铲运机≥22km/h。运输速度达不到要求的原因除驾驶员的技术水平和机械本身的性能之外，主要是道路不够畅通，应对运输道路进行整修。

(2)运输道路保持畅通的标准是：机械可用最高档位行驶。欲使路面畅通应做到：

①合理的宽度：单行道应有 2 倍的机械宽度，双行道应有 3 倍的机械宽度。

②道路平展：教育驾驶员行驶时避开车辙；出现车辙利用铲运机的空回行程或利用平地机、推土机等其他机械及时消除。

③道路面层最好是砂石层，路面经常洒水使之保持湿润，避免起尘影响行驶视线。

④道路不应有急弯，道路转弯半径不应小于 9m。要求机械每次转弯应能在 1/4min(15s)内完成。

3.卸土

卸土过程应能以机械的最高档位完成，耗时不超过 0.5min，卸完土应立即驶离铺卸现场，回到铲土场重新铲装；回程亦应以最高档位行驶。

4.机械技术状况

对铲运机机械技术状况的要求是：调整得当、润滑适度，机械各部运动自如，无干摩擦，铲斗的切削刀刃完好、适用，轮胎气压符合技术规范。检查胎压不应凭直观或敲击，要利用轮胎气压计测量。胎压不符合规范应及时调整。

§8-3　挖掘机路基施工运用

一、概　述

挖掘机是土石方工程施工的主要机械。据统计，工程施工中约60%以上的土石方是挖掘机械完成的。挖掘机的作业特点是效率高、产量大，但机动性较差。因此选用大型挖掘机施工时要考虑地形条件、工程量的大小以及运输条件等。在公路、铁路工程施工中，遇到开挖量较大的路堑和填筑高路堤等大工程量时，选用挖掘机配合运输车辆组织施工是比较合理的。

为了使挖掘机发挥最大效能，在使用挖掘机时应考虑最低工作面高度和最小工程量。在使用正铲挖掘机时，如果工作面的高度不足，一次开挖很难满斗。要求的工作面最小高度与开挖土壤的级别、挖掘机铲斗容量两方面的因素有关。工作面最小高度如表8-4所列。

正铲挖掘机工作面最小高度　　表8-4

工作面高度(m) / 斗容量(m^3) / 土壤级别	1.5	2.0	2.5	3.0	3.5	4.0	5.0
Ⅰ~Ⅱ	0.5	1.0	1.5	2.0	2.5	3.0	—
Ⅲ	—	0.5	1.0	1.5	2.0	2.5	3.0
Ⅳ	—	—	0.5	1.0	1.5	2.0	2.5

从表8-4和工程实践中，人们领悟到：开挖松质土壤一般无需选用挖掘能力强的大斗容正铲挖掘机，而开挖硬质土壤时却不可选用挖掘能力弱的小斗容正铲挖掘机。

使用正铲和拉铲挖掘机尚有最小工程量的要求。由于履带式挖掘机械的机动性较差，进出工作场地均需平板拖车运，工程量小时，机械进出场地的成本相对较大，经济上不够合理。如工程量小，而又必须使用挖掘机施工时，选用斗容量较小、机动性强的轮胎式全液压挖掘机比较经济合理。表8-5列出了正铲、拉铲挖掘机最小工程量。

正铲、拉铲挖掘机最小工程量　　表8-5

铲斗容量(m^3)	正铲挖掘机		拉铲挖掘机	
	工程量(m^3)	土壤级别	工程量(m^3)	土壤级别
0.5	15 000	Ⅰ~Ⅳ	10 000	Ⅰ~Ⅱ
0.75	20 000	Ⅰ~Ⅳ	15 000	Ⅰ~Ⅱ
0.75	—	—	12 000	Ⅲ
1.00	15 000	Ⅴ~Ⅳ	15 000	Ⅰ~Ⅱ
1.00	25 000	Ⅰ~Ⅳ	20 000	Ⅲ
1.50	25 000	Ⅴ~Ⅳ	20 000	Ⅰ~Ⅱ

我们知道，挖掘机的作业装置类型除上述的正铲、拉铲以外，还有反铲和抓铲。不同类型的作业装置所适用的工作条件也各不相同。其差别在于：正、反铲挖掘能力较大，能适于Ⅰ~Ⅳ级土壤、软石和爆破后的坚石(只要坚石的块径小于斗口尺寸)的挖装作业；抓铲和拉铲挖掘能力较弱，仅适于Ⅰ、Ⅱ级土壤和预松后的Ⅲ、Ⅳ级土壤的挖装作业，但它们却很适于松散材料和松软材料(例如煤、砂、砾石以及淤泥)的挖装作业。特别指出的是，它们能在水下挖掘淤积的泥沙。正、

反铲所适应的工作条件也有差别，正铲挖掘机适于挖掘停机面以上的物料，且有作业面最小高度的要求；机械操纵式反铲挖掘机适于开挖停机面以下的物料，但液压操纵式反铲挖掘机，除了开挖停机在以下的物料，也可挖停机面以上的物料。随着近代液压技术的发展和完善，现代挖掘机绝大多数都采用了液压操纵系统，因此现在反铲挖掘机社会保有量远远大于正铲。

二、挖 掘 方 式

1. 正铲挖掘机的作业方式

(1)正铲挖掘机侧向开挖

所谓侧向开挖，就是车辆的运行路线位于挖掘路线的侧面，如图 8-31 所示。它的主要特点是，卸土时平均回转角小于 90°，而且车辆可以直线进出，不需调头和倒驶，缩短了循环时间，效率高。这是正铲挖掘机的基本作业方式。

(2)正铲挖掘机正向开挖

正向开挖方式如图 8-32 所示。装车时车辆停在挖掘机的后方。它的主要特点是，挖掘机

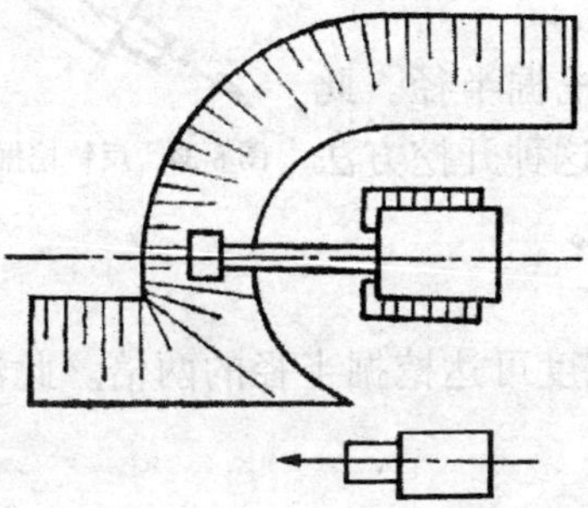

图 8-31　正铲挖掘机侧向开挖

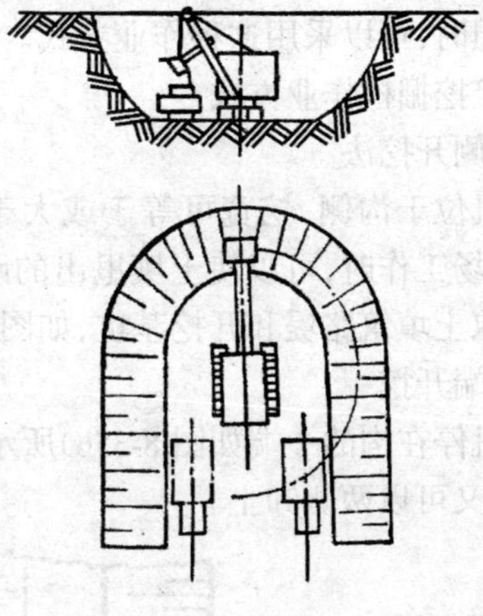

图 8-32　正铲挖掘机正向开挖

前方挖土，回转至卸位置，其转角大于 90°，从而增加了循环时间，但其开挖面较宽。此外，由于车辆不能直接开进挖掘道，而要调头和倒驶，增加了施工现场的拥挤，挖掘机不能连续作业，效率降低。因此这种方式只适宜于挖掘进口处使用，仅作为正铲挖掘机的辅助作业方式。

2. 反铲挖掘机的基本作业方式

(1)沟端开挖法

开挖时挖掘机从沟的一端开始，然后沿沟中线倒退开挖，如图 8-33a)所示。运输车辆停在沟侧，此时动臂只回转 40° ~ 45°左右即可卸料。如挖的沟宽为机子最大回转半径的 2 倍时，车辆只能停在挖掘机的侧面，动臂要回转 90°处，方可卸料。

如挖掘的沟渠较宽时，可分段进行，如图 8-33b)所示。当开挖到尽头时，可调头开挖相比邻的一段。这种分段法每段的挖掘宽度不宜过大，以车辆能在沟侧行驶为原则，这样可以减少每个循环的时间，提高效率。

沟端开挖是反铲挖掘机的基本作业方式。

(2)沟侧开挖法

它与前者不同的是，车辆停在沟端，挖掘机停在沟侧，动臂只需回转小于 90°处即可卸料，

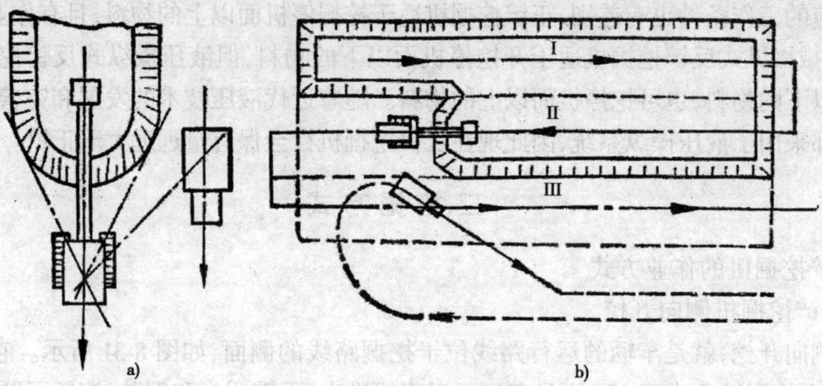

图 8-33　反铲挖掘机沟端开挖
a)沟端开挖;b)分段开挖

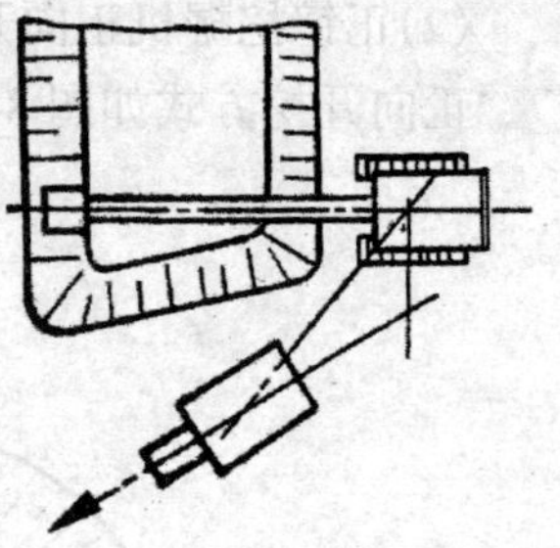

图 8-34　反铲挖掘机沟侧开挖

如图 8-34。由于每循环所用的时间短,所以效率高。但挖掘机始终沿沟侧行驶,因此开挖过的沟边坡较大。这种开挖方式是反铲挖掘机的辅助作业方式。路侧取土坑取土直接填筑路堤,当土质条件较理想时,可以采用这种作业方式。

3.拉铲挖掘机作业方式

(1)沟侧开挖法

挖掘机位于沟侧,挖宽可等于或大于甩斗法的挖掘半径。此外,在弃土场工作时,可以使土壤甩出的距离较远。这种开挖方法主要用来取土填筑路堤和开挖基坑,如图 8-35a)所示。

(2)沟端开挖

挖掘机停在沟的一端如图 8-35b)所示,开挖的宽度可达挖掘半径的两倍。此法可挖出陡峭的边坡,又可以两侧卸土。

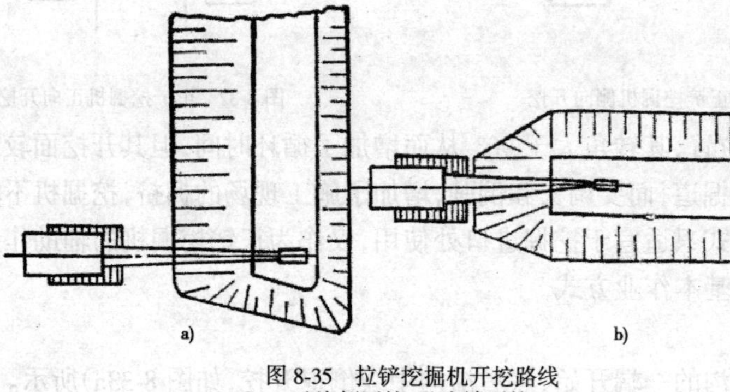

图 8-35　拉铲挖掘机开挖路线
a)沟侧开挖;b)沟端开挖

三、路 基 施 工

1.开挖路堑

1)正铲挖掘机开挖路堑

正铲挖掘机开挖路堑有两种开挖方法,即全断面正向开挖和全层开挖。如路堑的深度在5m 以下时,可采用全断面正向开挖,挖掘机一次向前开挖全路堑至设计标高。运输车辆停在同一平面上,它可以布置与挖掘机并列或在其后,如图 8-36 所示。这样施工比较简单,但挖掘机必须横向移位,方可挖掘到设计宽度。

当路堑深度超过 5m 时,应分层开挖,即挖掘机在纵向行程中先把路堑开通一部分,运输车辆布置在一侧与挖掘机开挖路线平行,这样往返开挖几个行程,直至将路堑全部开通,如图 8-37 所示。第一开挖道工作面的最大高度不应超过挖掘机的最大挖土高度。一般以停在路堑边缘的车辆能装料即可。至于其他各次的开挖道都可以按要求位于同一水平之上。这样可以利用前次挖好的开挖道作为运输路线。

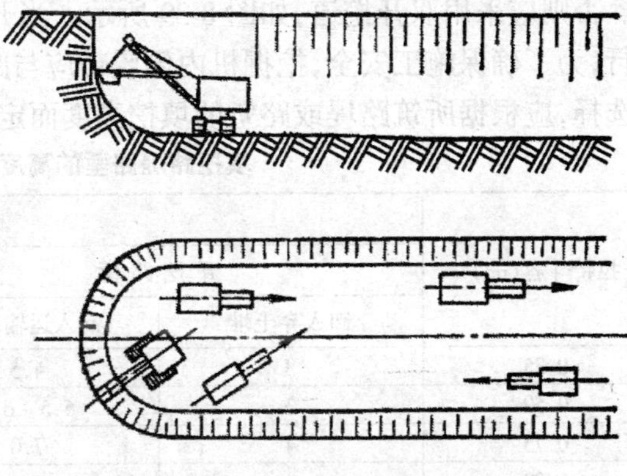

图 8-36　正铲挖掘机全断面开挖路堑

各次的开挖道完成后,是退返还是调头作反方向开挖,可视现场具体情况而定。此时,必须注意每一条开挖道的排水工作。

挖掘机各次开挖后在边坡上留下的土角,可以用推土机修整。

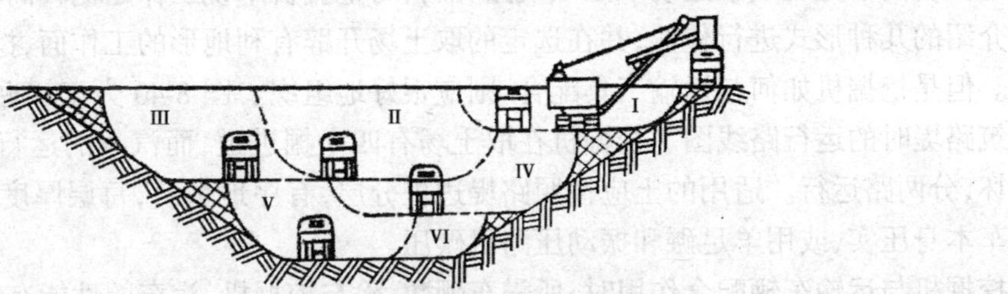

图 8-37　正铲挖掘机分层开挖深路堑

2)反铲挖掘机开挖路堑

由于反铲挖掘机适于开挖停机面以下的土壤,因此挖掘机应布置在堑顶两侧进行。根据情况可选用沟端法或沟侧法开挖。

3)拉铲挖掘机开挖路堑

开挖时如卸料半径能及至两侧的弃土堆,则挖掘机可停置在路堑中心线上,如图8-38所

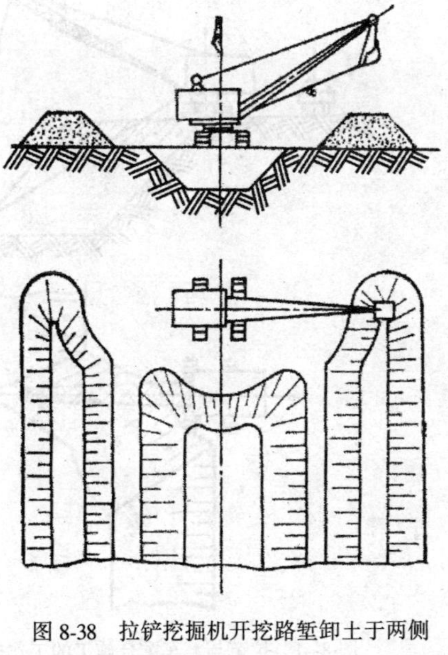

图 8-38　拉铲挖掘机开挖路堑卸土于两侧

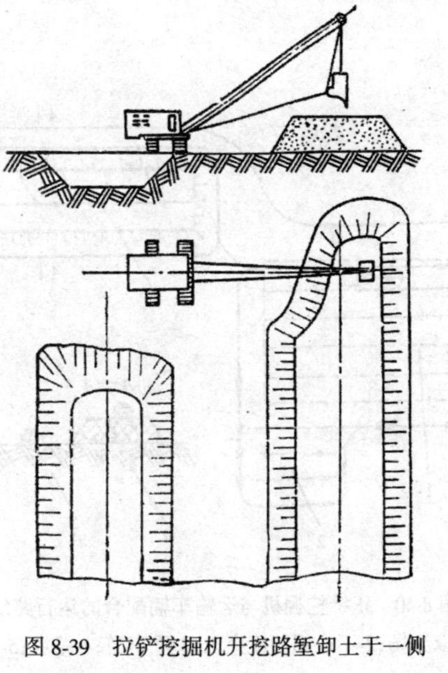

图 8-39　拉铲挖掘机开挖路堑卸土于一侧

示。否则应采用双开挖道,如图 8-39 所示。当开挖一侧弃土的路堑时,挖掘机应沿路堑边缘进行,为了确保施工安全,挖掘机内侧履带应与路堑边缘保持 1.0~1.5m 的距离。拉铲斗容量的选择,应根据所筑路堤或路堑的填挖高度而定,如表 8-6 所列。

填挖路堤路堑的高度与拉铲斗容的关系 表 8-6

拉铲斗容(m^3)	填挖最大高度(m)			
	开挖路堑		填筑路堤	
	卸入弃土堆	卸入运输车辆	一侧取土	两侧取土
0.35	3	4.5	1.5	3.0
0.50	3	5.5~6.0	1.5	3.0
0.75	4	7.0	2.0	3.5
1.00	4	7.5	2.0	3.5

2.填筑路堤

(1)正铲挖掘机与运输车辆配合填筑路堤

挖掘机由取土坑或取土场取土填筑路堤时,对挖掘机来说工作是比较简单的,只要按照以上所介绍的几种形式进行作业,并在选定的取土场开辟有利地形的工作面,挖出所要求的土壤即可。但是挖掘机如何与运输工具配合,则应很好地组织。图 8-40 为正铲掘机与运输车辆配合填筑路堤时的运行路线图。挖掘机在取土场有四个掘进道,而汽车的运行路线是根据土壤的好坏,分两路运行。适用的土应按照路堤边桩分层,有序地填筑,每层厚度约 30~40cm。可用汽车本身压实,或用羊足碾和振动压路机碾压。

挖掘机与运输车辆配合作用时,所需车辆数,除与挖掘机、汽车的性能有关外,同时与运输距离、道路状况、驾驶员的素质有关,另外也与平整和压实机械的能力有关。因此应尽可能使他们之间做到相互平衡。只有这样才能使参加施工的机械发挥最大效能。

(2)拉铲、抓铲配合运输车辆填筑路堤

拉铲和抓斗配合运输车辆填筑路堤,其运输路线、车辆需要量与正铲挖掘机基本相同,如图8-41为拉铲挖土装车的情况。拉铲装车比正铲装车要困难,所以要求驾驶员操作技术要更熟练。

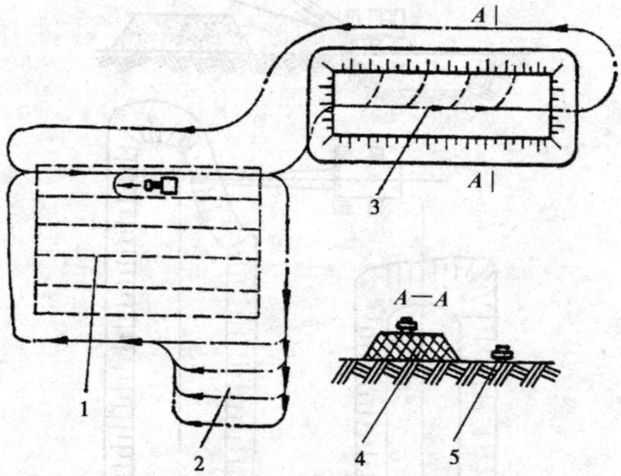

图 8-40 正铲挖掘机与运输车辆配合的运行路线图

1-取土场;2-不适用的废弃土;3-重车道;4-路堤;5-汽车

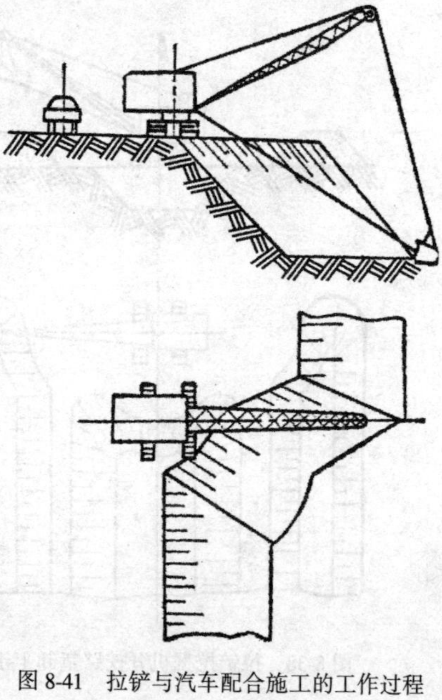

图 8-41 拉铲与汽车配合施工的工作过程

四、挖掘机施工的生产组织

1.挖掘机的生产率——小时作业方量

单斗挖掘机的生产率主要取决于铲斗的容量、工作速度,以及被挖土壤的性质,也可按下式计算:

$$Q = qn\frac{K_H}{K_s}K_B \tag{8-1}$$

式中:q——铲斗几何容量(m^3);

n——挖掘机每小时工作次数,其计算公式如下:

$$n = \frac{3\,600}{t_1 + t_2 + t_3 + t_4 + t_5} \tag{8-2}$$

式中:t_1——挖掘机挖土时间(s);

t_2——自挖土处转至卸土处的时间(s);

t_3——调整卸料位置和卸土时间(s);

t_4——空斗返回挖掘面的时间(s);

t_5——空斗放至挖掘面始点的时间(s);

K_H——铲斗充满系数;

K_s——土壤松散系数;

K_B——时间利用系数(0.7~0.85)。

铲斗充满系数 K_H 为铲斗所装土壤体积与铲斗几何容积的比率,随土壤的性质和工作装置的型式不同而不同,其最大值如表 8-7 所列。挖掘机每小时工作次数 n 与铲斗形式和斗容量等因素有关,在操作水平熟练,场面布局合理和机械技术状况良好的情况下,根据统计资料,每小时的开挖频度如表 8-8 所列。

挖掘机铲斗充满系数最大值 表 8-7

铲斗型式	轻质松软土	轻质粘性土	普通土	重质土	爆破岩石
正铲	1~1.2	1.15~1.4	0.75~0.95	0.55~0.7	0.3~0.5
拉铲	1~1.16	1.2~1.4	0.8~0.9	0.5~0.65	0.3~0.5
抓斗	0.8~1	0.9~1.1	0.5~0.7	0.4~0.45	0.2~0.3

挖掘机每小时挖土次数(n) 表 8-8

工作装置	斗容量(m^3)			
	0.25	0.5	1	2
正铲	215	200	180	160
反铲	175	155	145	—
抓铲	175	155	145	125
拉铲	160	150	135	—

2.开挖场地机械车辆布局

(1)运输车辆就位

运输车辆受料时的停靠方位,应使挖掘机循环作业过程中大臂的升降幅度和平台回转角度最小,从而减少挖掘机循环作业时间。

(2)设置汽车就位的进出通道

汽车应尽量不用倒车,少用急转向即可就位,以减少现场机械车辆的拥挤,方便汽车驾驶员的驾驶。

3.运输车辆选择

与挖掘机配合的汽车必须是自卸车,车厢容积与挖斗容积之比以整数为好,其比值以4、5、6最为理想。因为比值太大,汽车受料时间太长;比值太小,不便于挖掘机授土,且汽车在受料时将承受较大的冲击。

4.运输能力的组织设计——自卸车需要量的计算

(1)传统计算法

传统计算法的实质是在保证挖掘机不停歇地连续装车条件下,来计算自卸汽车的需要量(N),即:

$$N = \frac{T}{t_1}(\text{辆}) \tag{8-3}$$

式中:T——自卸汽车送一次土的平均循环时间,其中包括装车时间、重车运行时间、卸土时间(含调车转向及卸车时间)及空回运行时间;

t_1——装车时间。

(2)排队论计算法

在施工实践中,一般都根据经验配置汽车数量。因此,在实际施工过程中不可能保证挖掘机连续不停歇地作业,而且这种计算方法不能反映挖掘机和自卸汽车停工的经济损失之间的关系。排队论计算法弥补了这些缺陷。根据排队系统的分类,挖掘机-自卸汽车施工系统可简化为"顾客"(自卸汽车)源有限的循环排队系统(图8-42)。

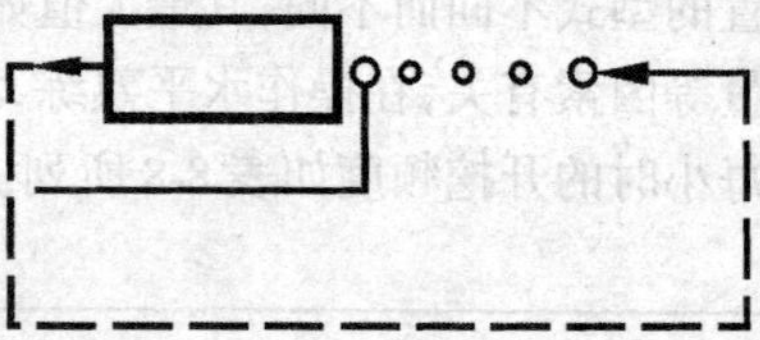

图 8-42 挖掘机-自卸汽车施工系统

令顾客输入流为普阿松流,其强度为 λ(λ 为正数,其值:$\lambda = \frac{1}{T}$,T 为平均循环时间),服务时间 t_1 遵从指数分布,服务强度为 u,$u = \frac{1}{t_1}$,则不同数量的自卸车停置等待装车的概率为 P:

$$P_j = \frac{N!}{(N-j)!\,n n^{j-n}}\left(\frac{\lambda}{u}\right)^j P_0, j = 0,1,\cdots,N \tag{8-4}$$

式中:N——自卸汽车的辆数;

n——挖掘机的台数;

P_0——挖掘机停工的概率,其值按下式计算

$$P_0 = \left[\sum_{j=0}^{n}\frac{N!}{(N-j)!\,j!}\left(\frac{\lambda}{u}\right)^i + \sum_{j=n+1}^{n}\frac{N!}{(N-j)!\,n!\,n^{j-n}}\left(\frac{\lambda}{u}\right)^j\right]^{-1}$$

每辆自卸汽车停工等待装车的概率为 P_z:

$$P_z = \frac{\sum_{j=n}^{n}(j-n)P_j}{N} \tag{8-5}$$

汽车数量的最优配置,视优化准则的不同而异。在正常的施工条件下,应以一个工作班内整套机械停工的损失费用最小为优化准则,即:

$$\min f = C_w P_0 + C_i N P_j \tag{8-6}$$

式中:f——一个工作班内整套机械停工的损失费用(元);

C_W——挖掘机的台班费(元/台班);

C_z——自卸汽车的台班费(元/台班)。

式中其他符号的意义如前(当 $n=1$ 时,P_0 及 P_z 值可直接从表 8-9 中查出)。

例如,某工地以自卸汽车(载质量为 8t)配合一台挖掘机(斗容量为 $1m^3$,台班产量为 $386m^3$)施工,已知 $T=0.137h$(运距为 1km),$t_1=0.024h$,$C_w=153.00$ 元/台班,$C_z=123.92$ 元/台班。求在正常施工的条件下,自卸汽车的最优配置。

由于 $n=1$,$\frac{\lambda}{u}=\frac{t_1}{T}=\frac{0.024}{0.137}=0.175$,故可直接从表 8-9 中分别查出当 $N=2$、3、……10 时,挖掘机停工的概率 P_0 及自卸汽车停工的概率 P_z;其值见表 8-10。各种数量配备时整套机械停工的费用值见表 8-11。

分析表 8-11 的数据可知,配备 4 台倾卸汽车时停工损失的费用最小,即最优配备数目 $N=4$,此时挖掘机停工的概率 $P_0=0.451$,汽车停工的概论 $P_z=0.078$,整套机械的班产量 $=(1-P_0)386=211.91m^3$。

若汽车数量配备优化准则是缩短工期,亦即最大限度的利用挖掘机工作时间。如规定挖掘机的工作时间利用率为 0.9($P_0=0.1$),在上述事例($\lambda/u=0.175$)的条件下,最优的配备数 $N=8$,此时 $P_0=0.106$,$P_z=0.25$,$f=264.06$ 元(比正常条件下的停工费用增加 2.45 倍),而班产量为:

$$(1-0.106)\times 386=345.08m^3;$$

它比正常条件下增加了 1.63 倍。

表 8-9

P_0、P_z 值与 $\frac{\lambda}{u}$ 和 N 的关系

$\frac{\lambda}{u}$	$N=2$		$N=3$		$N=4$		$N=5$	
	P_0	P_z	P_0	P_z	P_0	P_z	P_0	P_z
0.150	0.743	0.017	0.623	0.036	0.509	0.060	0.404	0.087
0.155	0.736	0.018	0.613	0.039	0.497	0.063	0.391	0.092
0.160	0.729	0.019	0.603	0.041	0.485	0.067	0.377	0.097
0.165	0.722	0.020	0.593	0.043	0.473	0.071	0.365	0.103
0.170	0.715	0.021	0.584	0.045	0.462	0.074	0.352	0.108
0.175	0.708	0.022	0.574	0.048	0.451	0.078	0.340	0.113
0.180	0.702	0.023	0.565	0.050	0.440	0.082	0.328	0.119
0.185	0.695	0.024	0.556	0.052	0.429	0.086	0.317	0.125
0.190	0.689	0.025	0.547	0.055	0.419	0.090	0.306	0.130
0.195	0.682	0.026	0.538	0.057	0.408	0.094	0.295	0.136
0.200	0.676	0.027	0.530	0.059	0.398	0.097	0.285	0.142
0.205	0.669	0.028	0.521	0.062	0.389	0.101	0.275	0.147

续上表

λ/u	N = 2		N = 3		N = 4		N = 5	
	P_0	P_z	P_0	P_z	P_0	P_z	P_0	P_z
0.210	0.663	0.029	0.513	0.064	0.379	0.105	0.265	0.153
0.215	0.657	0.030	0.504	0.067	0.370	0.110	0.256	0.159
0.220	0.651	0.031	0.496	0.069	0.361	0.114	0.247	0.165
0.250	0.645	0.033	0.488	0.072	0.352	0.118	0.238	0.170
0.230	0.639	0.034	0.481	0.074	0.343	0.122	0.230	0.176
0.235	0.633	0.035	0.473	0.077	0.335	0.126	0.222	0.182
0.240	0.627	0.036	0.465	0.079	0.326	0.130	0.214	0.188
0.245	0.621	0.037	0.458	0.082	0.318	0.134	0.206	0.195
0.250	0.615	0.038	0.451	0.084	0.311	0.138	0.199	0.199
0.255	0.610	0.040	0.444	0.087	0.303	0.142	0.192	0.205
0.260	0.604	0.041	0.436	0.090	0.296	0.147	0.185	0.210
0.265	0.599	0.042	0.430	0.092	0.288	0.151	0.179	0.216
0.270	0.593	0.043	0.423	0.095	0.281	0.155	0.172	0.221
0.275	0.588	0.044	0.416	0.098	0.274	0.159	0.166	0.227
0.280	0.582	0.046	0.409	0.100	0.267	0.163	0.161	0.232
0.285	0.577	0.047	0.403	0.103	0.261	0.167	0.155	0.238
0.290	0.572	0.048	0.397	0.105	0.255	0.171	0.149	0.243
0.295	0.567	0.049	0.390	0.108	0.249	0.175	0.144	0.249
0.300	0.562	0.051	0.384	0.111	0.243	0.179	0.139	0.254

N = 6		N = 7		N = 8		N = 9		N = 10	
P_0	P_z	P_0	P_z	P_0	P_z	P_0	P_z	P_0	P_z
0.310	0.118	0.228	0.154	0.160	0.195	0.106	0.238	0.066	0.283
0.296	0.126	0.214	0.164	0.147	0.206	0.096	0.251	0.058	0.298
0.282	0.133	0.201	0.173	0.136	0.218	0.086	0.264	0.051	0.312
0.269	0.140	0.189	0.182	0.125	0.228	0.078	0.276		
0.257	0.147	0.177	0.191	0.115	0.239	0.070	0.273		
0.245	0.155	0.166	0.200	0.106	0.250	0.063	0.301		
0.233	0.162	0.156	0.209	0.098	0.261	0.057	0.313		
0.222	0.169	0.146	0.219	0.090	0.271	0.051	0.325		
0.211	0.177	0.137	0.228	0.083	0.282				
0.201	0.184	0.129	0.237	0.076	0.292				
0.192	0.191	0.120	0.246	0.070	0.302				
0.183	0.199	0.113	0.255	0.064	0.312				
0.174	0.207	0.106	0.264	0.059	0.322				
0.166	0.214	0.099	0.273	0.054	0.332				

续上表

$N=6$		$N=7$		$N=8$		$N=9$		$N=10$	
P_0	P_z	P_0	P_z	P_0	P_z	P_0	P_z	P_0	P_z
0.158	0.221	0.093	0.281	0.050	0.341				
0.150	0.229	0.087	0.290						
0.143	0.236	0.081	0.298						
0.136	0.243	0.076	0.306						
0.129	0.250	0.071	0.315						
0.123	0.257	0.067	0.330						
0.117	0.264	0.063	0.338						
0.112	0.271	0.059	0.346						
0.106	0.278	0.055	0.352						
0.101	0.285	0.052	0.360						
0.096	0.291	0.048							
0.092	0.298								
0.087	0.305								
0.083	0.311								
0.079	0.317								
0,075	0.323								
0.072	0.330								

配备不同数量的自卸汽车时的 P_0 及 P_z 值 表 8-10

$\frac{\lambda}{u}$	$N=2$		$N=3$		$N=5$		$N=6$		$N=7$		$N=8$		$N=9$		$N=10$	
	P_0	P_z	P_0	P_z	P_0	P_z	P_0	P_z	P_0	P_z	P_0	P_z	P_0	P_z	P_0	P_z
0.175	0.708	0.022	0.574	0.048	0.451	0.078	0.340	0.113	0.249	0.155	0.166	0.200	0.106	0.250	0.063	0.301

配备不同数量的自卸汽车时的 f 值 表 8-11

N	$C_\omega P_0$	$C_z NP_z$	f(元)	N	$C_\omega P_0$	$C_z NP_z$	f(元)
2	108.32	5.45	113.77	6	38.09	115.25	153.34
3	87.82	17.84	105.66	7	25.40	173.49	198.89
4	69.00	33.66	107.66	8	16.22	247.84	264.06
5	52.00	70.01	122.08	9	9.64	335.70	345.34

五、挖掘机操作注意事项

1.机械操纵式挖掘机的发动机起动时,离合器和各操纵杆须放在空档位置;液压挖掘机的操纵手柄置于中位,防止发动机带载起动。

2.挖掘作业时,履带应牢固制动,轮式挖掘机需支起支腿。禁止任何人进入回转半径范围内。禁止用回转的办法带动车辆或重物,不允许利用回转动作进行"扫地"作业;挖斗在挖掘中离开工作面之前,禁止回转。

3.不允许利用作业装置进行冲撞动作;油缸伸缩到极限位置要注意动作平稳,避免碰撞和冲击。

4.挖掘机不允许在倾斜的坡上工作。挖掘机在坡道行驶时,禁止柴油机熄火;下坡行驶时,应将大臂向后倒行。装有配重的机械在上坡时必须倒行。

5.自行转移作业场地时,挖掘机行驶速度不应超过5km/h,转弯不要过急,可分数次进行。通过桥涵时必须先查清其承载能力并在必要时加固之。行驶时应事先将回转平台的锁销插上;进行挖掘作业前应注意拔去该锁销。行走时,主动轮在后,大臂与履带平行。挖斗离地1m左右。

6.作业时铲斗不宜挖掘过深,铲斗落下不应过猛,以免碰撞履带板、滚轮和其他机件。不得在铲斗装满的情况下行驶和变换大臂仰角。

7.机械操纵式挖掘机的钢丝在卷筒上必须排列整齐。放出后尾端不少于3圈。动臂钢丝绳在一个节距内断丝超过10%时就需要更换。

8.挖掘机停放时要注意断开电源开关,禁止在斜坡上停放。停放时应将铲斗油缸和斗杆油缸处于缩进位置并将铲斗放在地上。

§8-4　平地机施工运用

平地机是一种铲土、运土、卸土同时进行的连续作业机械,能够从事多种土方工程作业。主要用途有:从公路两侧取土坑取土填筑不高于1m的路堤;修整路堤的横断面;旁刷边坡;开挖路槽和边沟,以及大面积的场地平整等。此外,还可以在路基上拌和、摊铺路面材料;对碎石路面和土路面进行养护;清除路肩上的杂草以及冬季道路除雪等。它的主要工作装置是一把刮刀,刮刀可以调整四种作用动作,即刮刀平面回转,刮刀左右端升降、刮刀左右引伸和刮刀机外倾斜。通过动作调整用以完成刮刀刀角铲土侧移、刮刀刮土侧移、刮刀刮土直移和机身外刮土等不同的作来内容。

一、平地机对土壤作用过程分析

平地机的主要作业对象是土壤,其作业过程就是使用刮刀切削或推移土壤的过程。掌握并正确地运用土壤切削知识,是正确地使用机器、提高作业效率的重要环节。下面从应用的角度出发,介绍土壤切削的基本原理与规律。

1.土壤切削的物理过程

土的切削过程是利用刮刀通过机械方法,把土块或土层从土体中剥离出来的过程。土的切削是一个很复杂的过程。土在刮刀的压力作用下,受到挤压和剪切而开始变形,当压力继续增大,土的原始结构被破坏,土块或土层被切离土体。切削过程中刮刀受到的基本阻力可归纳为:①土的原始结构破坏时所产生的阻力;②土的内摩擦力;③土与刀具间的摩擦力。这三种阻力通常是同时存在的,很难将它们区分开来。这三项阻力之和,我们称之为土的切削阻力。当采用合理的切削方式和刀具形状时,就可以减小切削阻力,提高作业效率。

切削过程中土的变形和破坏情况决定于土的性质、状态、刀具的切削参数等因素。例如,对于塑性大的粘土呈流动型破坏;对于塑性低而且较密实的土则呈剪裂型层状破坏;而介于两者之间时则可出现断裂型破坏。图8-43所示为切削过程中土破坏的三种形式。如果改变切削参数,其破坏形式则可能发生改变,例如减小切削角,有可能使原来呈断裂型破坏变为流动型破坏。在这几种破坏形式中,原始土结构破坏阻力、土与土之间的内摩擦阻力、土与刀具之间的摩擦阻力是同时存在的。

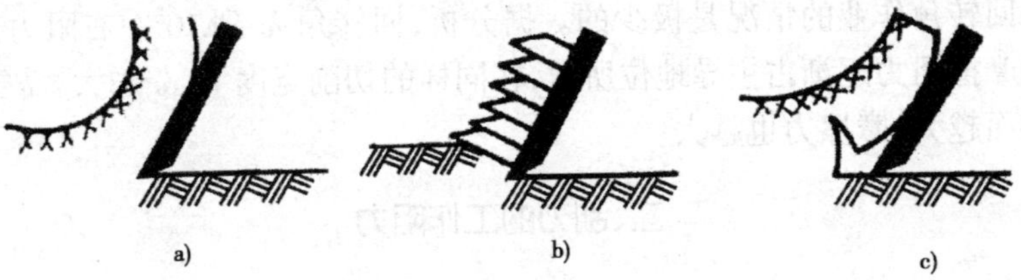

图 8-43　土破坏的三种形式
a)剪裂型；b)流动型；c)断裂型

2.切削刀具的主要参数

图 8-44 所示为刀形(也称楔形)切削装置的几何参数和工作参数，平地机的刮刀和推土铲刀就属于这种刀型切削装置。刀具的几何参数有：刀具宽度 B；刀具高度 H；刃角 θ；刀面圆弧半径 r。刮刀的刀面一般都是圆弧形的，圆弧可延伸到刀刃，但一般刮刀的刀刃是可更换的刀片(矩形)，弧面只在在刀片以上。弧形刀面可以导引切下的土向前翻，起到减小切削阻力的作用。

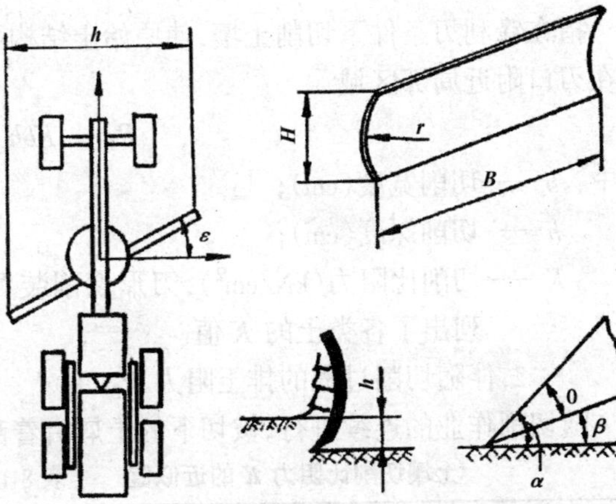

图 8-44　切削刀具的主要工作参数示意图

刀具的主要工作参数有：切削角 α(也称铲土角)；切削后 β；切削宽度 b；切削深度 h；回转角 ω。切削角 α 与切削后角 β、刃角 θ 的关系是 $\alpha=\theta+\beta$。切削时应保证后角 $\beta>0$。切削宽度 $b=B\cos\omega$，当 $\omega=0$ 时，切削宽度就等于刮刀宽度 B，此时楔形刀具(刮刀)称为平楔，当 $\omega\neq0$，则称为斜楔。

3.基本切削规律

刀形切削装置在切削过程受到切削阻力 N 的作用，N 可分解为切向阻力 N_x 和法向阻力 N_y(图 8-45)，N_x 是机器作业时需要耗用功率克服的阻力。理论分析表明，切削角 α 愈小，切削阻力 N_x 也愈小。在平楔作用下，土的强度一定时，切削阻力与切断面面积成正比。实验近似地证明了这些结论。

实验也证明了在一定条件下，斜楔可以降低切削阻力。图 8-46 为实验所得的回转角 ω 与

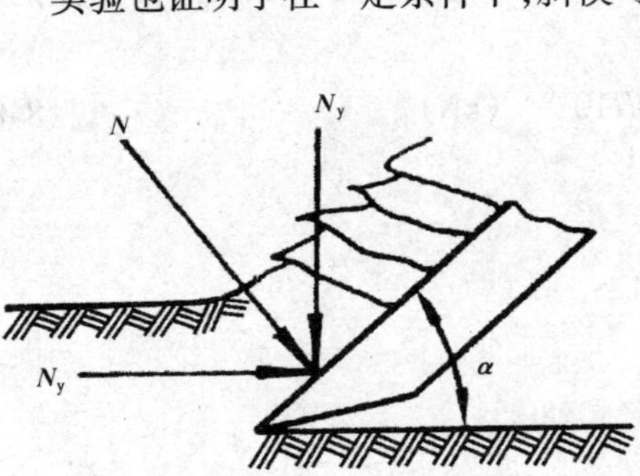

图 8-45　平楔切土时的切削阻力

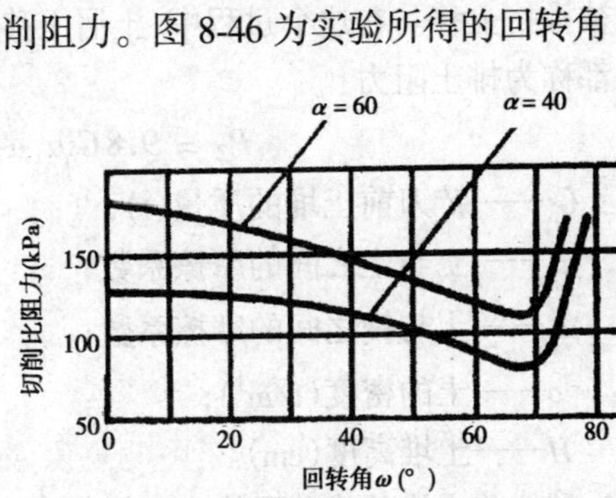

图 8-46　切削比阻力与回转角的关系

切削阻力之间的关系。当回转角 ω 由 0°(平楔)逐渐加大时，土的切削比阻力(单位切削面积

上的阻力)随之减小,一直到70°左右。当 ω 大于70°时,切削比阻力开始上升,在实际操作中采用这样大的回转角作业的情况是极少的。据分析,回转角 ω 到70°左右阻力开始上升的原因有可能是因摩擦阻力逐渐占主导地位所致,在同样的切削宽度下,ω 越大,需要刮刀越长,土与刀具的摩擦面越大,摩擦力也越大。

二、刮刀的工作阻力

平地机刮刀和推土铲刀作业时的工作阻力是指在行驶方向上的工作阻力,主要由下列各种阻力所组成:

1.切削阻力 P_1

指在锋利刃条件下切削土壤,使原始土结构破坏,分离土体时的切向阻力,力的作用点主要在刃口附近局部区域:

$$P_1 = Kbh \quad (\mathrm{kN}) \tag{8-7}$$

式中:b——切削宽度(cm);

h——切削深度(cm);

K——切削比阻力($\mathrm{kN/cm^2}$),刀形切削装置切土时在单位切削面积上的阻力。表8-12列出了各类土的 K 值。

2.伴随切削过程的排土阻力 P_2

随切削作业的连续进行,被切下的土屑沿着刮刀面被推挤上移(图8-47箭头所示方向),

土壤切削比阻力 K 的近似值　　表8-12

土的名称	砂 粉砂土 种植土	轻粘土 小砾石 夹有碎石的砂土 泥炭和带根种植土	亚粘土 重砂土 干黄土	重粘土、硬黄土 含石块的粘土 石块与粗卵石
切削比阻力 K ($\mathrm{kN/cm^2}$)	5	8~10	12~20	20~30

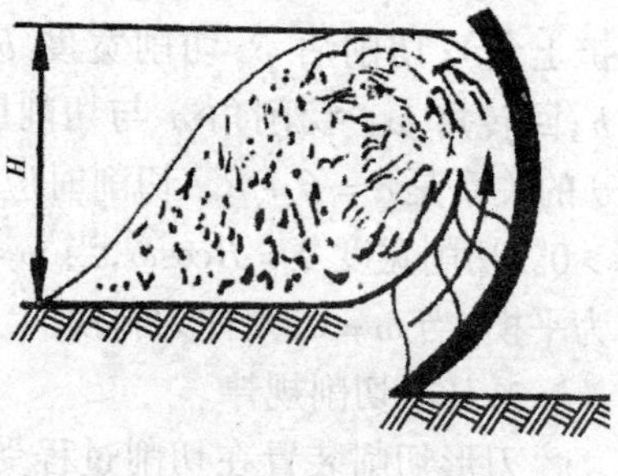

图8-47　土的切削推移运动

如果被切下的土屑呈流动型破坏,则土屑呈条带状沿刀面上移,若属于层状破坏,则形成局部堆积被推挤上移。在这个过程中,土屑上移的位能改变量所产生的阻力以及在刀面产生的摩擦力都称为排土阻力:

$$P_2 = 9.8Gs\mu_1\mu_2 + 9.8bh\rho H10^{-6} \quad (\mathrm{kN}) \tag{8-8}$$

式中:Gs——铲刀前土堆的质量(t);

μ_1——土与土之间的摩擦系数;

μ_2——土与钢之间的摩擦系数;

ρ——土的密度($\mathrm{t/m^3}$);

H——土堆高度(cm)。

3.刮刀前土堆的推移阻力和土沿铲刀侧移的摩擦阻力 P_3

$$P_3 = 9.8Gs\mu_1\cos(\omega - \xi) \quad (\mathrm{kN}) \tag{8-9}$$

式中:Gs——刮刀前土堆的质量(t);

ω——刮刀的回转角；

ξ——土与刮刀的摩擦角，$\xi = \tan^{-1}(\mu_2)$，若 $\omega < \xi$，则取 $\xi = \omega$；

μ_1——土与土之间的摩擦系数。

4.刮刀钝口对地面的挤压阻力和摩擦阻力 P_4

刮刀刃磨钝后，钝口与地面产生挤压阻力和摩擦阻力 P_4，这个阻力是不确定因素，它的大小取决于磨钝的程度。图 8-48 所示，刃口近似成圆弧形，圆弧半径为 r，弧心所在 L 线以上可认为是进行切削的刀面，L 线以下的刀面对土壤产生挤压作用，使土体变形，在挤压力作用下，刮刀钝口与地面也存在着摩擦力：

$$P_4 = 5 \times 10^{-5} r^2 \cdot b \cdot p_0(1 + \mu_2) \quad (\text{kN}) \qquad (8\text{-}10)$$

式中：r——刀刃钝口的圆弧半径(cm)；

p_0——土的坑抗系数(kPa/cm)。

综上，刮刀的工作总阻力为：

$$P = P_1 + P_2 + P_3 + P_4 \quad (\text{kN}) \qquad (8\text{-}11)$$

5.影响工作阻力的主要因素

影响工作阻力的因素主要有：土的性质和状态；切削装置的几何形状；土壤切削断面的形状；切削方法和切削作业速度等。

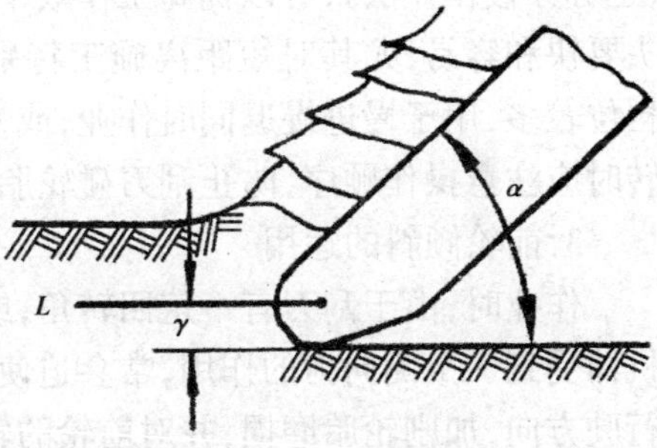

图 8-48 刮刀钝口切削状态

土的结构、容重、含水量和摩擦系数等对切削阻力有重大影响，有的因素在计算公式中已考虑，有的还未考虑。例如当含水量增大时，粘土的切削阻力可以从 4 级降低到 1 级。切削装置的几何形状对阻力影响也很大，在切削阻力计算中没有考虑切削角 α 的影响。实验表明：α 愈小，切削阻力也愈小，切削阻力与切削角的变化不呈线性关系；试验还表明当切削角 α 为 60°时，切削阻力接近最大值，随着 α 的继续增大，阻力的变化则不太明显，因此在进行切削作业时，切削角应在 60°以下。切削后角 β 影响到刀具与地面的摩擦阻力，由于土是有弹性的，β 越小，刀刃底面与土产生的摩擦越大，也容易使刀刃磨损，因此切削应当保持适当的切削后角。

被切削土体的断面尺寸和形状对切削阻力的变化也产生影响。当截面积不变时，若增大切深与切宽的比值，则使刮刀两侧对土的剪切力和摩擦力明显上升，从而使工作阻力增大；当刮刀刃已有了一定磨损后，增大切削宽度，则土对刀刃的挤压阻力明显上升，成为主要影响因素，使工作阻力上升。

在同样切宽切深的情况下，刮刀回转适当角度则可使切削阻力下降。

一般认为，切削作业速度应低于土的破坏速度(裂缝传播速度)。试验表明，较高的切削作业速度使切削阻力上升。

三、平地机的基本操作与运用

1.铲土角选择

铲土角即切削角，指刮刀切削刃与地面的夹角。铲土角的大小依作业类型来确定，一般平地机铲土角有一定的调整范围，以适应不同的作业要求。中等切削角(60°左右)适用于通常的平整作业。当切削、剥离土壤时，例如剥离草皮、刮平凸缘、切削路边沟等，需要较小的铲土角，以降低切削阻力。当进行摊铺混合物料的作业时，应选用较大的铲土角，这样可以避免大粒物料对铲刀的推挤力，大粒料较容易从刮刀下滚过去。由于铲土角大，刮刀载料减少，使物料滚动混合作用加强。

2.刮刀回转角选择

刮刀回转角是指刮刀与横向坐标 x 轴的正向夹角 ω（图 8-49）。当回转角增大时，工作宽度 b 减小，但物料的侧移输送能力提高，切削能力也提高。对于剥离、摊铺、混合作业及硬土切削作业，回转角可取 30°～50°，对于推土摊铺或进行最后一道刮平以及进行松软或轻质土刮整作业时，回转角可取 0°～30°。回转角应视具体情况及要求来确定。

将刮刀转 180°后，平地机可在倒退行驶状态下作业，这特别适合于狭窄地段的施工，如在机器调头困难的情况下进行往复作业（也称穿梭作业法），可以提高工作效率。刮刀回转 180°比平地机调头要快和容易，尤其对短距离施工特别适宜。因此，平地机的倒退档位较多，用于慢进慢退同时作业，或慢进作业，加速退回。刮刀回转时应注意操作顺序，防止刮刀碰轮胎、耙土器等。

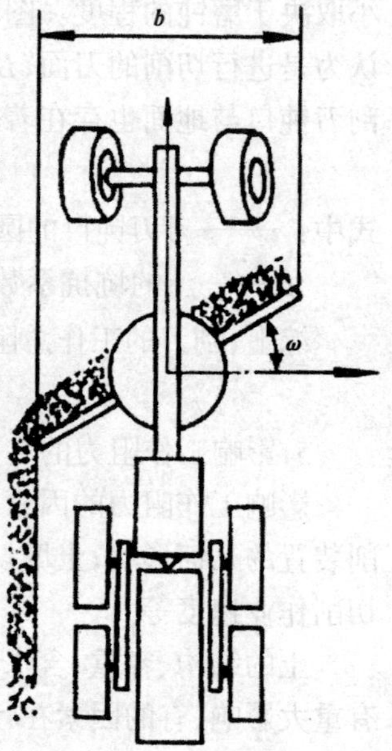

图 8-49 回转角的运用

3.前轮倾斜的运用

作业时，由于刮刀有一定回转角，或由于刮刀在机外刮侧坡，使机器受到一个侧向力的作用，常会迫使机器前轮发生侧移以致偏离行驶方向，加剧轮胎磨损，并对前轮的转向销轴产生很大力矩，使偏摆前轮阻力增大。这时可以采用倾斜车轮的方法来避免这种状况，原则是：前轮的倾斜总是与外力呈相抵消状态。例如：刮刀以大回转角作业时，物料流向左侧，前轮应向左侧倾斜（图 8-49）；刮坡作业时（图 8-50），轮子的倾斜方向取决于坡土的性质：当土壤为软粘土时，刮刀受到一个切进力的作用，此时操纵轮子向离开坡道的方向倾斜（图 8-51a）），这样可以防止刮刀过深地啃入土内；当土壤为硬质土时，操纵前轮向坡道一侧倾斜（图 8-51b）），以保持刮刀较强的切土能力。

前轮倾斜除了用来抵消机器受到的侧向力外，还可用于刮坡作业时刮刀切入深度的微调，以提高刮削精度。

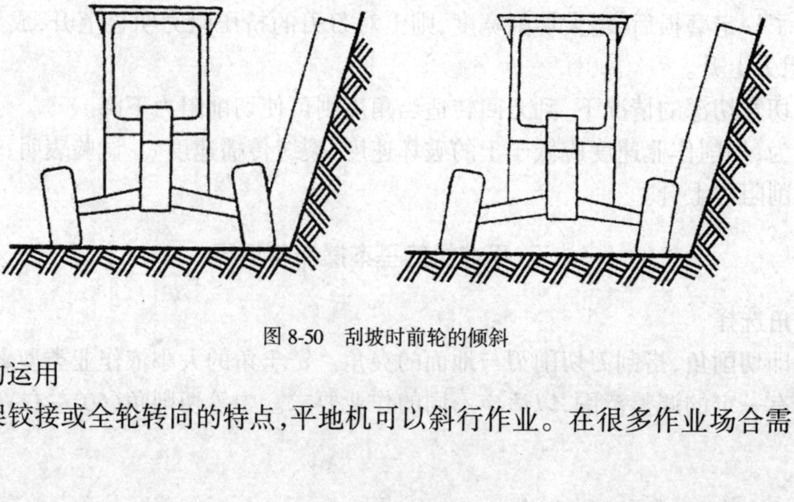
图 8-50 刮坡时前轮的倾斜

4.斜行的运用

利用车架铰接或全轮转向的特点，平地机可以斜行作业。在很多作业场合需要采用斜行作业方法，使车轮避开料堆，使机器更加稳定，见图 8-52、图 8-53。

5.保持机器的稳定

应尽可能保证后轮在比较平坦的路面上行驶，必要时可以让前轮在坡道和土丘上走，而机身放在平坦的地面上以保持机器的稳定。这样机器便于控制，刮刀也易于调节，可以保证具有较好的作业效果。图 8-52 所示为刮坡作业时后轮在地面上，前轮在坡上，使刮刀侧伸出的距离增大，机器横向宽度尺寸增大，稳定性提高。

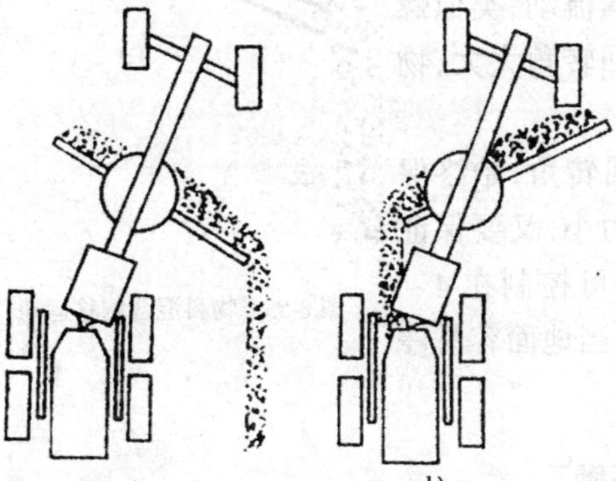

图 8-51　斜行作业

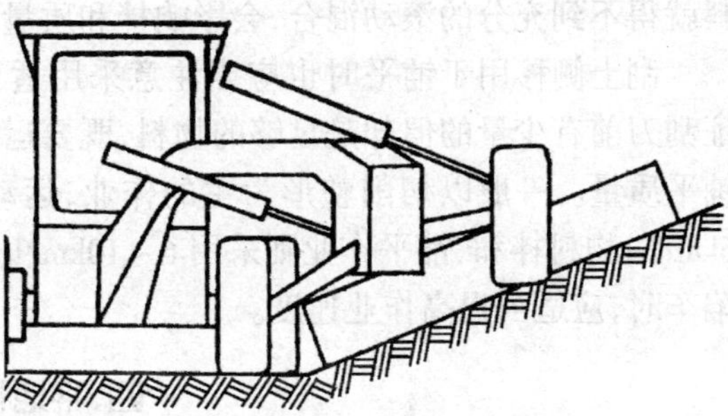

图 8-52　偏置行驶刮坡

6.刮刀侧移

平地机作业时，除了采用操纵前轮或后轮使机器沿要求的行驶路线作业外，还常需要同时操纵刮刀侧移来辅助实现刮刀的运动轨迹。当在弯道上或作业面边界呈不规则的曲线状地段作业遇障碍时，可以操纵刮刀侧向移动(图 8-53)收回(一般不采用转向的方法躲避)，过了障碍物后再将刮刀伸出。

7.刮土移土

被刮下的土壤，可以有两种移运方式，它们分别是：

(1)刮土直移

将刮刀回转角置于 0°(刮刀轴线垂直于行驶方向)，如图 8-54 所示，此时切削宽度最

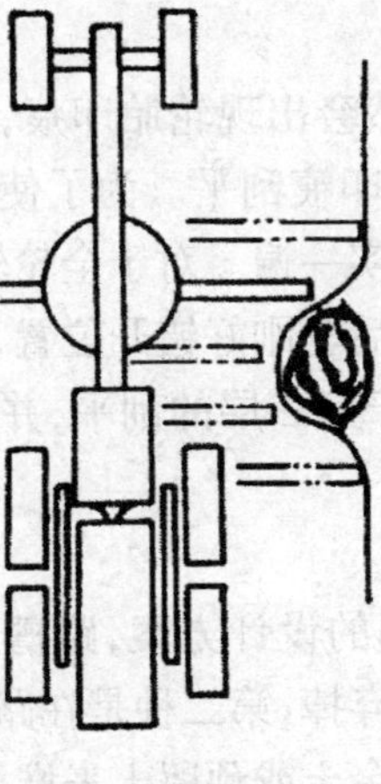

图 8-53　躲避障碍物示意

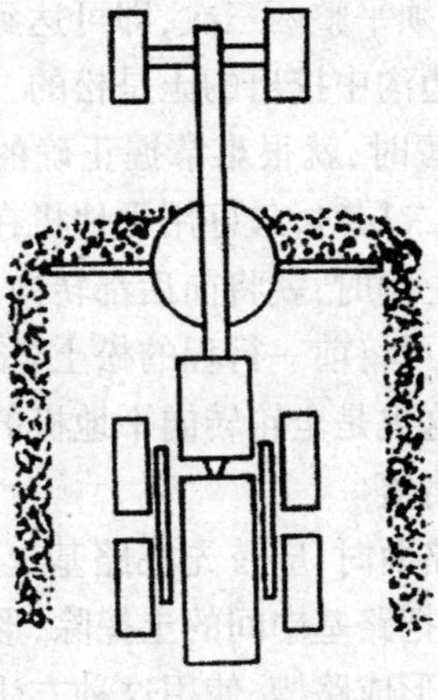

图 8-54　刮土直移示意图

大，但只能以较小的入土深度作业，主要用于铺平作业。

(2)刮土侧移

保持一定的回转角，在切削和运土过程中，土沿刀的侧向流动，回转角度越大，切土和移土能力越强。刮土侧移时应注意不要让车轮在料堆上行走，应使物料从车轮中间或两侧流过，必要时可采用斜行方法进行作业，使物料离车轮更远一些。刮土侧移常用于物料拌和作业，将待混合的物料用刮刀一端切入，从刮刀的另一端流出，这时应注意刮刀的回转角大小要适当，并要求采用较大的铲土角。物料流动时有两种运动，即纵向滚动和横向流动，类似螺旋状运动(图 8-55)，物料在运动中得到混合。如果回转角太大，物料就得不到充分的滚动混合，会影响拌和质量。

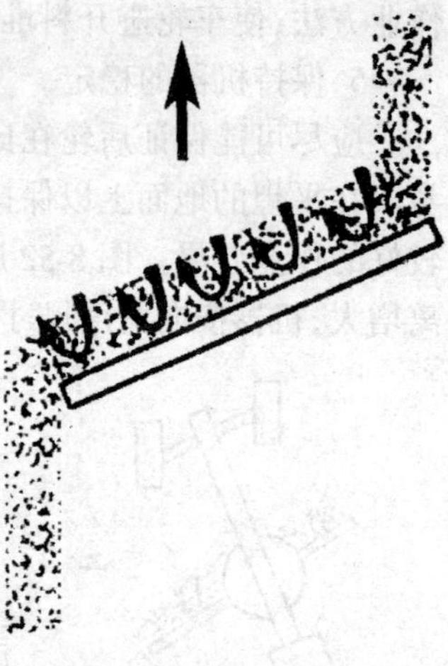
图 8-55 物料混合侧移运动

刮土侧移用于铺平时也应当注意采用适当的回转角，始终保证刮刀前有少量的但却是足够的物料，既要运行阻力小，又要保证铺平质量。一般以切削整形为主的作业，运动速度可控制在 4 ~ 6km/h；物料拌和、铺平作业则采用 6 ~ 10km/h 为宜，当地面容易停陷车时，应适当提高作业速度。

四、平地机路基施工

1. 修整路供

这种作业就是按照路堤、路堑的横断面图的要求，将边沟开挖出的土送到路基中部修成路拱。其施工顺序是，由路基的一侧开始前进，到达一路段的终点后调头从另一侧驶回，如图 8-56 所示。开始平地机以较小的回转角用刮刀角铲土侧移，将土壤从边沟处挖出，再以较大的回转角将土壤送到路基中间，最后用平刀将土堆刮平，使之达到设计标高。铲土与送土的次数，应视路基宽度、边沟的大小，土壤的性质及平地机的技术性能而定。正确的设计，从一侧边沟挖出的土量应足够填铺同一侧路拱横坡所需要的填土量，最后只须平整两三次，即可达到设计要求。

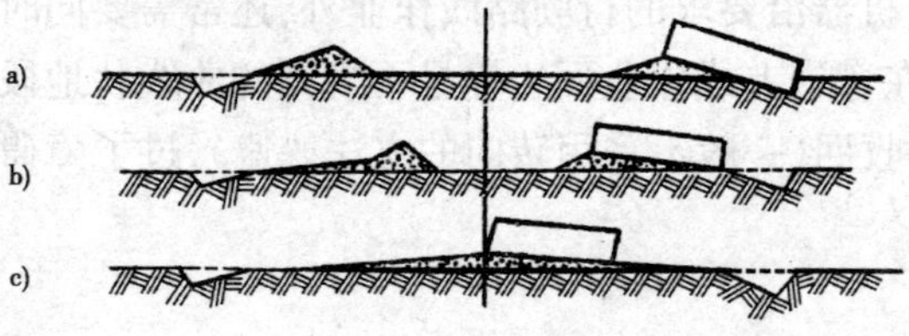

图 8-56 平地机修整路拱的施工顺序

a)铲挖；b)侧向移土；c)整平

由于从边沟中挖出的土是松的，当平地机驶过后，必然会出现轮胎印痕，这样在平地机第二层刮送土壤时，就很难掌握正确的标准，而且又不易把印痕刮平。为了使土壤铺散达到要求，在刮送第二层时，最好用平地机在松土上反复行走，压实一遍。对于全轮转向的平地机，在刮送第一层土壤时，就将前后都转向，让机身侧置，这样前后轮刚好错开位置，此时平地机经过一次刮送，就可将前一行程的松土全部碾压一遍，则有利于第二层的刮平，并容易掌握路拱横坡的标准。这也是全轮转向平地机的优点。

2. 开挖路槽

当修筑路面时，应首先在路基上开挖路槽。根据不同的设计方案，路槽的开挖有三种方式：第一种是把路基中间的土挖除，形成路槽，将挖出的土弃掉；第二种是在路基的两侧用土堆起两条路肩，形成路槽，使用这种方法，可以利用整形时的余土或预留土来堆填；第三种方式是将路槽开挖到设计深度的 1/2，把挖出的土修成路肩，这样挖填的土方量相等(设计时计算好)，因此比前两种方式更经济合理。开挖路槽的施工顺序如图 8-57 所示。

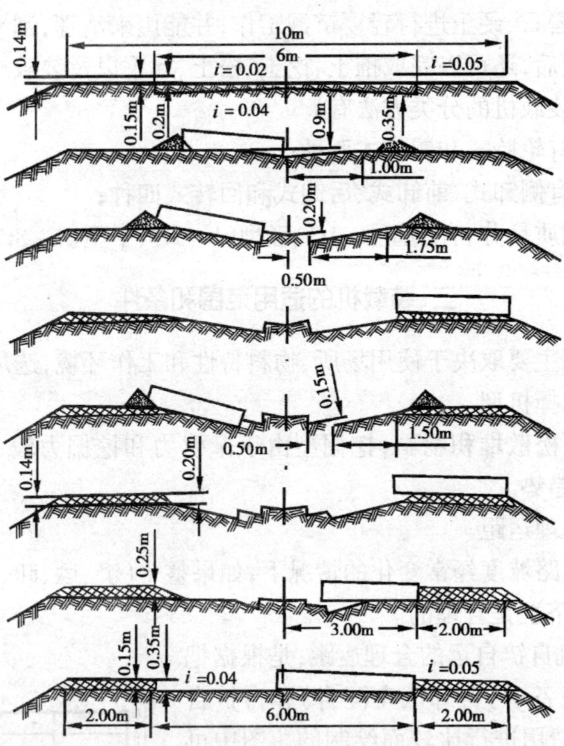

图 8-57　平地机开挖路槽顺序

a)第一次通过挖土；b)第二次通过挖土；c)第三次通过铺土于路肩；d)第四次通过挖土；e)第五次通过铺土于路肩；f)第六次通过挖路槽侧部；g)第七次通过挖路槽侧部并刮平路槽底部

3.修刷边坡

修刷边坡作业多用机外刮土法进行。当路堤边坡坡度为 1∶1.5～1∶0.5，高度在 1.8m 以下时，用一台平地机单独作业；当路堤的高度在 4m 左右时，则用两台平地机上下联合作业。此时，堤上的平地机应先行约 10m，堤下的平地机再开始工作。这样不会因堤上平地机刮落下的土壤影响堤下平地机的作业。同时也便于堤下平地机按照堤上平地机刮出的坡度进行修刮，从而使两作业面很好地吻合。

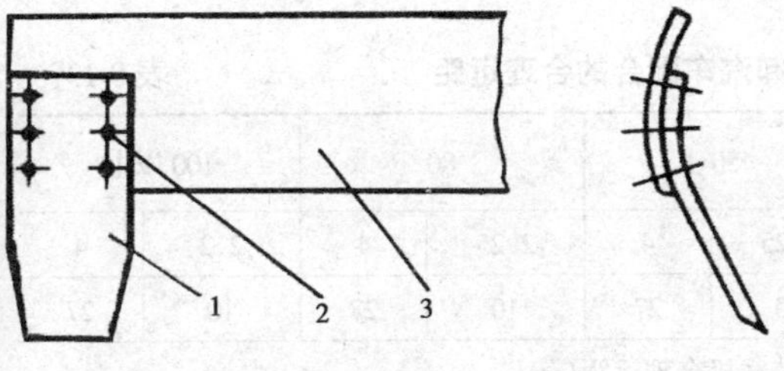

图 8-58　路缘石沟铲刀结构
1-挖沟刀片；2-螺栓；3-刮刀

4.开挖路缘石沟或小排水沟

为了拓宽平地机作业范围，可在刮刀的一侧安装刀片，路基施工时用于开挖安装路缘石的矩形沟或小排水沟等。根据刮刀的回转角度决定挖出的土堆放在沟的左侧或右侧。图 8-58 所示为路缘石沟铲刀的结构。挖沟刀片 1 用埋头螺栓固装在平地机刮刀的一侧端部，刀片正面形状和尺寸根据路缘石沟的断面形状和尺寸来确定。

§8-5　装载机施工运用

一、概　　述

装载机是一种作业效率高，用途十分广泛的施工机械，它不仅对松散的堆积物料可进行装、运、卸作业，还可对岩石、硬土进行轻度铲掘工作，并能用来清理，刮平场地及牵引作业。如果换装相应的工作装置后，还可以完成推土、挖土、松土、起重以及装载棒料等工作。根据其不同的用途和使用要求，装载机的分类方法有：

①按行走装置分，有轮胎式和履带式两种；

②按卸载方式分，有侧卸式、前卸式、后卸式和回转式四种；

③按铲斗的额定载质量分，有小型（<1t）、轻型（1～3t）、中型（4～8t）、重型（>10t）四种。

二、装载机的适用范围和条件

装载机的适用范围主要取决于使用场所、物料特性和工作环境，选用时应注意以下几点：

①根据使用场所选择机型

装载型只适用于装松散堆积物料；挖掘型由于牵引力和挖掘力较大，适用于矿山铲装作业，有与挖掘机竞争之趋势。

②装载机的经济合理运距

装载机在运距和道路坡度经常变化的情况下，如果整个（铲、运、卸、回）作业循环时间少于3min时，自铲自运在经济上是合理的。

图8-59所示装载机自铲自运的合理运距，是根据把装载机分别作为铲装设备（与自卸汽车配合）和自铲自运设备时，对每吨生产费用进行比较而绘制的。图中可以看出，装载机作为铲装设备使用，还是作为自铲运设备使用，受到铲装阻力大小和运距长短两方面因素的影响。

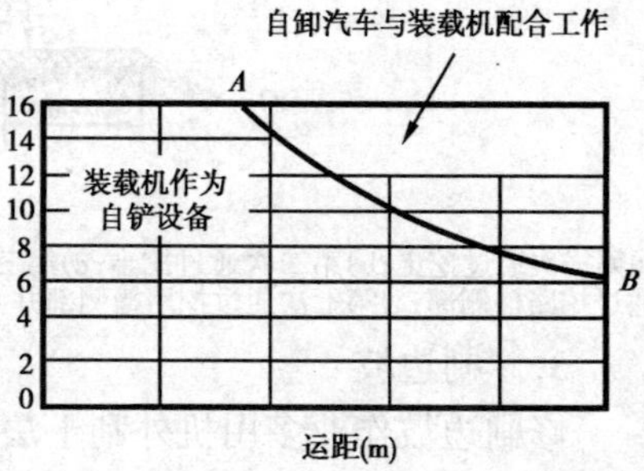

图8-59 装载机作为自铲运设备的合理运距

用轮胎式装载机代替挖掘机与自卸汽车配合工作时的合理运距，见表8-13。它与设计年土石方生产量，设备斗容和装载量有关，加大装载机容量就可以增加合理运距。

轮胎装载机代替挖掘机与自卸汽车配合的合理运距 表8-13

年生产量(10^4t)	10	30		50		80		100以上	
挖掘机斗容(m^3)	2.25	2.25	4	2.25	4	2.25	4	2.2	4
自卸汽车载质量(t)	10	10	27	10	27	10	27	10	27
装载机质量(t)	装载机合理运距(m)								
2	470	170	260	110	160	80	110	71	65
4	760	280	40	190	280	130	190	118	108
5	920	30	540	240	340	170	230	15	143
9.9		800	1190	560	750	400	520	384	347
16		890	1330	630	830	440	570	432	387

③装载机的斗容与自卸汽车车厢容积的匹配

通常以2～4斗装满一车厢为宜，车厢长度要比装载斗宽25%～75%，装载机铲斗45°倾斜卸载时，斗齿最低点的高度要比车厢侧壁高0.2～1m。

④充分发挥装载机的效率

装载机作业循环时间是，小型的不超过15s，大型的不超过20s，而且应考虑装载机走行速度和转弯速度。

三、基本操作法

1.起步

将各手柄均放于空档或中立非工作位置，保证柴油机空载起动。起动后空转预热，确认各仪表工作正常，即可将变速杆拨入所需档位，缓慢加速，使装载机起步。

2.动臂起落

装载机直接通过动臂控制铲斗铲装和运送物料，驾驶员则可依靠操纵手把使动臂停在任何所需位置。一般装载机动臂升降操纵杆都有四个位置，即“中位”、“上升”、“下降”及“浮动”。操纵杆处于“中位”即动臂停止不动；“上升”或“下降”的位置，动臂即上升或下降；“浮动”位置是当装载机作推土或刮平地面时用，此时动臂随地面的高低自行起落。

3.铲斗转动

操纵铲斗控制手把，可使铲斗上转、前倾或停在任何所需位置。

4.行走

较长距离行走时，铲斗应尽量抬起，斗底距地面400~500mm，以低速或中速档行驶。

5.转向及制动

装载机在行驶和作业过程中，根据要求需经常变换行驶方向和停机。履带式装载机转向时，需操纵转向杆和制动踏板，使一侧履带减速或不动，另一条履带绕其转动来完成转向。急转弯时，可拉回转向杆同时将同侧制动踏板一次踏死；缓转弯时，分数次踏下制动踏板。转弯完成后，松开时的操纵顺序应相反：即先松开制动踏板，再松开转向操纵杆。单独拉动转向杆，机械也能作缓慢的转弯。下陡坡转向时，由于机械的惯性，转向杆的操纵应相反，即机械向右转弯时应拉左边转向杆，左转弯时拉右转向杆，且不需踏制动踏板。下坡急转弯时，应按前面所述方法操纵，如向右急转弯，应同时拉回右边的转向杆并踏死右制动踏板。

轮式装载机的转向，可根据需要，不同程度地转动方向盘，转向机构就能保证按所需的角度转弯。但大多数机械，只有当发动机工作系统正常，转向才有效。因此，拖动时，千万要注意安全。停车或减速时，可松开加速踏板踏下制动踏板，根据踏下制动踏板的缓急，机械便可减速或停止。紧急制动时，可同时踏下制动踏板并拉死手制动。手制动器除紧急制动外一般只在停车时使用。

6.停车

踏下制动踏板，使装载机慢慢停止。动臂手把放在下降档，铲斗手把前后扳动数次，使高压油管路内的残余液体流回油箱，然后熄火，拉开总开关。必要时拉上停车制动器。

坡道上停车，车轮一侧应垫上止动物体(如掩木或适当形体的块石等)。夏天应停在阴凉处，防止日光暴晒。

7.几种特殊情况处理

①在凹凸不平地段行驶：不能挂高速档，只能慢速缓行，采用四轮驱动。

②坡道上行驶：坡道较陡，也可用四轮驱动，低速慢行，坡道途中不得换档，更不能利用惯性下滑，要随时注意制动。在坡道上横向行驶时，机体稳定性不好，要倍加小心，防止翻车事故。

③陷车处理：装载机陷车后，可先放倒铲斗，用动臂支起前轮，再后退，同时慢慢提起动臂。

如此反复多次操纵，即可脱出。

④水中作业：轮式装载机在水中作业前，应将发动机、变速箱、前后桥牙包的下部油堵拧紧，作业水深限为轮胎直径的 1/2。作业后应进行清洗及防腐蚀保养。

四、铲装作业方法

1.铲装松散物料

首先将铲斗放在水平位置，并下放至与地面接触，然后以一档、二档速度(视物料性质)前进，使铲斗斗齿插入料堆中。此后，边前进边收斗，待铲斗装满后，将动臂升到运输位置(离地约 0.5m)，再驶离工作面。如装满有困难时，可操纵铲斗上下颤动或稍举动臂，如图 8-60b)所示。

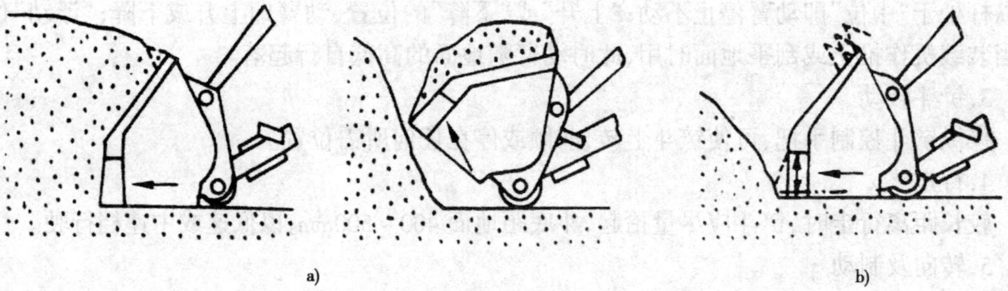

图 8-60　装载机铲装松散物料

a)边前进边收斗，装载后，举升至运输位置；b)操纵铲斗上下颤动

2.铲装停机面以下物料

铲装时应先放下铲斗并转动，使其与地面成一定的铲土角，然后前进，使铲斗切入土内，如图 8-61 所示。切土深度一般保持在 150～200mm 左右，直至铲斗装满。装满收斗后将铲斗举升到运输位置，再驶离工作面运至卸料处，铲斗下切的铲土角约 10°～30°(随土壤性质而定)。对于难铲的土壤，可操纵动臂使铲斗颤动，或者稍改变一下切入角度。

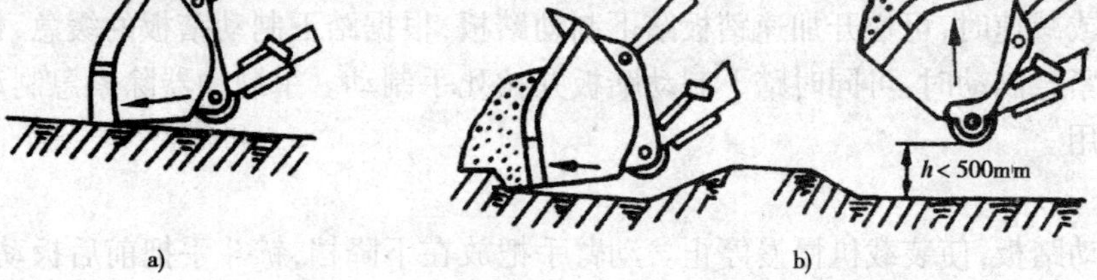

图 8-61　装载机铲停机面以下土壤

3.装载机铲装土丘

铲装土丘时，可采用分层铲法或分段铲装法。分层铲装时，装载机向工作面前进，随着铲斗插入工作面，逐渐提升铲斗，或者随后收斗直到装满，或者装满后收斗，然后驶离工作面。开始作业前，应使铲斗稍稍前倾。这种方法由于插入不深，而且插入后有提升动作的配合，所以插入阻力小，作业比较平稳。由于铲装面较长，可以得到较高的充满系数，如图 8-62 所示。

如果土壤较硬，也可采取分段铲装法，如图 8-63 所示。这种方法的特点是铲斗依次进行插入动作和提升动作。作业过程是铲斗稍稍前倾，从坡脚插入，待插进一定深度后，提升铲斗，当发动机转速降低时，切断行走动力，使发动机恢复转速。在恢复转速过程中，铲斗将继续上升并装一部分土，转速恢复后，接着进行第二次插入，这样逐段反复，直至装满铲斗或升到高出工作面为止。

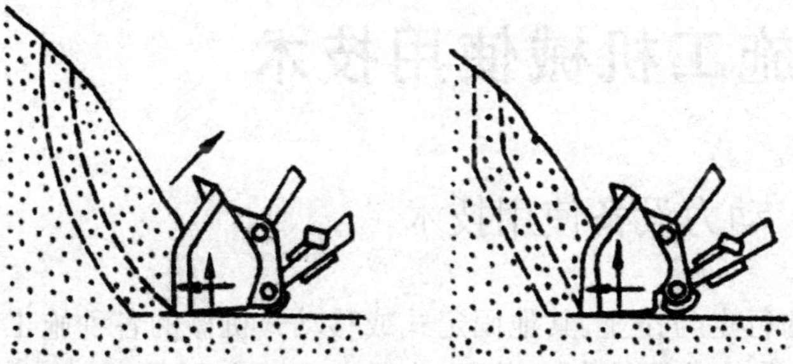

图 8-62　装载机分层铲装法

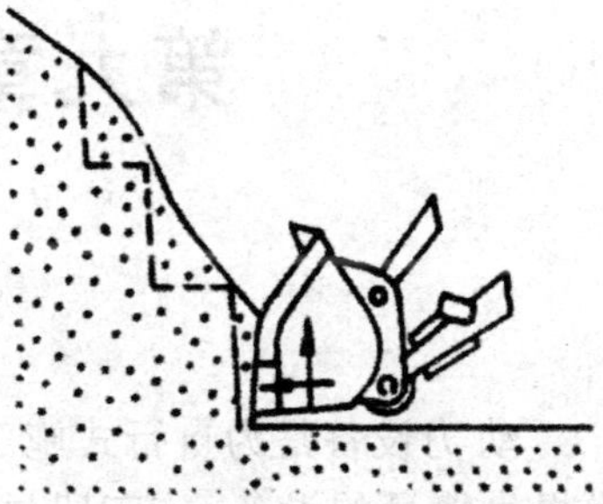

图 8-63　装载机分段铲装作业

五、装载机与自卸汽车配合施工

装载机与自卸汽车配合填筑路堤等施工中，装载机的转移卸料与车辆位置配合的好坏对装载机生产率影响较大。施工组织原则是，根据堆料场的大小和料堆的情况尽可能做到来回行驶的距离短，转弯次数少。最常用的施工作业方式有“V”形和“穿梭”式，如图 8-64 所示。

“V”形是汽车停在一个固定位置，与铲装工作面斜交，如图 8-64a)所示。装载机装满斗后，再倒车驶离工作面的同时转向 30°~45°，然后向前对准汽车卸料。卸料后在驶离汽车时也同样转向 30°~45°，然后对准工作面前进，进行下一次铲装。这种方法对于装载机特别有利，铲斗满后只需后退 3~5m 即可转向汽车卸料。有时为了更好地配合运输车辆，也可采用双“V”形，即两台装载机分别从两侧对一台汽车装料，这样可进一步缩短装车时间。

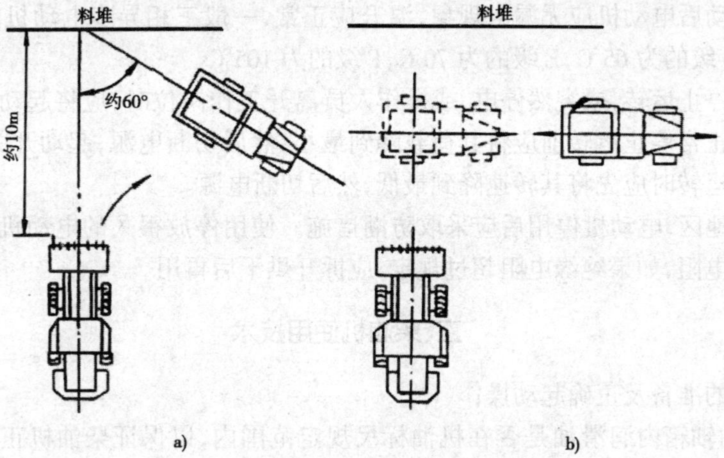

图 8-64　装载机与自卸汽车配合作业方式
a)“V”形装车方式；b)“穿梭”装车方式

穿梭式作业方式是装载机只在垂直工作面的方向前进、后退，而汽车则在装载机与工作面之间像穿梭一样来回接装和驶离，如图 8-64b)所示，汽车待装位置可以平行于工作面，也可以与工作面斜交。装载机驶离工作面的距离一般不超过 6~10m，使汽车能安全通过即可。

装载机与自卸汽车配合装车，必须根据料场的地形，地质以及材料的类别和周围环境的不同来选择不同性能的装载机和作业方法。

第九章　施工机械使用技术

§9-1　动力设备使用技术

动力设备是为自行式施工机械的行走与作业、其他固定式或移动式机械的各种施工动作提供能量的设备。施工机械的动力设备常见的有内燃机、电动机和空气压缩机。这些设备的使用是否合理,除对其本身的性能发挥和使用寿命的长短有直接影响之外,对机械化施工的进度和机械化水平的高低都会产生连带的影响。施工企业不可忽视动力设备的使用技术。

一、电动机操作规程

1.露天使用的电动机应设有防尘、防雨罩。电动机停放地点必须保持干燥,电动机旁禁止堆放杂物及易燃品。电动机与其他机械的连接处应设有安全防护罩。

2.在电动机起动前应检查电线及接头有无破损、松动;检查电动机是否灵活。电动机的搭铁线应连接可靠,绝缘电阻应不小于 0.5MΩ。操作高压开关、起动高压电动机时,应戴绝缘手套、穿绝缘鞋。严禁带电更换熔断丝或熔断片,禁止用一般金属丝代替熔断丝。

3.起动时若发现电动机有异响或不转动,应立即将起动开关或电源开关断开,查明原因并排除故障。起动后电动机应无漏电现象,温升应正常,一般三相异步电动机的 A 级最大温升允许为 55℃,B 级的为 65℃,E 级的为 70℃,F 级的为 105℃。

4.电动机停止运转,或突然停电,或操作人员离开工作岗位时,应将起动开关或电源开关断开。电动机正常停止运转前应将其荷载降到最小,然后切断电源,起动开关拨到停止位置。调速电机停止运转时应先将其转速降到最低,然后切断电源。

5.在潮湿地区,电动机停用后应采取防潮措施。使用停放很久的电动机时应先用摇表检查电动机绝缘电阻,如果绝缘电阻超过规定,应拆开烘干后再用。

二、柴油机使用技术

1.起动前的准备及正确起动操作

(1)检查曲轴箱内润滑油是否在机油标尺规定范围内,以保证柴油机正常运转和节约燃料;检查燃油箱内有无积水,燃油是否足够;水冷柴油机要检查并加注足够的冷却水;检查蓄电池内电解液面或加注蒸馏水。

(2)检查柴油机外部机件是否松动、损坏;检查风扇皮带紧度是否符合要求,不符合要求时应予以调整。

(3)柴油机起动前,主离合器要处于分离状态或变速箱为空档;全液压工程机械和液压操纵式机械的操纵阀要置于中位,保证柴油机处于空载状态;有预热装置的柴油机,起动前要打开预热塞,先预热 40～50s,寒冷季节和地区要重复预热 2～3 次后再起动。

(4)水冷柴油机禁止不加冷却水起动；电动机起动柴油机时，每次不得超过10s；连续使用起动电动机时，其间隔时间应不少30s；若连续三次不能起动柴油机，应查明原因、排除故障后再起动，以免蓄电池过放电而损坏。

(5)柴油机起动后应怠速暖车运转3~5min。在此期间不可猛踩加速踏板，涡轮增压柴油机应防止因润滑不良而损坏增压器；检查机油压力是否在规定范围内，电流表是否显示充电，柴油机是否有异响等异常现象。

(6)柴油机冷却水温度超过40℃时方可带负荷运转。

2.运转技术要求

(1)柴油机运转过程中应无异常现象，否则应立即停车、查明原因、排除故障。

(2)柴油机冷却水温度应在80℃~95℃之间，若因缺水、负荷过大或冷却系故障而使冷却水温度过高时，应针对具体原因，采取相应措施，使其温度逐渐降低。严禁用冷水快速注入水箱或洗泼柴油机。开启水箱盖时操作人员要戴手套，脸部避开水箱盖口，谨防烫伤，然后徐徐加注冷却水。

(3)要防止柴油机"飞车"。一旦发生"飞车"，要果断采取措施，以免发生重大事故。

(4)尽可能地让柴油机在中等转速偏上或中等负荷偏大的工况下运转，使其发挥良好的动力性和燃料使用经济性；尽可能地避免柴油机长期全负荷、超负荷运转，以延长柴油机使用寿命。

3.停车熄火的技术工作

(1)柴油机停车前应卸去负荷，怠速运转几分钟(增压柴油机应怠速运转5~10min)，让柴油机温度逐渐降低后再关闭节气门、停车。

(2)排气管向上的柴油机在露天停放时，熄火后要盖好排气管口，以免雨水侵入。

(3)长期存放的柴油机应将蓄电池拆下，专门保管，或作其他用。

(4)按规定牌号将油箱注满清洁柴油和添加润滑油，加注燃润料时严禁烟火，注意安全。

(5)气温低于0℃时停车后要放净柴油机内的冷却水，以免冻裂机体。使用防冻液的要检查其缺失情况。

(6)按保修规程或使用说明书的要求，对柴油机进行例行保养。

4.关于自行式机械的柴油机拖起动

拖起动是指由于柴油机自身技术状况不佳、环境温度低、蓄电池电量不足等原因引起起动困难时，在其他机械、车辆的牵引拖动下，借助车轮(履带)、传动系，将牵引动力反向传至发动机，驱动发动机曲轴旋转，达到起动发动机的一种起动方式。这是一种应急的起动方式。

(1)拖起动方式的施工机械传动形式

目前施工机械、车辆驱动力的传动形式主要有机械式传动、液力机械传动和液压传动三种。然而，并不是所有传动形式都适合拖起动，只有能够实现动力反向传动的机械传动系，方可用拖起动。

①机械传动形式的施工机械能使用拖起动。如W4—60型挖掘机、3Y—12/15型压路机等在传动系中应用的是弹簧压紧常接合式离合器，能将车轮反向传递的力传至发动机，使用拖起动方式没有问题。

对拉杆压紧非常接合式主离合器的施工机械(如TY120型推土机)来说，其传动形式虽然也是机械传动，但应尽量避免使用拖起动。因为主离合器的主动盘与发动机飞轮之间使用挠性的胶布节连接。当发动机工作时，飞轮通过五个胶布节拉着主离合器的主动盘旋转，胶布节处于受拉状态；但拖起动时，主离合器主动盘反过来借助胶布节推着发动机飞轮旋转，胶布节又处于受压状态。胶布节若是经常反复受到拉压交替荷载，极易损坏。

②液力机械和液压传动形式的施工机械不能使用拖起动。

③虽然是液力机械传动，但能实现反向传动的施工机械亦能使用拖起动，如 TY180 推土机，其液力变矩器上装有锁紧离合器。当锁紧离合器锁紧后，能将原来的液力机械传动改变为机械传动，从而实现反向传动，故可以使用拖起动。再如 ZL50 型装载机，其变矩器中装有"三合一"机构；若把"三合一"操纵杆向上提，可使变速箱中的反向传动的主动齿轮与变速箱的输出轴连为一体，则在牵引车轮转动变速箱输出轴时，即可通过反向齿轮传动，将动力不经液力变矩器传到发动机，从而实现拖起动。

(2)施工机械拖起动时应注意的事项

①发动机必须能正常工作，这是实现拖起动的前题条件。

②拖起动时，应选择在直线道路或平整场地上进行，以保证安全。

③拖起动的机械，应与牵引机械保持一定车距(通常钢索长度不小于 5m)，以保证安全。这点对于用气压制动的机械来说尤为重要。因为在牵引过程中气路系统没有压力，只能使用手制动，制动力矩有限。若运用直接顶推的方法拖起动，应加强对前、后操作手的指挥和联系，并选准顶推的作用点，保持两机体的纵方向一致。

④应选用中速档起动。因为挂低速档拖起动，行驶阻力大，车轮会出现滑转现象，不安全；挂高速档拖起动，发动机的转速低，不易起动。

⑤不能或不宜倒车拖起动。因为对变矩器装有锁紧离合器的机械来说，向后行驶时辅助油泵因受单向离合器控制而工作，无法实现拖起动(如 TY180 推土机拖起动时，需将拖锁阀操纵杆向前扳，置于拖起动位置，把锁紧离合器锁死，才能进行拖起动)；对变矩器有"三合一"机构的机械来说，因单向离合器反向无法传递动力，也无法实现拖起动；同时倒车拖起动也不便于指挥和控制机械的行驶方向。

⑥起动后，应鸣喇叭示意，机械立即停驶，发动机保持预温。如有锁紧离合器操纵杆的应及时推回至中间位置，使锁紧离合器分离，避免因机械起步将发动机憋熄火，同时也可使辅助油泵卸载(或把"三合一"操纵杆下压，使反向传动的主动齿轮与变速箱的输出轴分开)。

⑦冬季低温条件下拖起动，发动机一定要预热。否则，起动比较困难，磨损也严重，影响发动机寿命。

三、空气压缩机使用技术

1.安装要点

空气压缩机一般安置在水平的地面上运转。如条件所限，必须在斜坡上运转时，要求斜度横向不超过 15°，纵向不超过 12°。

要尽可能将空气压缩机安置在远离热源及灰尘飞扬的地方。如空气压缩机安放在室内运行时，柴油机的排气管应用一个直径不小于 ϕ90mm 的管子通至室外。

2.起动前的准备

(1)开车前必须检查空压缩机、柴油机和各重要组合件是否紧固于机架上，各联接螺丝是否有松动现象，以免工作中产生振动，或发生漏气、漏油或造成其他事故。

(2)检查空压机油分离器油面高度，若不足应加入 32 号汽轮机油；在缺乏 32 号汽轮机油的情况下，允许采用性能接近的其他润滑油，如 56 号锭子油或压缩机油。

在灌注润滑油时，应使用带滤网的漏斗。润滑油必须按规定加足，否则将影响空压机效率。润滑油应分别加入油分离器、主机、空气滤清器油槽及储气筒中，然后开车 1min 左右停车，再在油分离器中加入润滑油，而且略高于指示器的正常位置时为止。

(3)检查蓄电池液面的高度，液面应高出极板上端约 10～15mm。

(4)空气压缩机在起动时，不论是单机组或多机并联，排气阀均应关闭。

3.起动顺序

(1)柴油机运转正常时，将仪表板上空压机的启荷塞拉出，空压机即开始工作。

(2)将电门钥匙转至中间位置。

(3)待空压机运转正常，气压达 0.7MPa 后，开始送风。

4.运转中的注意事项

(1)空压机运转后，每隔 8h 要检查空压机油面高度。在正常运转中，油位指示器的指示应为中间位置；在低于此位置时，应停车加油到应有高度(应注意：打开加油盖以前，要确保储气筒中没有压力)。

(2)空压机的油压数值应为：

①起动时，为了启荷塞拉开后能顺利地打开减荷阀，应不低于 0.15MPa(如稍低于上述数值，可用手将柴油机加速，促使油压升高)。

②在额定转速时，油压应在 0.6～0.8MPa 范围内。

(3)每隔 2h，将调节器的过滤网底部和储气筒底部的放水阀打开，排除其内的积水和油污。尤其在冬天更应注意，以免冻结。

(4)如起动柴油机、保养或给电瓶充电，可使空压机空运转(即不拉启荷塞)。

5.停车顺序

(1)关闭排气阀。

(2)待空压机调速时，停止柴油机运转。或松开调节器调节螺旋塞(此时空压机不压风)，缓慢地停止柴油机运转，再按原打开调节器的调节螺塞转数字拧回，并锁紧。

(3)停机后，如单机，则开启排气阀，除去储气筒内压力；如多台空压机并联工作，则将储气筒自动卸荷阀拉开，放出储气筒内压缩空气。

(4)取出电门钥匙。

§9-2　蓄电池与交流发电机使用技术

一、蓄电池使用技术

蓄电池作为柴油机起动电源，具有操作简便的优点。但蓄电池若得不到合理地使用与维护，会很快降低其性能。合理地使用与维护蓄电池，能长期保持其性能；使用不当或维护不善，将可能使蓄电池在极短的时间内损坏，甚至彻底报废。

蓄电池在发动机起动时，能够供给起动机强大的电流(数百安培)，在发动机停转或发电机电压较低时，它还向各用电设备供电。蓄电池在发动机正常运转时，把发电机(由发动机驱动)供给的电能转变为化学能储存起来，称作充电。

蓄电池主要由极板、隔板、容器(外壳)和电解液等几部分组成。12V 蓄电池由 6 个单格电池组成；24V 蓄电池则由 12 个单格电池组成。每个单格电池内都装有正、负极板组、隔板和电解液等。蓄电池有正极桩和负极桩，用以连接用电设备（例如起动电机）和搭铁构成回路。蓄电池的正极为深棕色，负极为青灰色（颜色较浅）。蓄电池是一种化学电源，放电时它能将化学能转变为电能以供使用；充电时则相反，把电能转变为化学能储存起来（充放电时详细的化学反应过程，请参阅有关蓄电池的书籍，本书从略）。蓄电池内的电解液是由化学纯的硫酸和蒸馏水配成的，在完全充电的蓄电池中，电解液的相对密度为1.24～1.30。蓄电池容器（外壳）为整体结构，制造材料有硬橡胶和塑料，壳内由隔壁分成6个或12个互不相通的单格。

为了利于保存和运输，出厂时的蓄电池均不带电解液。新蓄电池在使用前应加入电解液，并进行充电。电解液应该用无色透明的相对密度为1.835的纯硫酸与蒸馏水配制成相对密度为1.25～1.285的稀硫酸。配制时将浓硫酸缓缓地加入蒸馏水中，切忌将蒸馏水倒入浓硫酸中。电解液的配制可按表9-1所列比例进行。

电解液配制比例

表9-1

配制电解液15℃时的相对密度	体积之比		质量之比	
	浓硫酸	蒸馏水	浓硫酸	蒸馏水
1.220	1	4.1	1	2.3
1.240	1	3.7	1	2.1
1.260	1	3.2	1	1.9
1.270	1	3.1	1	1.8
1.280	1	2.8	1	1.7
1.290	1	2.7	1	1.6
1.300	1	2.6	1	1.5
1.400	1	1.9	1	1.0

加入蓄电池之电解液，温度一般不应高于35℃，并要求液面高于极板10～15mm。灌注电解液后，蓄电池内部发热，因此需将蓄电池静置6～8h，待冷却至37℃以下，并检查液面高度之后方可充电。

充电时，将蓄电池正极（涂有红色"+"）接电源正极，蓄电池负极接电源负极，切不可接错。同时，必须旋去通气盖，让充电时产生的气体外逸畅通。新蓄电池初次充电，可分两个阶段进行。第一阶段充电时间约34h，充电电流为蓄电池容量安时数的1/15，充至电解液中放出气泡，单格电池端电压达2.4V为止。然后将电流降低1/2，转入第二阶段充电，一直充到电解液剧烈放出气泡（沸腾），相对密度和电压连续3h稳定不变为止。全部充电时间约为40～60h。

充电过程中应经常测量电解液温度。如果温度升到40℃，应降低充电电流或采取降温措施，除非不得已不可中断充电。

充电完毕，应检查电解液的相对密度，如不在1.28～1.30之间，应分别加注相对密度为1.40的稀硫酸或蒸馏水进行调整，并继续以第二阶段的充电电流充电1h。

蓄电池不可过充电，即电解液的相对密度已达1.28左右时不可继续以大电流或长时间充电；也不可过放电，即单格电池的电压下降至1.75V（电解液相对密度下降至1.220）时不可再继续放电。

蓄电池在使用过程中，发现电解液液面高度下降，可以加注蒸馏水至规定高度，但不要加稀硫酸；只有在意外倾出电解液时，方加注同样相对密度的电解液。

蓄电池在电解液相对密度过高或液面过低的情况下，如长期使用或放电后又长期搁置未进行充电，都会造成极板“硫化”。其特征是极板顶部有很多白色的硫酸铅层；当采用普通方法充电时，虽会产生大量气泡，但电解液相对密度不会增加；若继续使用时，不能输出很大电流，且电压降落得很快，因此已硫化的蓄电池不应继续使用。这时需要用特殊方法充电：先将蓄电池电解液全部倒出，并注满蒸馏水，经 1h 后用 1.5～2.5A 的电流进行充电约 20h，使电解液相对密度逐渐增加，当蓄电池电压缓慢上升到大于 2.3V 时，电解液开始产生气泡，这时应停止充电 2h，然后继续充电 6h，这样重复进行直到蓄电池情况正常后，调整电解液的相对密度，即吸出部分电解液，加入适量的相对密度为 1.400 的稀硫酸或蒸水，使相对密度达到 1.28～1.30 的范围。

在冬季或寒冷地区使用蓄电池应注意保温，并适当增加电解液相对密度，以防止因电解液相对密度下降而冻结。例如环境温度低于 -40℃时，电解相对密度应增加到 1.30～1.32 左右（指相当于 15℃时测出的相对密度）。

以上所说电解液的相对密度，均指 15℃时的相对密度。这是因为在温度变化时，电解液的相对密度也会发生改变，它随温度的升高而降低，温度每升高一度，电解液相对密度减少 0.007。这样在测量相对密度时，如果电液温度与 15℃相差较多，则应进行修正。如超过 15℃时应加上修正值，而低于 15℃时则应减去修正值。例如，电解液温度为 30℃时所测得的相对密度为 1.28，则转化到 15℃时的相对密度为：1.28 + 0.01 = 1.29。修正值见表 9-2。

电解液相对密度转化到 15℃时的修正值 表 9-2

测得电解液温度℃	+45	+30	+15	0	-15	-30
密度计数修正值	+0.02	+0.01	0	-0.01	-0.02	-0.03

如前所述，蓄电池在使用中的日常维护工作对延长使用寿命至关重要，日常维护应注意做到：

1. 勤检查：打开蓄电池上的通气盖，检查电解液的液面高度，在正常情况下，电解液面高度高出极板顶面 10～15mm，同时注意极板是否有硫化现象（其特征如前所述）。

2. 勤清洁：定期清洗盖面、通气盖上的通气孔及电线接头，防止异物进入电解液。柴油机停车后，应及时拆掉搭铁线，以减少蓄电池的自放电。

3. 勤测量：一般蓄电池的充电程度可以根据电解液的相对密度来测定，因此应定期用密度计测量电解液的相对密度并换算成 15℃时的相对密度值，以确定蓄电池存电量是否充足。根据实际经验，相对密度每减少 0.01，相当于蓄电池放电 6%，所以若已知蓄电池充足电时的相对密度，再根据测得的电液相对密度就可以判断蓄电池的放电程度。但应注意的是，在强电流放电或刚刚加注蒸馏水后，由于电解液混合不均匀，不应立即测量电解液的相对密度。

二、交流发电机使用技术

在施工机械上为蓄电池充电的电源有直流发电机和交流发电机。两者相比较，交流发电机具有体积小、质量小、结构简单、维修方便、使用寿命长，发动机低转速对蓄电池充电性能好，配用的调节器结构简单和对无线电干扰小等优点，因此应用较为普遍。交流电机实际上是一台三相同步发电机，在机中由 6 只硅二极管组成的三相桥式全波整流电路将交流变为直流。使用交流发电机应特别注意以下几点：

1. 蓄电池的搭铁极性必须与交流发电机相同。我国及世界上绝大多数国家均规定汽车及工程机械电气系统为负极搭铁。因此，蓄电池也必须负极搭铁，否则会烧坏硅整流二极管和集成电路调节器(整体式发电机)。

2.发电机停息时,应及时断开点火开关(或电源开关),不然会造成蓄电池过放电,烧坏磁场线圈等元器件。

3.交流发电机必须与调节器相匹配。磁场绕组外搭铁的交流发电机,不能与磁场绕组内搭铁的交流发电机互换;中性点带抽头接线柱的交流发电机不能与带相抽头接线柱的交流发电机互换。

4.交流发电机不发电时,应及时找出故障部位,并予以排除,不可继续长时间带故障运转。因为如有一只二极管短路,发电机就不发电,继续运转就会引起其他硅二极管或定子绕组烧坏。检查硅二极管性能时,只能使用万用表、欧姆表或12V蓄电池串试灯,绝对禁止使用兆欧表(摇表)或交流试灯。检查交流发电机各部分绝缘性能时,如果使用220V交流试灯或兆欧表,则必须拆电机,将二极管引线与定子绕组的联结脱开。否则220V交流电或兆欧表的电压会加到二极管上,使二级管击穿而损坏。

5.交流发电机运转时,不得用试火花的方法检查发电机是否发电,否则,易损坏二级管。

6.交流发电机与蓄电池之间的导线连接必须正确、牢固;发电机运转中不要任意接拆各连接线,以免因短路烧坏硅二极管或调节器。发电机安装于发动机上时,必须保证交流发电机带轮槽中心与发动机带轮槽中心对齐,三角带紧度合适。过松,容易使皮带打滑,造成发电不足;过紧,容易损坏发电机轴承和三角皮带,甚至折断发电机前盖的挂脚。安装三角皮带时,应将木棒放在交流发电机前端盖用力撬,绝对禁止放在后端上用力撬,以免后盖受压损坏元器件。

§9-3 施工机械车辆复杂路况行驶技术

一、凹凸路面的行驶

轮式车辆在凹凸路面行驶,驾驶员上身要稍贴靠背坐稳,两手握紧转向盘,防止车身剧烈振动时使转向失控;并注意观察路面情况,尽量避开凹凸处,若避不开时,要控制好加速踏板、车速和档位。

通过凸形较大的地段,须减速慢行,待前轮将到凸形处加油,前轮到凸地顶点时松开加速踏板,利用惯性溜下。若路面出现小横坎、台阶,通过时应使两前轮同时对正,防止转向盘"跑舵",或击伤驾驶员的手指、手腕。通过凹形较宽或沟槽较宽的地段时,应提前减速,利用惯性使前轮溜下沟底,再加油上沟。通过大凹小坑连续不断的路面时,应保持匀速,尽量减小车辆振动次数。

车辆通过凹凸度小而短的道路,可空档滑行通过。通过搓板路面、波浪式凹凸路面及波峰波谷起伏间距较大的路段时,应掌握其起伏规律,用中速或低速档,稳定而持续地行进,尽量减少车辆冲闯和剧烈跳振。

行进前方遇有障碍物时,应观察其大小和在路上的位置。若障碍物在路中间,应选安全一侧通过,若障碍物低于车辆的最小离地间隙且宽度又小于轮距时,应以最低车速缓慢通过。若宽度大于轮距,应使一边车轮压在障碍物上,另一边车轮压在平路上慢慢通过。如果障碍物边缘锋利、陡齐、易伤轮胎,应铺垫后再通过。

二、冰雪路行驶

冰雪路上车轮与地面的附着力只有正常情况的1/7左右，制动距离延长3倍以上。如果踩加速踏板、制动、转向及车速、车距控制不当，极易造成侧滑、空转溜滑；若制动跑偏或制动失灵，就会险上加险。若遇陡坡，急弯、拱形路、凸形路、倾斜路等危险路段，车辆极易侧翻；若遇人多车挤时，肇事后果更为严重。因此必须掌握科学的驾驶要领。

驾驶前，驾驶员应清除自己鞋底的冰雪泥污，防止踩制动踏板时打滑。起步应轻踩加速踏板，慢抬“离合”，防止车轮打滑空转。若路面溜滑，起步困难，应在轮下铺垫砂子，木板或刨出沟槽，以提高附着力；若轮胎与地面冻结，起步困难，应刨开冻结处，或用热水浇融后再起步，不可强行起步或用他车牵引，以免损坏离合器、传动机件和轮胎。

行车中要加大前后左右的车距，注意观察车马行人动态，特别是自行车动态，把稳转向盘，保持匀速慢行，不要猛加速、急减速和猛打转向盘，尽量利用发动机控制车速。行至急弯、拱形路、凸形路、倾斜路、穿甲路(昼化夜冻)或背阴处等危险路段；特别要控制车速，减少制动，避免紧急制动，不可空档滑行、空档制动和切断离合器制动。

行驶中如遇紧急情况，可强行减速，换档要快，挂档要准，必要时可用点刹和一拉一松手制动的方法减速停车，以防侧滑。若因制动侧滑，应立即松开制动踏板，稳住或稍松加速踏板，使车轮保持滚动，把前轮转向侧滑方向，并快速减档。若因打转向盘侧滑，要向后轮滑动方向打转转向盘(即前轮滑动的相反方向)，当车复原位后，要马上将转向盘回正。

途中应尽量少停车，如需停车，应选好地点，停车时应在轮下垫铺防滑物，防止溜滑和冻结，方便起步。

行驶中尽量少超车，如需超车，要选好路面，待前车让路让速后再超越。会车时应提前减速，加大侧向间距，防止侧滑或陷入路边积雪中。转弯时更需减速慢行，加大转弯半径，不可急转猛回或滑行制动，防止车辆溜滑甩尾而刮碰车辆或行人，遇有凸形路要防止车辆向两边溜滑。

通过冰雪坡道时，要根据坡度及发动机动力情况，提前选好低速档位，一气通过，避免中途换档不及而溜车。若上坡时车轮打滑，应稳住加速踏板停车，铲除积雪，在冰上刨出沟槽或铺垫砂子、碎石后，重新起步通过；若遇傍山险路、结冰斜面等，应原路返回，不可冒险通过。通过积雪积水段，应沿前辙行进；无车辙时，要根据路树、电线杆等参照物选择路面，无把握时要下车勘察，防止陷车或侧滑。通过后，要间歇制动磨干刹车带(蹄)。

通过冰河时，应勘察两岸地形，并在冰河中央凿孔测定冰层厚度和坚固程度，确知承载符合要求后，方可通过。通过时，低速档匀速行驶，并打开车门以防不测。中途应尽量避免换档、停车和紧急制动。若发现冰层有洞孔或裂纹时，应绕行避让。若因故停车后起步困难，应铺垫谷草、木板等防滑物；如有条件，可用岸上车辆拖出。通过时乘人应下车步行、重载物应酌情卸下部分或全部。多辆车协同过冰河，前后应保持较远间距，逐辆通过，不可双车并进，防止冰层因负荷过重而破裂。长久雪地行车，应随车携带三角木、烤车炉、绳索、铁镐、手摇把及其他防滑、取暖物品，并换用越野轮胎，加装防滑链(冰雪消融后要及时拆掉)。戴有色眼镜保护视力，防止冰雪反光刺眼。当眼睛感到疲劳时，应适当休息。

当行至人烟稀少区域或深山老林被暴风雪困住时，驾驶员应关紧驾驶室门窗，不可弃车求援，以防被风雪掩埋或因寻路迷失方向。待暴风雪过后再将车上积雪清理干净，沿公路方向寻求援助。

三、乡村行驶

轮式车辆在乡村行驶,应注意观察路面有无坑凹、堆积物,有无晒粮、打场,有无拖拉机和骑车带人者,夜间路边有无乘凉睡觉者。

遇有兽力车占道行走、路口转弯,或驭手在车上睡觉时,轮式车辆驾驶员尽量不要鸣笛,不猛踩加速踏板,要耐心跟行,不可盲目超越或争道抢行,防备未训服牲畜受惊发狂;超越兽力车时,要注意观察路面宽窄,前面有无来车,兽力车有无幼畜跟随,防备幼畜遇车受惊乱窜,并留宽侧向间距,减速通过。

行驶中,若遇牛马驴骡等牲畜遇车不躲、惊恐尖叫,或在夜间往车前光柱里跑时,要随时准备停车。若遇鸡鸭猪羊等牲畜、家禽在路上乱跑,要注意猪、鸭行动迟缓,听视不敏,以及鸡羊反应略快、跑动迅速的动态特点加以避让,不可随意伤害。

四、山路行驶

山区气候多变,冬季大雪封山,夏季风雨无常,往往造成行车困难。因此,驾驶员应掌握当地气候变化特点,了解当日天气预报。途中遇有大风、大雪、暴雨、山洪、冰雹、浓雾等恶劣天气时,不可冒然行进,应选择安全地带躲避,以防不测。如有高山缺氧反应,驾驶员要减少活动量,在未适应前不能驾车。车辆除加强检修外,还可根据当地情况,加装发动机增压器、辅助制动器等有利安全行车的装置。

山路有坡多、急弯、转弯半径小,视线盲区大等特点。行车时,须全神贯注,谨慎驾驶,勿下视深涧观望山景。而且驾驶员要反应灵敏,操作准确,手脚配合协调,根据坡道长短、宽窄、倾斜程度、弯道急缓、风力强弱、车速快慢、载重大小,适时换档。行至危险路段,要将车速控制在40km/h之内,遇有泥泞、冰雪路面,车速要酌情减至5~20km/h,并注意观察路况,在不影响超、会车时,选择路中间行驶。特别是上下陡坡时,行车间距要加大到75~100m,防止上坡的前车突然停车后溜而撞后车,或下坡的后车刹车不及而撞及前车。

上坡时,若坡道短而缓,可加速,利用惯性冲坡,当快到坡顶时,提前放松加速踏板。坡道缓而长,应换低速档加速冲坡。坡道短而陡,应适时减速降档,使车保持足够动力行驶,坡道陡而长,可在条件允许时加速冲坡,感到动力不足时应逐级换档,稳住加速踏板徐徐而上,切勿连续松踏加速踏板或拉阻风冲坡;连续起伏坡道,可在接近坡底时适当加速,利用惯性冲坡。上坡切忌高档低速或低档高速行驶,防止因动力不足,发动机突然熄火而向后溜车。如果溜车,要迅速加以防止。

下坡时,严禁熄火空档滑行,防止车辆越跑越快刹不住车。要避免紧急制动,防止侧滑。换低档时要事先减速,并用两脚离合器减档,防止车辆下滑。下缓坡,应视情况控制车速;下长陡坡,要以低速档,利用发动机牵阻和间歇制动来控制车速,切不可连续制动过久,以免制动失效;如发现制动蹄片过热发软,应及时停车"凉刹",以恢复制动效能。下至盘山转道、狭窄险峻坡道时,要注意瞭望来车情况,选择适宜地点交会,并随时做好停车准备。

为防止坡道起步溜车，起步时，离合器、加速踏板、驻车和行车制动器的配合使用要协调一致。当离合器达到半联动位置时放松手制动，平稳加油起步，离合器的接合不可太早或太迟；若坡度很陡，可驻车和行车制动器同时并用配合起步，驻车和行车制动器的放松不可太早或太迟。若起步时出现后溜，切勿猛抬离合器、猛踏加速踏板强行起步，而要立即停车，然后再起步。

坡道停车，特别是重车停放，应选择坡缓路宽、前后视距较大处停放。停放时须将前轮朝向安全方向，拉紧驻车制动器，掩紧车轮，或利用地形地物等天然障碍将车抵住，以防坡度大、附着条件差或风力作用而溜车。若途中因制动失灵、方向摇摆等紧急情况需要停车，驾驶员要沉着冷静，迅速换档，利用发动机牵阻车速使车停住，或利用土堆、石块等障碍物停车，万不得已时，可靠向山侧，利用碰撞阻力停车，以免翻下山崖。

坡道倒车时，要随时做好制动准备。向上坡方向倒车，踩“离合”的速度要快于踩“制动”，以防发动机熄火；向下坡方向倒车，起步时松手刹与松“离合”要同时进行，停车时“离合”、“制动”同时踩下，以防溜车。

五、雨天和泥泞路行驶

雨天行驶时注意制动器是否跑偏失灵，雨刷器是否完好有效，如有故障要立即停车，检修好后方可行驶。行驶中车速控制在10~15km/h之内，放长加宽前后左右的行车间距，打开雨刷机除去雨水，玻璃上的水蒸气要停车擦拭，不可边走边擦。能见度差时要打开前小灯、尾灯照明示意。行车中要注意观察穿戴雨具的行人、骑车者和其他动态，尽量避免猛打转向盘和紧急制动，必要时可间歇制动，但严禁滑行，防止跑偏和侧滑。如遇暴风骤雨、路情险恶，不能行驶时，应选择地势高、路基好的安全地点停车，减缓河水猛涨之威胁。通过漫水路，要查清路面情况及有无歪倒在路中的障碍影响行车。通过涵洞、桥梁、排水沟，应观察是否被冲坏，勿盲目前进。雨中行车要提防有人低头猛跑、横过马路或有人在路上滑倒、跌倒；雨后行车要特别注意在路上趟水玩耍的儿童。

车辆在泥泞中上行驶时，路面阻力比正常情况增大了10倍，而车轮与地面形成的附着力减小，制动效能降低，方向不易控制，极易空转打滑。因此，应双手紧握转向盘，选择泥泞浅、溜滑小、翻浆少、有前辙的路面行进，使车轮平直、匀速地一气通过。避免中途变速、制动、停车，切勿猛打转向盘急制动。如需换档，动作要敏捷连贯，时机要适当。如需停车，应先在路中间减速换低档靠边停车，再起步要用一档平稳起步。

行至低洼积水路段，要在路中间低速缓慢通过，防止熄火抛锚和雨水溅污行人、骑车者。通过后，须点磨制动数次。磨干制动片和制动鼓中的雨水，以恢复制动效能。行至泥泞坑凹较深处时，为防止车辆拖底，应填平一些或前后晃荡几下再走。行至泥泞坡道处，须控制好方向，勿猛转猛回，尽量少换档。不停车。

行驶中，如出现侧滑，应放松加速踏板减速，将转向盘向后轮侧滑方向缓慢转动，利用前轮阻力使车复位，再回正转向盘。如遇驱动轮打滑空转，应立即倒车退出泥陷地段，另选路线走。若倒不出来，应立即停车，铲除轮下浮泥，铺垫后再起步；若车轮深陷，车身倾斜，应采取防止翻车措施，设法将车拖出。

六、牵引车行驶

牵引车，指用一技术状况完好的车拖曳一发生故障的车。牵引车的前车和后车均应由正式驾驶员驾驶，被拖车内不准乘坐无关人员，小型车不准拖大型车。

牵引方式一般有三种：

1.软牵引：用钢丝绳、铁链联结前后车；

2.硬牵引：用铁杆、钢管、铁架联结前后车；

3.爬装法：被拖车用绳索固定在前车的合适位置上。一般被拖车的前桥或后桥之一发生故障,或轮毂或转向出现故障,得用爬装法牵引。

不论使用何种方法牵引,联结均要牢固,防止脱钩。

前车牵引起步时,须鸣笛预告后车,待后车回示后,用一档起步,半联动缓行,避免猛抬“离合”,当牵引索拉紧后再逐渐加大节气门,使被拖车辆也平稳起步。行驶中要随时注意与后面保持密切联系。操作中既要适应道路情况,又要照顾到后车。应靠道路右侧行进,车速要均匀,不要忽快忽慢,以免牵引绳时松时紧被拉断或绳索松驰被卷入轮下;要选择坚实路面,提前处理情况,避免紧急制动,防止前后车相撞或损坏牵引装置。

牵引车要有明显标志,白天用红色布条,黑夜打开被拖车的前灯,以防行人、自行车盲目横穿。

行车中,换档要适宜,要有足够的惯性力再低速换高速。高速换低速,应比单车提前,以免动力不足。转弯时要减速鸣号,向后车示意。

通过狭窄弯路时,应沿道路外侧行驶,以免后车驶出路外。作硬牵引时,特别要注意前后两车内轮差,防止掉到沟里或撞及建筑物。

停车时,应选择开阔地区,鸣号通知后车,然后减速靠边行进,后车已驶靠路边时,再慢慢停车,以免妨碍交通。

牵引过程中,被牵引车控制转向、制动、处理情况等,均应适应前车动态,做到谨慎细心、机动灵活。被牵引时,应将变速杆移入空档。力求前视方便,在保证安全的前提下,可稍靠前车左侧行进。

作软牵引时,后车遇有情况,应及时鸣号通知前车,只有前车停车后,后车才能停车,避免造成机件和轮胎的损坏。在下坡时尤要小心,避免绳索过松而撞车。

§9-4　施工机械困境解救

自行式施工机械行走或作业时,由于现场地形复杂,特别是机械驾驶人员很难全部了解清楚地面以下的情况,常会遇到机械难以行走的状况,我们将这些状况,称为施工机械的困境。解决的方法通常从现场的地貌特征,机械本身的性能与结构特点以及参与搭救机械设备的特点等方面综合考虑分析,从中找出理想的困境解救方式。施工中常见的困境解救方式有下述几种。

一、液压挖掘机跨越沟堑

液压挖掘机除了能完成施工作业,它在行驶中还能自动跨沟堑,这也是它比机械操纵式挖掘机及其他作业机械较为突出的优点。但所能横过的沟堑宽度应小于挖掘机行走履带接地长度。跨越过程是:先将挖掘机开到沟旁,再将工作装置支承在沟的另一侧地面上(见图 9-1a)),然后驱动履带,慢慢向沟边移动,同时使斗杆逐渐伸出,以配合履带使挖掘机横跨在沟两侧而停止(图 9-1b));提起动臂使工作装置离开地面,将转台回转 180°工作装置支承在原来一侧的地面再驱动履带向另一侧移动,同时回收斗杆(图 9-1c)),这样配合操作可使挖掘机很快由沟的一侧驶入沟的另一侧。

二、自行式施工机械陷入滑转困境的解救

在溜滑路面行驶的轮式机械车辆,车轮上安装防滑链可有效防止滑转。然而施工现场不

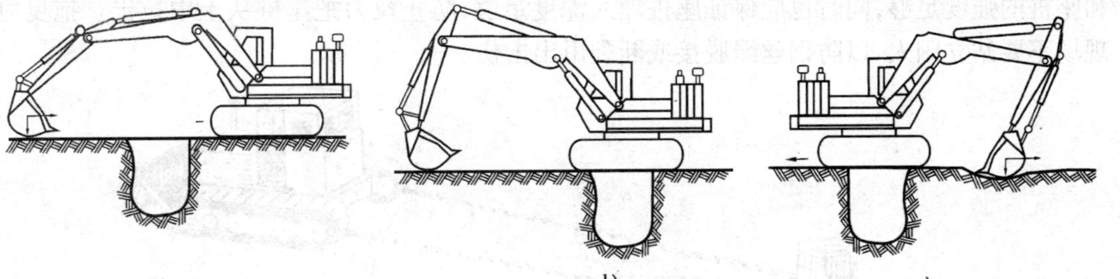
a)　　　　　　b)　　　　　　c)

图 9-1　挖掘机跨越沟堑示意图

是路面,驾驶员对地面之下的情况很难全部了解清楚,因而可能造成车辆下陷。此时由于行驶阻力增大,机械车辆与地面的附着情况变坏:附着系数降低,或地面泥泞驮着车辆底部的发动机油底壳、机架或轿壳,而使附着质量减小,因而大大降低了附着力。这样就可能发生驱动力不足以克服行驶阻力而造成车轮或履带滑转,车辆无法驶离困境的状况。遇到此况切忌存有侥侉心理,不要试图利用加大节气门的方法强行使车辆驶出。因为这样,车轮或履带在滑转时会把下方支持它的土或泥拨向别处,而越陷越深,使车身下方的地面与车身接触更紧,从而减少了附着质量,使附着力进一步降低。摆脱滑转困境的有效方法有:

1.利用其他的车辆拖曳

其方法是用强度足够的钢丝绳或拖杆连系搭救和被搭救的两台机械的拖钩上,从被搭救车的正后方或正前方给被搭救车施一拉力,把车从困境中拖出。被搭救的机械可以挂档自行,以减少搭救车辆所需施加的拉力。此时,被搭救机械所挂档位必须合理,如果欲把被搭救的车辆从正后方拖出,被搭救车辆一定要挂倒档。在拖曳过程中,最好有一人在地面统一指挥,以协调两车的动作,指挥者应站在两车的驾驶员都能看到的地方,也要防止万一钢丝绳拉断打伤指挥者。在拖曳现场,无关人员应远离。

2.利用推土机或装载机顶推

此法搭救也应从被搭救机械的正前方或正后方施力。施力点的选择应引起足够重视,在顶推时,应尽量避免碰压损坏被搭救机械上的机件。顶推时,被搭救机械所挂档位也应与顶推方向相适应,顶推时也应有专人指挥。

3.利用机械自身的工作装置自救

如推土机、装载机、挖掘机等工作装置是液压操纵的,可以操纵工作装置(例如铲斗或铲刀)强行压向地面。如果与工作装置接触的地面较软,可以事先在地面上铺些厚木板或大的石块,增大地面的承载能力。当工作装置强行压向地面时,会使机械本身离开地面一段距离,人工用厚木板、石块等干硬的摩擦系数较大的材料填在车轮或履带的下面,以改善附着状况。

4.利用机械自身的行走装置自救

对于履带推土机,如果陷入滑转的困境,可以在推土机的后方(或前方)适当的地方,往地下埋强度足够的木质或金属座桩(深度也应足够);用强度足够的钢丝绳连系座桩和推土机两侧的履带节,连接要牢靠(如图 9-2)。座桩连接点的高度,应尽量使钢丝绳与地面平行。钢丝绳连好之后,推土机挂倒档一档。当履带转动时,履带节力图把钢丝绳从履带下部往前带,钢丝绳就给两侧面履带一个往后的拉力,这样就可以把陷入打滑困境的推土机拖向座桩,驶离困境。如果在推土机前方设桩,则应提升铲刀,钢丝绳从铲刀下方穿过,连到两条履带下方的履带节上。推土机挂前进一档,使履带转动,把推土机往前方拉。采用此法自救,应保证钢丝绳和座桩的强度足够,同时也应保证座桩埋入深度足够,防止拉力把座桩从土中拉走。拖曳时,现场不要站立闲人,以防钢丝绳脱接或断裂甩出击伤。

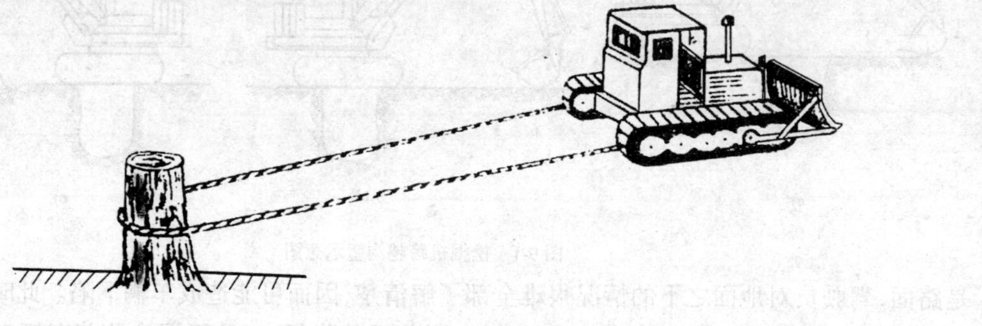

图 9-2 推土机自救

5.利用手动起重设备搭救

在无其他救援车辆,且被困机械自身的发动机又不能运转的情况下,可以利用简单的手动起重设备把被困机械救出。

此种搭救方法所需的设备是:手动拉链(吊葫芦)、滑轮、钢丝绳、座桩等。组织方法是:在适当的地方设置座桩,手动拉链(吊葫芦)连接在座桩上,拉链的重物吊钩与钢丝绳连接,通过收紧拉链拉动钢丝,钢丝绳再通过动滑轮组将力放大,被放大了的力用于拖曳被困机械,其连接情况见图 9-3。

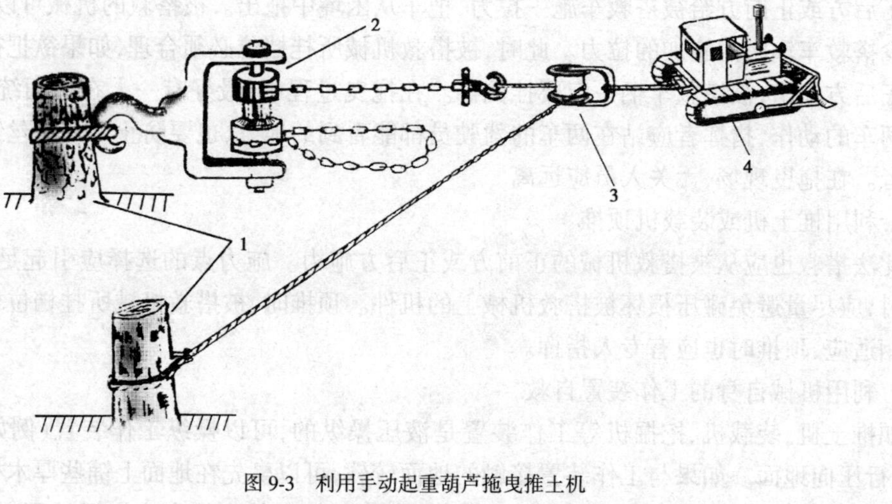

图 9-3 利用手动起重葫芦拖曳推土机

1-座桩; 2-10t 吊葫芦; 3-动滑轮; 4-推土机

利用此法搭救机械,必须估计曳出被困机械所需的力,当起重葫芦的拉力不足以把机械拉出时,应考虑用动滑轮原理放大。一般情况下,陷入泥潭的推土机,由于泥浆的吸力较大,把它从泥潭中水平方向拖出,所需的力,据经验估计约等于机身自重的 1 ~ 3 倍。

§ 9-5 特殊环境条件下的使用技术

一、低温条件下的使用技术

严寒季节因气温低而影响燃油蒸发,并使发动机热量损失增加,传动机构和行走装置内的润滑油和润滑脂粘度增大，轮胎与地面的附着情况不良，起动蓄电池工作能力降低。结果导致发动机起动困难，工作中的燃料消耗量增大，整个机械的机件的磨损急增，安全性降低。为了保证机械能够在寒冷季节和地区安全、经济运转，则应采取必要的措施。

发动机应有保温和防冻措施。保温的目的是尽量减少传给周围冷空气的热量，保持发动机工作的正常温度。发动机冷却水的正常温度，应保持在80℃～90℃之间。发动机罩下面的空气温度为30℃～40℃，此时发动机可发出全部功率，燃料消耗最经济，机件的磨损也不大。如温度过低，则发动机工作条件变坏。例如，当冷却水温度降低至40℃～50℃时，进入发动机进气歧管时蒸发率降低(汽油机)，混合气形成变差，结果燃料消耗量增加了8%～10%，呈液滴状的燃油进入气缸后会冲洗气缸壁上的油膜，并渗流到曲轴箱冲淡了机油，进而又使零件的磨损量增加了60%～80%。为了保证发动机工作的正常温度，且停机后能够方便地起动，必须采取相应的保温防冻措施。

在冬季运转中，冷却系统中的起动加温装置(如利用起动发动机排气余热加热主发动机的进气管等)和节温器，散热器的百叶窗和保温帘应完好；发动机罩应完好无损，并在发动机罩和散热器罩上加装保暖套。

机械若较长时间停止运转，为了防止发动机冰冻，冷却系应及时放水(必须打开所有的放水开关)或加注防冻液。冬季停车后，应等发动机冷却水的温度降到50℃～60℃，再放出冷却系统内的水，以防由于急冷使缸体变形。

常用防冻液是用55%的工业乙烯或乙醇和45%的水(按质量计)混合而成的液体，其冰点为－40℃。也可用60%的工业酒精和40%的水配制防冻液(其缺点是酒精易于挥发)。使用时应严格注意防火，特别是散热器温度过高而防冻液沸腾时更要注意。

冬季使用的蓄电池，由于放电较快，渗透能力下降低，容量较正常温度时小。应使之经常处于“充饱”状态(电解液的相对密度一般应保持1.28)，如果电解液相对密度过低，还会造成蓄电池的冻结。所以应适当提高发电机的充电量，使发电机调节器的节压器在充电电路上的电压较夏季高0.6V。

对汽油机，由于冬季蒸发情况较差，混合汽燃烧速度的减慢，所以应适当提高化油器浮子室油面高度与加速泵行程并使点火提前角较夏季适当往前调整2°～3°。为了在冬季增加火花强度，应适当增加断电器角点的闭合角度，角点间隙可调至0.3～0.4mm。

对柴油机，应进行换季保养，一般冬季使用柴油的凝固点应低于季节最低气温3℃～5℃，以保证最低气温下不影响使用。冬季在我国长城以南地区和长江以北使用－10号柴油；长城以北的冬季和黄河以北的严冬季节使用－20号柴油；东北和西北地区的冬季使用－35号柴油。

凝固点低的柴油，由于生产工艺复杂，产量也较少，所以相对价格也高。在气温允许的条件下应尽量延长高凝点柴油的使用时间。在低温时，如缺乏低凝点柴油时，可采用预热的方法增加柴油的流动性。预热柴油的方法有两种：废气预热法和循环水预热法。

废气预热：其方法是由发动机的排气管接一根管子穿过油箱，利用排气加热油箱中的柴油。循环水预热：其方法是把发动机的循环冷却水用管子通过油箱预热，或用一个夹层油箱，内层装柴油，外层通过循环水加热。

不论采取哪种预热方法，都要用低凝点柴油起动；到被预热的油流动后，再换用高凝点柴油。停车前10～20min换用低凝点柴油，把从供油系统中的高凝点柴油清理干净，以免停机后将油路堵塞。

在寒冷地区缺乏低凝点柴油时，也可在高凝点的轻柴油中掺入10%～40%灯用煤油，混合均匀，以降低其凝点。

在寒冷地区由于润滑油粘度的增加，使传动系统阻力增大，因此会影响机械运转的经济性。为此，进入冬季施工时，应对传动系统的变速箱、分动箱、主传动器、最终传动和动力绞盘齿轮箱等需润滑油的地方更换冬季润滑油。轴承应更换冬季用的低凝点的润滑油脂。除此之外，还必须清洗发动机的机油粗滤器和细滤器，以减少润滑油的阻力。有的柴油机在进入冬季冬运转时（一般气温低于5℃时），应注意将机油滤清器座上的季节转换开关转向“冬”季使用位置。

制动系统为了保证制动的可靠性，冬季应换用凝点低的制动液。在没有这类制动液时，可用50%的蓖麻油和50%丁醇混合液代替。当气温低于-20℃时，可按质量比10%加入无水酒精倒入制动总泵内。如果是气压式制动，冬季每次收车后要放出储气筒内的冷凝水或往储气筒内加入少许酒精，以防冻冰阻塞气道。

冬季机械运转，对液压系统的维护，关键在于选择适合当地低温条件下使用的工作油液，同时也要注意对液压系统采取保温措施。为保证在严寒季节，工作油液既有流动性，也有适当的粘度，从而保证系统的传动效率，选用工作油液时主要视其凝点与温度而定。

冬季施工外界气温较低，而工作油液在工作时又需具有一定的工作温度，所以要注意防止储油箱的管道内。空气冷凝成的水分，混入油中而降低工作油液的质量。

液压系统中各密封元件（主要是橡胶制品），在严寒气温下容易发脆变质，因此会使密封性能降低，易发生渗漏，又增加了运动部分金属零件的磨损。因此，对液压系统须加强检查与维护。液压系统的高压软管，大都也为橡胶制品，因此冬季施工中，要防止其断裂或破损，也必须加强检查。对于液压系统的滤清装置也应经常清洗。我国广大地区，冬季气候干旱，特别是北方，风沙较大，所以应加强对液压系统的外部清洁工作。

二、高温条件下的使用技术

炎热季节的特点是：气温高，雨量较多，空气潮湿（特别是南方和沿海地区），太阳辐射热强。因此给机械施工带来许多困难：如发动机因冷却系统散热不良，机器容易过热，影响发动机充气系数，使功率下降；润滑油因受高温影响，粘度降低，润滑性能变差；雨量多，施工现场水多、空气潮湿，容易使机械的金属零件生锈；机械离合器与制动装置的摩擦部分因高温而磨损增加，甚至烧蚀；液压系统因工作油液粘度变稀而引起系统外部渗漏和内部泄漏，使其传动效率降低。

外界气温过高，发动机与周围大气的温差小，导致冷却系统散热困难，使发动机过热。发动机温度过高易造成汽油发动机的爆燃发生，从而降低功率，增加油耗。在施工过程中，施工机械一般行驶速度较低，有些施工机械甚至在一定时间内停止在某一固定地点作业，机身不需移动，所以在高温条件下，发动机的过热现象更为严重。

发动机温度过高，润滑油变稀，机油压力降低，油性变差，从而加剧发动机机件的磨损。高温条件下，润滑油的抗氧化安定性变坏，易引起润滑油变质生胶，胶质和沉积物粘附于活塞组、气缸壁和其他零件的摩擦表面上，致使导热性变坏。

发动机的高温运转，使窜入活塞顶和燃烧室内的的润滑油在高温缺氧的情况下生成积炭，粘附在活塞顶、燃烧室、气门顶、火花塞或喷油咀上。对于化油器发动机来说，由于积炭形成炽热点，引起发动机自燃和爆震，使气缸盖产生热变形，甚至产生裂纹和翘曲，且易烧环气缸垫造成气缸压缩压力下降。

在高温条件下运转的机械，应经常检查和调整风扇皮带的紧度，防止因风扇皮带过松而降低冷却强度，但也要防止风扇皮带过紧而使水泵轴承过热而烧损。冷却系统管道和接头处应经常检查，发现破裂和漏水应及时排除。冷却系统的水量应经常保持充足，在工作中发现缺水时，切勿在发动机过热的情况下向冷却系统加注冷水，以免造成缸体变形和裂纹。

水垢的导热率是铸铁的十几分之一，是铝的一二百分之一，所以冷却系统的散热器、水套等部分沉积水垢后，不但使冷却水量减少，而且使散热性变差。因此，在冷却系保养时，应重视水垢的清除工作，使冷却系的管道畅通，以加速冷却水的循环。清除水垢的方法是：待发动机熄火后，趁热放出冷却水，在每10L清水中加入750g烧碱（NaHO）和250g煤油，溶液注入冷却系后，起动发动机，以中等转速运转5～10min；将溶液停留10～12h之后，重新起动发动机以中等转速运转5～10min后，放出溶液；注入清洁水，使发动机以中速运转进行清洗，如此清洗2～3次。但应注意此种方法不适于铝合金气缸体和气缸盖。

为了减少冷却系积垢，加注冷却系的水应为软水。由于机械施工条件一般较为恶劣，在没有软水或夏季干旱少雨的地方，加注的冷却水必须经过软化处理。水软化处理最简单的办法是烧沸后经过沉淀。有条件的地方，可以加软化剂进行软化。水软化后应经过滤再加入发动机使用。软化剂配方有三种，可示条件分别选其中一种：

① 每升水加入烧碱0.7g；

② 每升水加入纯碱0.5～1.0g；

③ 每升水加入10%红矾（重铬酸钾或重铬酸纳）溶液30～50ml。

高温条件下，对发动机和传动机件的磨损，主要决定于采用的润滑油的品质。试验证明，采用粘度大而有添加剂的润滑油能够减少磨损。在炎热的夏季或高温地区施工，轴承的润滑应选用滴点较高的润滑脂。

液压系统同样应换用夏季用油。同时由于夏季炎热、多雨，还要特别注意防止水分或空气进入系统内部。若油中混有空气和水，当油泵把油液转变为高压工作油液时，空气和水分会助长系统内热的增加而引起过热。工作油液过热将会变稀，并加速油液的汽化，同时加速系统内金属零件的磨损和腐蚀，并降低系统的传动效率。

在夏季和亚热带地区施工时，同样应对发动机的燃料系，特别是化油器式发动机的燃料系进行适当调整。一般应降低化油器浮子室油面的高度，减少主量孔和省油器的出油量。此外，还应采取必要的措施预防油路产生气阻而影响发动机正常运转。对于柴油机来说，在高温下降低了气缸的充气系数，使实际进入气缸的新鲜空气量减少。另外在晴朗无雨天气情况下的施工现场，空气干燥、灰尘大，机械行驶于土路上，空气中的含尘量常达1.5～2g/m^3。空气中含尘量的增加，促使必须加强燃料供给系统的保养，特别是空气滤清器、油箱和燃油的粗、细滤清器的适当保养，否则会引起油路故障并大大加速机件的磨损。目前国外在柴油机上加装两道空气滤清器，其目的就是将进入气缸的空气含尘量降至最小，从而减轻气缸的磨损。

除上述外，高温会使蓄电池的电解液中的水分蒸发加快，因此必须加强对蓄电池的检查，液面高度不够时，加注蒸馏水补足。同时，为了防止大电流充电造成蓄电池温度过高，引起蒸发量增加，因此须调整发电机调节器，减小发电机的充电电流。灰尘堵塞蓄电池盖的通气孔会因蓄电池内电解液的过热膨胀而使蓄电池爆裂，因此必须经常检查和清洗电池盖。

至于机械的行走部分，由于夏季运行，外界气温高，特别是轮式机械在炎热气温下施工，轮胎上的负荷和运行速度是随着工作装置的工作状态而变化，容易引起轮胎气压的骤增骤减，一不慎会使轮胎爆裂。因此，在夏季运行中要特别注意轮胎的温度和气压，经常检查并保持轮胎在规定的气压标准中。

三、高原高山条件下的使用技术

高原山区的特点是地势高、空气密度低、温度变化大、坡道多。这些自然条件使机械的工作能力下降,发动机过热,易产生积炭和胶质、燃料消耗量增加及轮胎气压相对增高,给机械使用带来一定困难。

随着海拔高度的增加,大气压力和空气密度有所降低,使发动机的充气量减少,而影响压缩终了的压力和输出功率。实验证明:位于海拔 4 000m 高度地区的发动机输出功率,是它位于海拔零 m 地区工作的功率的 50%。由于发动机功率小了,因此在高海拔地区运行的施工机械驱动轮上的牵引力也减少了,因此就必须常用低档工作。

理论和实践证明:高原地区工作的柴油机和汽油机的耗油率均高于在平原地区的相应指标。

冷却系由于海拔高、气压低的影响,促使冷却水沸点降低,以开式冷却系为例,海拔升到 1 000m 时,水的沸点只有 86.8℃,因此,水的消耗量增大。

高原山区施工时,发动机润滑系的温度将有所增高。对于汽油机来讲,由于混合气可能会过浓,进入气缸的油滴可能下流进入曲轴箱,从而冲淡机油,使之变稀、粘度降低。对于柴油机来说,由于空气稀薄,将不能保证正常的空燃比,使混合气燃烧不完全,从而使气缸、活塞、气门等处过快的产生积炭和结胶。

由于水的沸点降低,蓄电池电解液的蒸发也显著增大。此外,在高原山区,施工机械长期要以低速档进行工作,造成传动机构的负荷增加,因而传动机构零件的磨损也增大。对采用气动控制的机械,因空气稀薄,将引起空气压缩机生产率降低,使气动控制机构工作的可靠性变坏。

针对高原山区空气稀薄的特点,为了保证适当的空燃比,保持发动机的功率,克服过快的积炭结胶现象和节约燃料,在条件许可的情况下,对没有增压器的发动机,应设法加装增压器。未安装增压器的发动机,须适当减少供油量,在海拔 2 500m 以上地区作业的施工机械还应适当增大喷油提前角,化油器式发动机的点火提前角也应适当加大。

不设增压器,而又不减少供油量,也不增大喷油(点火)提前角的发动机,由于积炭和结胶现象的加快,燃烧室、活塞顶、喷油咀(或火花塞)、进、排气门、排气管等处的除炭清洗周期应比普通情况下施工的施工机械要缩短 1/3 ~ 1/2。

对于化油器式发动机,由于海拔高,发动机压缩终了压力较低,火花塞点火后火焰传播速度减慢,在工作行程中产生的作功能力就降低。如将点火提前角略为提前(一般比平常提前 2° ~ 3°),可延长燃烧时间,使气缸内燃气的最高压力点的形成更加靠近活塞上止点,增加燃烧完全的程度,因而可弥补一些大气压力降低的缺陷,使功率有所提高。

其次,为了使混合气成分正常,可以适当调稀混合气。调稀混合气虽然会使火焰传播速度有所降低,发动机功率有所下降,但是燃烧比较完全,热效率有所提高,燃油消耗可以降低。调稀混合气的方法有:利用主量孔调节燃油;通过加入空气的方法减少燃油;降低浮子室油面高度。

为了调节冷却水沸点,减少冷却水的蒸发和沸腾外溢,要加强对冷却水的密封。在闭式的冷却系中,亦可增强水口盖蒸汽阀的弹簧压力,使阀的开启压力增高(通常为 0.02 ~ 0.03 MPa),以提高水的沸点,使之不致过早沸腾而溢出。如有可能,应装设冷却系冷凝设备使水不致损失太多。

由于冷却水蒸发迅速(不加强蒸汽阀强簧压力的机械),加添冷却水频繁,冷却系的积垢大大加快。因此,冷却系的清洗周期就比普通情况下缩短 1/2。

蓄电池的电解液也因蒸发得快而应及时补加蒸馏水。

液压制动总泵内采用醇一类的制动液,成分易于挥发,有时还会出现管道气阻故障。必要时可以采用矿油类制动液,这种制动液具有制动压力传递迅速、制动效果好、不易挥发变稠等特点。但在使用或换用矿油类制动液时,必须换用耐矿油的橡胶皮碗。

由于大气压力太低,轮胎充气不可太足,一般只可充到标定气压的 90% ~ 95%。

§ 9-6 液压系统使用技术

现代施工机械采用了各种形式的液压系统。这些液压系统一般来说是可靠的,故障发生率较低,但是,如果使用维护不当,也会出现各种故障,以致严重影响生产。因此公路施工企业应对液压系统的使用技术予以足够重视。大量的使用经验表明,预防故障发生的最好办法是加强液压系统的定期检查。

一、液压系统的日常检查

液压系统发生故障前,往往都会出现一些小的异常现象。及早地发现和排除这些异常现象,即可有效地减少故障发生。液压系统的日常检查通常是用目视、耳听以及手触感觉等比较简单的方法进行,只要思想认识上引起足够重视,实施起来并不困难。日常检查包括以下内容:

1.工作的外观检查

大量的泄漏很容易被发觉,但有时在油管接头的四周集积许多污物,再加上液压系统的外观看上去比较复杂,因此少量的泄漏往往不被人们注意到。然而这种少量的泄漏现象却往往就是系统发生故障的先兆。因此对于在密封处集积的污物必须经常检查和清理(特别是对在恶劣工作环境下工作的机械),液压工程机械上软管接头的松动往往就是机械发生故障的第一个症状,如果发现软管和管道的接头因松动而产生少量泄漏时应立即将接头旋紧。

外观的检查也包括对液压系统中机械零件的检查。操纵杆的弯曲往往能造成油缸提升时间的减慢,杠件枢轴衬套的松动也会使机械的动作失灵。有时我们往往会把因机械零件产生的故障归罪于液压元件的缺陷。

2.泵起动前的检查

起动前要注意油箱是否满油,油量要加至油箱上限指示标记。用温度计测量油温,当油温低于 10℃时应使系统在无负载状态下运转 20min 以上。另外在起动前要使溢流阀处于卸荷位置,并检查压力表是否正常。

3.起动后的检查

泵起动后,机械运行时要对以下几个方面进行检查:

(1)检查工作循环时间

一般来说,机械设备的故障是逐渐形成的。有时候操作人员往往不能觉察到机械的工作循环所需的时间已经比规定的时间长得多了,所以就必须对工作循环的时间进行检查。一般情况都是用秒表进行检查,如果发现其偏差已达到 50% 就必须对机械作进一步检查。

(2)气蚀检查

液压系统在进行工作时,必须观察油缸的活塞杆在运动时有否跳动现象,在油缸全部外伸时有否泄漏。在重载时油泵和溢流阀有没有噪声,如果噪声很大,这时是检查气蚀最为理想的时机。液压系统的气蚀是在液体中形成的空穴,所谓空穴是指在液体中充塞着部分气体。由于充塞部分气体的液体具有可压缩性,所以当油泵工作时遇到空穴,油泵只是对充塞在空穴部分中的气体进行压缩,而没有把油向外压出,当这种现象发生时就产生了噪声。气蚀能使油泵的零件损坏,如果气蚀现象连续发生,油泵就会很快损坏。可以听到的噪声往往不是使油泵的零件发生损坏的主要原因,那些超声频的、听不到的噪声能使那些淬硬的金属零件受浸蚀,正如机械制造工业利用超声波原理加工特硬的金属一样。

液压系统产生气蚀的主要原因是由于在油泵的吸油部分有空气吸入。为了杜绝气蚀现象的产生,必须把油泵吸油管处所有的接头都旋紧,如果在这些接头都旋紧的情况下仍不能清除噪声就需要立即停机作进一步检查。

(3)过热的检查

油泵发生故障的另一个症状是过热。气蚀会产生过热,因为油泵压缩油液空穴中的气体而产生热量。如果发现因气蚀造成过热应立即停车进行检查。

(4)气泡的检查

如果油泵的吸油侧漏入空气,这些空气就会进入系统并在油箱内形成气泡。液压系统内存在气泡将产生三个问题:一是运动不平稳,即有跳动;二是加速液压油的氧化;三是生产气蚀现象。所以要防止空气进入液压系统,尤其要经常检查油泵吸油侧的空气漏入情况。检查的方法是在油泵运转时,把液压油分别对每一个油管接头处逐一灌浇。在浇油的同时需要仔细听(必要时可使用听诊器助听),若发现操作时的声音产生显著的差别,就是说明该管接头处已有泄漏,因为浇灌在管接头上的液压油能起到临时密封作用。使用同样的方法也能检查油泵轴的密封性能。

有时空气也能从油箱渗入液压系统,所以要经常检查油箱中液压油的油面高度是否合乎规定,吸油管的管口是否浸没在油面以下,并保持足够的浸没深度。实践经验证明回油管的油口应保证低于油箱中最低油面高度以下 10cm。

在系统稳定工作时,除随时注意油量、油温、压力等问题外,还要检查执行元件、控制元件的工作情况,注意整个系统的漏油和振动。系统经过使用一段时间后,如机能不良或产生异常现象,用外部调整办法不能排除时,则应进行分解修理或更换配件。

二、液压油的使用

液压传动系统以油液作为工作介质,在正确选用油液以后还必须使油液保持清洁,防止油液中混入杂质和污物。经验证明:液压系统的故障 75%以上是由于液压油污染造成的,因此液压油的污染控制十分重要。液压油中的污染物,金属颗粒约占 75%,尘埃约占 15%,其他杂质如氧化物、纤维、树脂等约占 10%。这些污染物中危害最大的是固体颗粒,它使元件中相对运动的表面加速磨损,堵塞元件中的小孔和缝隙。有时甚至使阀芯卡住,造成元件的动作失灵,它还会堵塞油泵吸油口的滤油器,造成吸油阻力过大,使油泵不能正常工作。油液中的污染物越多,系统中元件的工作性能下降得越快,因此经常保持油液的清洁是维护压传动系统的一个重要方面。这些工作做起来并不费事,但却可以收到很好的效果。使用过程中应注意做到:

①液压用油的油库要设在干净的地方,所用的器具如油桶、漏斗、抹布等应保持干净。最好用绸布或的确良擦洗,以免纤维沾在元件上堵塞孔道,造成故障。

②液压用油必须经过严格的过滤,以防止固体杂质侵入系统。系统中应根据需要配置粗、精滤油器,滤油器应当经常检查清洗,发现损坏应及时更换。

③油箱应加盖密封,防止灰尘落入,在油箱上面应设有空气过滤器。

④系统中的油液应经常检查并根据工作情况定期更换。一般在累计工作 1 000h 后,应当换油,如继续使用,油液将失去润滑性能,并可能具有酸性。在间断使用时可根据具体情况隔半年或一年换油一次,在换油时应将底部积存污物去掉,将油箱清洗干净,向油箱注油时应通过 120 目以上的滤油器。

三、防止空气侵入系统

液压油液的可压缩性很小,但低压空气的可压缩性很大,大约为油液的 1 000 倍,所以即使系统中含有少量的空气,它造成的影响也是很大的。溶解在油液中的空气,在压力低时就会从油中逸出产生气泡,形成空穴现象,到了高压区在压力油的作用下这些气泡又受到急剧压缩,很快被击碎,使系统产生噪声;同时当气体突然受到压缩时会放出大量热量,因而引起局部过热,使液压元件和液压油受到损坏。空气的可压缩性大,还使执行元件产生爬行,破坏工作平稳性,有时甚至引起振动,这些都影响到系统的正常工作。油液中存有大量气泡还容易使油液变质,降低油液的使用寿命,因此必须注意防止空气侵入液压系统。为了防止空气侵入系统,使用中应当注意下列几点:

①经常检查油箱中液面高度,其高度应保持在油标刻线上。在最低面时,吸油管口和回油管口也应保证在液面以下,同时须用隔板隔开。

②应尽量防止系统内各处的压力低于大气压力,同时应使用良好的密封装置,失效的要及时更换,管接头及各接合面处的螺钉都应拧紧,及时清洗入口滤油器。

③在油缸上部设置排气阀以便排出油缸及系统中的空气。

四、防止油温过高

1.油温过高的不良影响

施工机械液压传动系统油液的工作温度一般在 30℃ ~ 80℃范围内较好,如果油温超过这个范围将给液压系统带来许多不良影响。油温升高后的主要影响有以下几点:

(1)油温升高使油的粘度降低,因而元件及系统内油的泄漏量将增多,这样就会使油泵的容积效率降低。

(2)油温升高使油的粘度降低,这样将使油液经过节流小孔或隙缝式阀口的流量增大,这就使原来调节好的工作速度发生变化,特别对液压随动系统,将影响工作的稳定性,降低工作精度。

(3)油温升高粘度降低后相对运动表面间的润滑油膜将变薄,这样就会增加机械磨损,在油液不太干净时容易发生故障。

(4)油温升高将使油液的氧化加快,导致油液变质,降低油的使用寿命。油中析出的沥青等沉淀物容易堵塞小孔和缝隙,影响系统正常工作。

(5)油温升高将使机械产生热变形,液压阀类元件受热后膨胀,可能使配合间隙减小,因而影响阀芯的移动,增加磨损,甚至被卡住。

(6)油温过高会使密封装置迅速老化变质,丧失密封性能。

2.使用中如何防止油温过高

引起油温过高的原因很多。有些是属于系统设计不正确造成的,例如油箱容量太小,散热面积不够;系统中没有卸荷回路,在停止工作时油泵仍在高压溢流;油管太细太长,弯曲过多,或者液压元件选择不当,相对运动件间摩擦发热过多,或者泄漏严重,容积损失太大等,从使用的角度来看,防止油温过高应注意以下几个问题:

①经常注意保持油箱中的正确油位,使系统中的油液有足够的循环冷却条件。

②正确选择系统所用的油液的粘度。粘度过高,增加油液流动时的能量损失,粘度过低,泄漏就会增加,两者都会使油温升高。当油液变质时也会使油泵容积效率降低,并破坏相对运动表面间的油膜,使阻力增大,磨擦损失增加,这些都会引起油液的发热,所以也需要经常保持油液干净,并及时更换油液。

③在系统不工作时油泵必须卸荷。

④经常注意保持冷却器内水量充足,管路通畅。

§9-7 导热油加温系统使用技术

导热油加温系统以其加温速度快、温度易于控制和高效节能等优点,在公路工程沥青加温中得到了普遍应用。导热油加温系统在使用过程中,因导热油结焦而引起系统热效率降低、加温困难、能耗增加、甚至发生事故等问题越来越突出,也越来越引起人们的重视。

一、结胶机理及影响因素

导热油结焦是导热油使用过程中的一个必然趋势。其结焦过程可分为诱导、吸附、硬化和脱落四个阶段。在热能作用下,导热油主要发生裂解和聚合两类化学反应。裂解反应使矿物大分子分解为小分子,缩合反应使矿物大分子聚合成更大分子。由于导热油系统的膨胀槽与大气相通,使导热油中裂解反应形成的低组分物质挥发掉,而聚合反应形成的高分子物质最终将导致结焦。影响导热油结焦的因素主要有:①导热油受热分离出的胶质和沥青质物质,作为诱导因子,继续诱导导热油反应,加速结焦的形成;②温差越大,流速成越低,导热油结焦的速度越快。当温差增大时,导热油管壁油膜化学反应剧烈,加快缩合反应的过程;当导热油流速低时,在范德华力作用下,生成的胶质和沥青质,易吸附在金属管壁表面,形成沉积;③沉积物(胶质、沥青质)在管壁继续受热会硬化、结焦。结焦物质传热系数很小,是非传热物质,起到隔热作用,使温差进一步增大 ,脱氢反应加剧,C/H 比不断提高,结果将造成加温困难及安全事故;④导热油与空气接触氧化,温度越高,与空气接触越广泛,生成的酸性物质越多。一部分酸性物质通过膨胀槽挥发掉,另一部分留在导热油中,作为氧化剂加速导热油的氧化,加快缩合反应的进行。

二、导热油加温系统的使用

1.专业知识的普及教育

导热油加热设备的操作管理人员应对整个加温系统的原理、结构和操作方法有较全面、深刻的了解,对导热油的氧化、结焦成因过程有一定的认识,熟练掌握操作规程,不断吸取导热油领域的新知识,进行必要的业务技术培训工作。

2.导热油的选用

通常情况下,品质优良、化学成分相对稳定的导热油,在使用得当时结胶生成得较慢。导热油品质不佳将缩短其使用寿命。在购买导热油时,应选择国内形成生产规模的优质品牌。对于不同牌号、不同厂家的产品,不得混合使用,若混合使用将引起化学反应,导致油品过早老化,结焦,影响加温效果,缩短油品使用寿命。目前可选用上海、北京、茂名等地的优质导热油,也可选用进口导热油。

3.升温与降温速度的控制

冷炉点火时,应使火力在中等状态下加温,让导热油平缓升温。因为从结焦原理看,当温差较大时,导热油分子急剧受热,局部油膜温度过高,加速缩合反应,易形成结焦。在升温降温过程中应使导热油系统均匀受热。其升温速度应控制在10℃/h~40℃/h,不得超出这个范围;停炉时,关闭燃烧器后,让循环泵继续运转,使导热油自然降温,不可采用向炉膛加水或强制通风等措施,待导热油温降至100℃以下,方可停止循环泵。

4.导热油炉运行负荷的控制

对各种规格的导热油炉,其热负荷是有限制的。在设计的额定负荷下,导热油的进出口温差为15℃~20℃,当负荷增大时,温差将增大。若系统对热量的需求增加,导热油运行温度降低,使炉膛与导热油的温差增大,常在此工况下运行,导热油将过早老化,提前结焦并附着于管线内壁。此外,不能随意增加用热设备,使导热油炉超负荷运行,如此将导致导热油流速降低,加剧导热油中胶质和沥青质在管壁上的吸附和沉积,从而加速结焦的进程。

5.抽样化验与维护

由导热油结焦原理和结焦过程可以看出,导热油中出现了少量结焦后,就会引起恶性循环,粘度增大、流速降低、传热恶化,油温越高、热分解越加剧,将诱发和加快导热油的结焦。因此,应根据使用情况,定期对导热油抽样化验,发现问题及时处理。如添加抗氧化剂,防止导热油进一步氧化,也可用过滤或压滤的方式清除部分沥青质。对正在使用的导热油一般要求每半年抽样化验一次,如发现抗氧化剂减少或油质有杂物,应及时添加抗氧化剂,在膨胀槽内加液态氮,或对导热油进行精细过滤。

6.应急处理措施

设备在运行中如遇突然停电或循环系统发生故障,除采用通风降温外,还须用冷导热油进行置换,即人工加入冷油,置换时应迅速有序地进行,注意不要将冷油置换油阀打开过大,置换过程中,置换油阀开启度由大到小。尽可能延长置换时间,同进应保证有足够的冷油供置换,以免加热炉内处于无油或少油状态。

三、导热油系统的清洗

导热油的清洗就是用物理或化学方式,将导热油系统内形成的结焦或焦质物清除出出,从而改善系统的加温效果。常用的清焦方法有机械清焦法、空气蒸气清焦法、高压水冲击清焦法和化学清焦法。化学清焦法具有清焦彻底、质量可靠、便于施工、清洗时间短等优点,可以清洗1~10mm厚的导热油结焦,被广泛应用于清洗导热油加温设备上。化学清洗的基本原理是:清洗的过程是在合成清洗剂的作用下,结焦从管壁表面去除、对结焦进行分散和悬浮,使之不在管壁表面上再沉积,然后排出系统外。清洗的方法步骤是:

①排放系统内废旧导热油

废旧导热油排放得越干净,清洗就越容易。首先将系统内的废旧导热油循环加热到

100℃左右，以降低油的粘度，增大流动性。此外，对某些局部堵塞的管线采用加压的方法强制疏通。使旧油尽量排放干净，然后在系统中加入净水，循环加热到 90℃左右，热水循环一般在 5h 以上，然后再排放干净。

②加清洗剂清洗

使用特种油厂生产的清洗剂Ⅰ号、清洗剂Ⅱ号，先将清洗剂Ⅰ号加满整个系统，起动加热炉，让溶液在 95℃～100℃温度范围内循环 14h 以上，目的使结焦脱离管壁，然后排放干净。再加满清洗剂Ⅱ号，同样使溶液在 90℃～100℃温度范围内循环 11h 以上，目的使残存于管壁的结焦全部脱离并将所有结焦熔化，再排放干净。

③加水冲洗

清洗剂Ⅱ号排放后，要用水多次（通常在 7 次左右）冲洗。冲洗过程的水（中性水）要加温循环，其温度和循环时间随冲洗的次数增加而逐步减少，初次冲洗水温一般在 80℃～90℃，水循环时间为 4h，往后每次水温递减 5℃。循环时间逐减 20min，水冲洗次数由排出水的酸碱值来决定的，使 pH 值接近 7，否则要继续冲洗。

④压缩空气吹扫

导热油为高温传热介质，在运行过程中绝对不能有那怕是一小点的水参与，否则将导致严重事故（如突然冒泡膨胀溢出等）。最后一次的水冲洗完毕将水排放后，应用压缩空气吹扫。加温系统的压缩空气吹扫，建议配套 $6m^3/h$ 以上的空气压缩机一台，对系统进行吹扫—停止—吹扫，反复多次，直至将残存水分吹扫干净，并让其自然风干两天以上。有条件的可要用热风吹干水分。

衡量加温系统清洗得合理与否，需对加温系统进行现场选段拆检，看拆检段内壁是否露出了金属本色，此外还要看重新开炉加温的效果，即在相同的条件下，系统清洗后的加温时间—温度关系要达到额定指标的 90% 以上。

第十章　施工机械技术保养

§10-1　概　述

一、技术保养的目的

保养是指为了维持施工机械使用性能而采取的技术措施，因而称为技术保养，有时也称维护保养。保养与修理的概念有所不同，修理是使损坏的车辆、机械的整机、或总成、或零件使之恢复原来的形状或功用。施工机械的维修主要是保养和修理两个环节。在施工机械运行阶段，维护保养是修理的基础，修理是维护保养的保证，保养和修理两者缺一不可。施工实践证明，机械维修保养工作做得好与否，很大程度上直接关系到机械能否运行，能否充分发挥其效能和寿命，关系到施工企业的经济效益和生产安全。

机械在施工过程中的技术使用性能是否经常保持良好，在很大程度上取决于对它合理使用，如本书上一章所述。然而，机械在长期施工过程中，随着运转时间或行驶里程的累加，即使遵照使用技术要求，其使用性能仍不可避免地要发生变化，这是由于机械的各机件或零件间自然磨损的结果。如果不对这些机件进行及时润滑，调整及其他技术保养作业，那么各机械零件的磨损将会急剧增加，从而导致动力性能恶化、燃料消耗量增加、工作可靠性降低，甚至因故障和损伤而使整个施工机械失去工作能力，影响施工机械的正常使用。

减少和防止机械零件磨损的主要办法是及时进行技术保养，定期地对机械各部分进行清洁、润滑、紧固、检查、调整或更换某些零件，因此，技术保养可以理解为保证施工机械的技术状况完好而进行的各种技术作业的总称。技术保养的目的在于：

①使施工机械经常保持完好状态，以便随时可以起动运转，参与施工生产活动。在合理运用的条件下，不致因中途损坏机件而停歇，在施工过程或行驶中不致因机件事故而影响安全施工或行车。

②使整个机械及其各个总成的技术状态保持均衡状态，以达到最长的大修间隔期。在运用过程中使燃润料、轮胎及零件达到最低消耗。

二、机械磨损规律与技术状况的变化

机械运行过程中，内部零件相对运动的表面在荷载作用下由于摩擦而产生磨损，我们把这种现象称为自然磨损，磨擦磨损可分为机械磨损与磨料磨损。自然磨损是机械在运行中不可避免的，是机械技术状况发生变化的主要原因；此外，机械零件的腐蚀和金属零件的疲劳损坏也是引起机械技术状况变化的因素。随着使用时间的增长，技术状况逐渐恶化变坏：动力性能降低，燃润料的消耗增加，各部机件工作的可靠变性差甚至不断发生机械故障，使机械不能投入正常的使用。

保养的任务就是使机械在使用过程中能经常保持其完好的技术状况，预防和消除机械在运用过程中可能发生的故障和事故，延长机械的使用寿命，提高机械的生产效率，不断降低施工成本，保证施工质量。

如上所述，机械技术状况的变化主要与机械的磨损有关。机械零件的严重磨损和过早失效是机械技术状况恶化和使用寿命受到影响的主要原因。因此，合理正确地使用机械，做好预防、保养和计划修理工作，就必须研究和掌握机械磨损的原因，认识磨损的规律，并正确的运用这一规律来作好机械化施工中机械的技术管理工作。

机械的自然磨损是有规律性的。这一规律的基本特性是机械零件表面的磨损随机械运转时间的增长而增加，其变化和发展过程可分三个阶段，如图 10-1 所示。

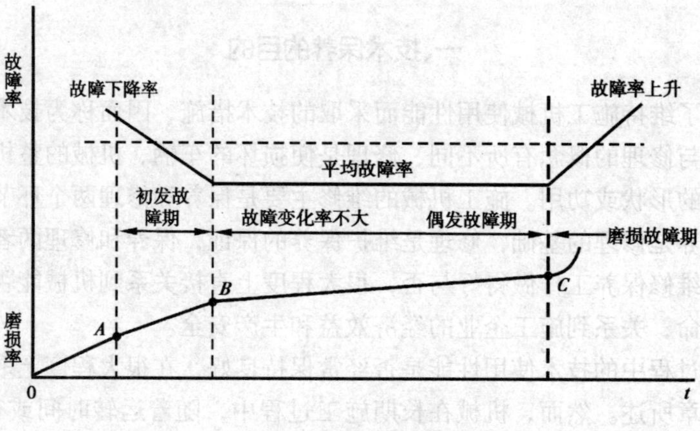

图 10-1　机械磨损规律

1.机械的磨合阶段，图 10-1 中的曲线 OB

该阶段包括机械在生产过程中的磨合与机械在正式投入使用前的运用磨合（即图 10-1 中的 OA 和 AB）。

经过加工的零件，无论如何精密，其加工表面都留有加工印痕，所以在机械磨合阶段，零件相对运动表面的磨损量比较大，磨损速度很快，零件配合间隙很快增大。当机械磨合到一定程度后，各类机件配合也达到了一定的精度，则机械的磨损趋向稳定，而配合件由装配间隙达到初期间隙，使机械各零件的配合达到或接近机械正常使用的技术规范。所以新购置的机械或大修竣工的机械在正式使用之前都必须经过磨合期。其目的是依据机械在OB区间的磨损量和磨损速度的变化规律，采取相应的技术措施，来减轻这一阶段的磨损。

在此期间应减少机械的初期负荷，加强机械各部分的润滑、消除过热并及时排除金属磨削和清洗零件的磨擦表面，采取这些技术措施的全过程也称机械的试运转。

2.机械正常运转阶段，图 10-1 中的线段 BC

配合件经磨合后，已达到相当的精度，润滑条件也得以改善，磨损量增长缓慢，机械的技术性能得以很好的发挥，所以磨损的第二阶段也是机械正常运转和施工生产中最有利的时期。在此期间合理的使用机械，有计划的对机械进行维护保养就能降低磨损的增长率，延长机械的使用寿命，使机械在施工生产过程中能经常保持良好的技术状况。

3.事故的损坏阶段。图中 C 点和 C 点以后的线段为第三阶段

机械零件的磨损量已增长到接近或超过“极限磨损”点 C，此时零件的磨损速度急剧增

大，零件的配合间隙超过“许可磨损”的范围，冲击负荷增大，润滑条件恶化，经常发生机械故障，并导致零件的损坏。机械虽然仍可继续运转，但因技术状况的恶化，其技术性能也明显变差。生产率明显下降，工作性能和工作质量降低到允许的限度以下，燃润料消耗过大，操纵性能明显变坏。因此，机械零件的磨损量在达到极限磨损点C之前，就必须对机械各机构、各系统进行检查、调整和修理以恢复机械零件原来的配合间隙，使它们的磨损量仍然保持在第二阶段，以保持机械在良好的技术状况下运转。

§10-2 技术保养的作业内容

机械保养的作业内容是清洁、紧固、调整、润滑、防腐，称为“十字作业”。这是根据机械技术状况变化的规律，并经过多年实践得出的，是必不可少的技术作业项目，此外，还有检查、加添等辅助作业内容。

一、清　洁

机械在工作中，必然引起机械内外及各系统、各部位的脏污，有些关键部位脏污将使机械不能正常工作。为此，进行清洁作业不仅是保持机容整洁的需要，更重要的是保证机械安全和正常工作的需要。

清洁作业中要特别注意做好发动机“三滤”和电气部分清洁作业，发动机“三滤”的清洁对发动机的工作和寿命都有很大影响。

1.空气滤清器的清洁

空气滤清器的作用主要是滤除进入气缸的空气中的尘土。尘土中主要成份是二氧化硅SiO_2，又名石英，石英很硬，并具有棱角。石英的硬度仅次于金刚石，比一般金属硬度大。金刚石的硬度为10，石英为7，气缸壁是5.2,活塞环是2.6。尘土颗粒很小，能进入发动机的尘土颗粒以1~100μm的居多，而且其中大多数是50μm以下的颗粒，据试验资料证明，20~30μm的灰尘所造成的磨损最大。进入气缸的部分尘土被气缸壁上的机油粘住，当活塞上下运动时，好象加了一层磨料，使气缸壁和活塞环很快磨损，如不装空气滤清器则磨损增加一百倍。

尘土进入气缸不仅使气缸壁、活塞、活塞环加速磨损，而且被机油清洗下来进入机油，进而使机油润滑的部位发生加速磨损。

空气滤清器在工作中，随着脏污程度的增加，滤清效率不断下降（完好滤清器的滤清效率为99.97%，不得低于98%），滤清阻力增加（正常情况下为5.8~7.84kPa,不得超过11.76kPa水柱），造成发动机磨损加剧和功率下降，必须及时清洗。

清洗空气滤清器时，必须注意空气滤清器及其到气歧管之间进气管路的密闭，如有孔隙将使空气不经滤清进入气缸，加剧磨损。

2.机油滤清器的清洁

机油在使用过程中，不可避免地要被磨损产生的金属屑、自外界落入的尘土、杂质和燃烧产物所污染；同时，机油本身由于受热氧化也会产生酸性物质和胶状沉积物。如不加以滤清，就会加速发动机零件的磨损，堵塞油路，甚至使活塞环，气门与气门导管等零件之间发生胶结，使发动机不能正常运转，并使机油的使用期缩短。机油中机械杂质的含量超过

0. 3%就需要更换。机油滤清器的作用就是及时清除机油中的机械杂质和胶状物质、保证发动机润滑系正常地工作。

机油滤清器使用一定时间后，滤芯表面脏污越来越多，尽管滤清质量有所提高，但滤清阻力增大，油压下降，循环量减少，供油不足，不能保证发动机运动零件的润滑及其摩擦热的散逸。滤芯严重堵塞时，机油将通过滤清器的旁通阀，不经滤清就参与润滑，形成磨料性磨损。为此，必须及时清洗机油滤清器，以恢复其正常工作。

3.柴油滤清器的清洁

柴油发动机供油系统主要零件的表面粗糙度和配合间隙都是非常精密的。如高压泵的泵油柱塞及柱塞筒之间，喷油的喷针和喷油咀之间的间隙都是0.002—0.004mm,有的小到0.0015mm。因此，供油系工作是否可靠和耐用，主要决定于柴油的纯净程度。使用清洁的柴油可使精密零件的寿命延长30%~40%。柴油中含有杂质还可能加速气缸的磨损。为此，除在加油时必须保持清洁外，还要定期放出柴油箱内沉淀杂质，特别是要定期洗清柴油滤清器。如不及时清洗柴油滤清器会造成滤清效率下降或供油不足，使发动机不能正常工作。

4.电气设备的清洁

为保证电气设备正常工作，应经常保持发电机、起动电动机、蓄电池、调节器以及电器操作和电气控制部分等电气设备的清洁；定期清除整流子和碳刷上的碳粉，并按规定擦拭整流子。保持各电气触点的清洁，对机械的安全正常是十分重要的。

二、紧　　固

机械上有很多用螺丝固定的部位，由于机械工作时不断振动和交变负荷等影响，有些螺丝可能松动，必须及时检查，予以紧固。如不及时紧固，不仅可能发生漏油、漏汽、漏水、漏电等现象，有些关键部位的螺丝松动，还可能改变该部位设计的受力分布情况，轻者造成零件变形，重者造成断裂。螺丝松动还可能导致操纵失灵、零件或总成移位或掉落，甚至造成机械事故损坏。

在内燃机为动力的机械上，有些关键部位的螺丝必须经常检查，定期紧固。如发动机机座固定螺丝、风扇固定螺丝、前后钢板U形螺丝、驾驶室和货箱固定螺丝等，以及其他需紧固的各部位都应按规定进行检查和紧固。

有些用铆钉连接的部位，也应定期进行检查，发现松动及时处理。

三、调　　整

机械上有很多零件的相互关系和工作参数需要及时进行检查调整，才能保证机械正常工作。如不及时调整，轻者造成工作不经济，重者导致机械工作不安全，甚至发生事故。调整的内容和部位如下：

1.间隙方面，如各齿轮间隙、气门间隙、制动带间隙、分电器触点间隙等。

2.行程方面，如离合器踏板、制动器踏板行程等。例如离合器的工作通过分离、滑磨、接合三种工况完成的，要求分离彻底，接合可靠。这一方面要靠正确的组装来实现，另一方面要通过对离合器及其操纵装置的正确调整来实现。离合器在工作中，行程不断发生变化，影响离合器正常工作，就必须及时检查调整。

3.角度方面，如点火提前角度，提前供油角度等。例如，柴油机的提前供油角度，随着使用时间的延长而自然减小（原调整位置没变）。各种发动机减小的幅度不等，如使用400h后，有的减小5°～6°曲轴转角，有的甚至减小12°～14°提前供油角度小。喷油推迟，使燃烧不及时，形成后燃。其征状是发动机负荷较大时连续排黑烟，严重时甚至排火，行驶无力，水温容易升高。其后果是发动机功率下降，燃料消耗量增加，发动机容易过热。因此，在三级保养时应对柴油机的提前供油角进行检查调整。

4.压力方面，如燃料喷射压力、机油压力、空压机压力、液压装置工作压力、闭式冷却器的蒸汽压力等。

5.流量方面，如供油量等。

6.松紧方面，如风扇皮带、履带松紧等的松紧度。

7.轮胎换位。

8.此外还有电压、电流、发动机怠速、化油器油平面等很多内容，都需要及时检查调整。

四、润　　滑

机械的活动部位，包括转动的和往复运动的零件，绝大部分需要保持良好的润滑，才能保证机械正常工作，机械在使用过程中，技术状况变化的主要原因是磨损，而润滑是减轻磨损最有效的措施。

1.发动机的润滑。发动机上有很多相对运动的零件，大部分处于滑动摩擦，只有少部分采用滚动摩擦。润滑系要保证把一定数量、一定温度的清洁润滑油不断地供给发动机的各摩擦表面，以保证发动机正常工作。其中最重要的是曲轴和轴承的润滑。

2.润滑对保持传动部分各齿轮的正常工作也是很重要的，传动效率主要损失在搅动润滑油、齿轮啮合及轴承摩擦上。

3.各部滚动轴承工作是也需要良好的润滑。还有一些拉杆、滑轮、销子等活动部位以及钢丝绳等都需要润滑，保养中也必须按规定进行检查，补充和更换润滑油脂。

4.机械上的润滑点是相当多的，检查、加添和更换润滑油脂的时间也不相同，因此，润滑是保养作业中一项重要，繁重和细致的工作。有些国家把机械润滑划为保养以外的一项单独的作业，可见其对润滑的重视。

五、防　　腐

机械在使用中，不可避免地造成一些金属制品的保护层脱落，为此必须进行补漆或涂上油脂等防腐涂料。对一些非金属制品也应采取必要的防腐措施，如洗净橡胶制品上油污等，加以保护。

§10-3　技术保养的实施

一、我国的技术保养制度

我国现行的机械技术保养制度规定：机械的各级保养计划，应以保养间隔周期为主要的依据编制，报上级管理部门审批下达。计划一经批准下达，使用单位和保养单位必须按计划执行，不得漏保。

机械和一级保养作业可由操作或驾驶人员按规定进行。其他级别的保养应由专业保养工式人或具有保养能力的保养场（厂）或车间进行。各单位应配备相应的保修力量。

机械保养制度的内容包括：保养分类，作业范围和项目，技术要求和质量要求，间隔期，停机日以及工时，消耗材料，费用定额等。一般机械的保养分为例行保养、定期保养、和特殊保养三类。

1.例行保养

指在机械开工前，班内工作暂停时期以及一般工作结束后进行的检查保养。中心内容是检查，主要检查要害部位和易损部位。如机械和部件的完整情况；油、水数量；操纵和安全装置（如转向、制动等）的完好和工作情况；关键部位的紧固情况；以及有无漏油、水、气、电等情况，必要时加添燃料、润滑油脂和冷却水，以确保机械的正常运行和安全生产。例行保养由操作人员按规定进行。

2.定期保养

(1)一级保养

主要在于维护机械完好的技术状况，确保机械在两次一保间隔期中正常运行。一保时普遍进行清洁、紧固和润滑作业并部分地进行调整作业，但以清洁、紧固、润滑为中心、主要内容是：检查紧固各部螺丝，按规定检查和加清润滑油脂，清洗各滤清器。

(2)二级保养

主要在于保持机械各个总成、机构、零件具有良好的工作性能，确保两次二保间隔期的正常运行。二保以检查调整为中心，除进行一保的全部内容外，还要从外部检查发动机、燃料系、润滑系、离合器、变速箱、传动轴、主减速器、转向和制动机构、液压和工作装置、电动机、发电机等工作情况，必要时进行调整，并排除所发现的故障。

(3)三级保养

主要在机械经过较长时间的运行后，除进行必要的保养外，重点进行较彻底的检查，发现和消除隐患，确保机械在两次三保间隔期的正常运行。三保以解体检查、消除隐患难为中心。除进行二级保养的全部作业内容外，还应对主要部位进行解体检查，发现隐患及时消除。但是，三保的解体与大、中修的解体不同，三保时只打开有关总成的箱盖，检查内部零件的紧固、间隙和磨损等情况，以发现和消除隐患为目的，按保养范围的作业内容，不大拆大卸。一般施工机械技术保养规程规定的操作项目、内容及顺序大致相同，而且高号保养总是包括低号保养作业项目的全部内容。当然，由于机械构造上的特点，在个别项目及内容中是有差别的。各种施工机械各级技术保养的详细内容可参考有关的技术保养规程或机械出厂使用说明书。

一级保养一般应由操作人员进行。二、三级保养可由保修人员为主、由操作人员参加并配合进行（其中一级保养项目应由操作人员进行），以便了解和掌握机械的技术状况及其变化规律，正确使用机械。

对机械定期分级保养应做到：

按时——按照规定时间进行保养，一般延后或提前的时间不应超过保养周期 10%。

按级——按规定运转小时（或运行公里）间隔进行分级保养，不应跨越保养级别。

按项——各级保养必须按规定的项目逐条进行，保养结束前应认真检查，以防遗漏。

按质——必须按规定的保养要求与程序进行保养、保证保养质量，杜绝保养事故。

此外，对每台机械应进行日常保养（例保）。做好例保和一保是使机械经常处于完好状态的重要保证，必须严格要求，认真做好。

3.特殊保养

包括停放保养、走合期保养、换季保养和转移前保养等，是在特定情况下进行的保养。

(1)停放保养

指停放及封存机械的保养，重点是清洁、防腐，每月最少一次，内燃机应定期发动，在特别潮湿的情况下，每半月发动一次。停放保养由操作或保管人员进行，库存机械由机务部门指定保修人员进行保养。

(2)走合期保养

指机械在走合期内和走合期完毕后的保养，必须加强检查，选优质润滑油，提前更换润滑油。

(3)换季保养

指进入夏季或冬季前的保养，主要是更换燃油油料、调整蓄电池电解液相对密度、采取降温或防寒措施、清洗冷却系等。

(4)转移前保养

根据施工特点，在一工程用完后，虽未到规定的保养周期，但为使机械能迅速投入新的施工生产而进行的保养。作业项目除按二级或三级保养进行外，可增加防腐及喷漆等项目。

二、技术保养工作的组织实施

1.保养机构设置

(1)各机械建制单位必须配备必要的保修力量和设备，一般应在运行单位内设置保养机构（如保养班或组），规模较大的单位可设置独立的保养机构（如保养车间），保养机构只承担保养和小修任务，不承担大、中修任务。

(2)保养力量就按比例配备保养人员。各种运输、土方、起重机械及其他大型机械、平均每台配备保修人员1~1.2人,其他各种机械平均每台配备保养人员0.2~0.3人。上述人员中的60%为保养小修人员(包括辅助工种)。

2.技术保养的实施

(1)一般情况下机械保养可采用就机保养综合作业的方式,规模较大的单位可采用定位保养专业分工的方式,有条件的单位还可采用总成互换的保养方法。

(2)采用专业分工的方式时,可实行定部位、定人员、定机具、定进度、定质量的五定为内容的责任制度,采用综合作业方式时,也应根据情况实行必要的责任制度。

(3)操作人员应随机参加保养,配合保养工搞好保养工作。一般情况下,操作工应完成一级保养的项目。

(4)保养工作完成后,应进行检验。并将保养的主要技术资料、保养类别、起止时间、保修单位、主保人、保修主要内容和质量检验情况登记在履历书和保养登记薄内。记录内容应齐全、准确。

(5)机械管理部门应负责组织领导和督促检查保养工作的进行,定期对保养资料进行分析,掌握机械技术状况变化的规律,找出使用和保修工作存在的问题,采取措施,改进工作。

3.保养的质量检验

(1)机械保养必须坚持“预防为主,质量第一”的原则。严格按照规定的保养范围、作业内容、指定的附加小修项目和技术要求进行保养,确保保养质量,不得漏保、失修、也不得随意扩大拆卸零件范围。

(2)必须建立专职检验和群众检验相结合的体制。机械建制单位和独立的保养单位应设专职检验机构或人员,负责保养、修理质量的检验工作。独立的保养机构(如保养车间)也应设备专职的检验人员负责保养质量检验工作。保养班组的班组长应亲自负责质量检验工作,必要时,还可设兼职的质量检验员协助班组长做好质量检验工作。

(3)必须坚持自检、互检和专职检验相结合的检验制度。凡由操作人员进行的保养(如例保、一保)应由承保人自检,班组长复检,专职人员抽检。凡由专业保养机构进行的保养(如二保、三保)应执行由承保人自检、互检,班组长复检,专职人员逐台和操作人员验收的制度。

(4)必须贯彻进保前检查、过程中的检验和保养后验收的制度。二级以下的保养,进保前检查和保养后验收应进行原地检查和原地发动检查,必要时进行短途行驶检查。二级保养除进行原地检查、原地发动检查和短途行驶检查外,必需进行空负荷工作检查。一般情况下不得进行解体检查。通过保养后和进保前对保养项目的对比检查,结合工程检验可以较准确地判断保养质量。

§10-4 技术保养的基本设备

由于历史原因,我国施工机械的制造业起步比较晚,虽然在改革开放以来有很大的发展,但和汽车工业相比较,仍有较大差距。因此,在保养方面不论从保养的技术水平,组织管理和保养设备的配置等方面,都不尽如人意,有待于今后不断改进和完善。施工机械保养所用的设备,基本上分为两种类型:一种是工段设备,即为完成保养工艺而在工段上采用的辅助设备,如保养工作沟,总成拆装运送设备与工作吧架等;另一种是工艺设备,即直接用来完成保养工艺所用的设备,如清洗机、拆装工具、检验仪器、试验台等。

一、保养工段设备

现代保养工艺过程中,各工艺设备固然重要,但也不可忽视工段设备。对施工机械的下部作业,特别是轮式机械,其工作量很大,若不用举升设备,不仅操作困难,质量也难以保证,而且工作效率低,增长了保养时间。

保养工作沟(或称地沟)是目前最简单而行之有效的一种“举升”设备。由于地沟建造费用低,安全可靠,又不需要专门维修保养,故应用颇多。但地沟的能见度差、排油水困难,工作空间狭小,劳动条件差等,所以还应在地沟上设置多种辅助设备,如照明设备、专用油水收集器,千斤顶等。对于总成拆装运送设备与工作台架等不再赘述。

二、保养工艺设备

保养工艺设备是直接用业完成保养作业所用的设备,主要保养机具与仪表设备见表10-1。

主要保养工艺设备 表 10-1

作业内容	机具与仪表设备
清洗润滑作业	1. 外部清洗机; 2. 零件清洗机; 3. 积炭清洗设备; 4. 滤清器清洗机; 5. 润滑油加注器; 6. 齿轮油加注器; 7. 润滑脂加注器
拆装紧固作业	8. 轮胎螺母拆装机; 9. 各型风动扳手; 10. 手提式液压拉压器
检查调整作业	11. 发动机功率测试仪; 12. 发动机机油检测仪; 13. 气门座修磨机; 14. 机油泵调试作业台; 15. 空气压缩机调试作业台; 16. 磁力探伤器; 17. 仪表、灯具检修作业台; 18. 蓄电池修理作业台与充电机; 19. 制动阀、气室、气路检修作业台; 20. 前轮定位测试仪; 21. 转向盘转动量和转矩检验仪; 22. 制动试验台; 23. 喷油器试验台; 24. 燃油喷射泵试验台
起重运送作业	25. 地沟举升设备; 26. 起重机; 27. 各总成运送小车

第十一章 施工机械的管理

§11-1 施工机械现代管理的特点与内容

一、现代机械设备管理应解决的问题

随着改革开放的不断深入和国民经济的不断发展，我国的公路建设事业进入了快速发展的新阶段。一些高等级的交通枢纽工程成为国家必需的建设项目。由于这些项目对施工工期、施工进度、施工质量等提出了更高的要求，必须要用现代化程度很高的施工机械设备来完成。

现代化设备的出现，给企业和社会带来了很大效益，如提高质量、增加产量、减少原材料消耗，充分利用生产资源、减轻工人劳动强度等，从而创造了巨大的财富，取得了良好的经济效益和社会效益。但是也给企业和社会带来了一系列新问题。

1.购置先进设备需要大量投资

由于现代化的机械设备技术先进、性能高级、结构复杂、设计和制造费用很高，故投资费用的数额巨大。目前，大型、先进的机械设备的价格一般都达数十万元之多，进口的先进、高级设备价格更加昂贵，已高达百万美元。因此，装备一个现代化的公路工程施工企业所需的投资相当可观，一般要占固定资产总额的70%～80%，成为企业建设投资的主要开支项目。

2.维持设备正常运转也需要大量投资

购置机械设备之后，为了维持设备正常运转、发挥设备效能，在设备的长期使用过程中还需要继续不断地投入大量资金。首先是现代设备的能源、资源消耗量大，支出的能耗费用高。其次，进行必要的设备维护保养、检查修理、磨耗件更换等，也需要支出一笔为数不小的费用。

3.施工机械运转时发生故障停机，经济损失巨大

由于现代机械设备的工作产量大、生产效率高、作业连续性强，一旦发生故障停机，造成生产中断，就会不同程度地造成经济损失。如路面施工的主导设备摊铺机突然故障，中断工作，就会造成材料的大量浪费，施工成本增加，效率降低。因此，从管理角度应考虑如何解决机械设备的维护、保养问题，从而保证施工机械使用寿命和运转可靠性。

4.保证施工机械安全运转

现代机械设备许多都是在高转速、高负荷、高温、高压状态下运行工作，一旦发生事故，极易造成设备损坏、人员伤亡、环境污染，导致严重后果。如沥青加热装置在高温、高压下易发生事故，会危及人身安全；大型施工机械的工作装置工作时，也应特别注意安全施工，一旦发生事故，后果也将非常严重。

5.改善设备性能，优化设备配置

设备的社会化程度越来越高，现代机械设备科学技术含量越来越多，涉及的科学知识门类

越来越广，单靠某一学科的知识无法解决现代设备的重大技术问题。而且由于设备技术先进、结构复杂，零部件的品种、数量繁多，设备从研究、设计、制造、安装调试到使用、维修、改造、报废，各个环节往往要涉及不同行业的许多单位、企业。这就是说，现代设备的社会化程度越来越高。改善设备性能，优化设备配置，发挥设备投资效益，不仅需要企业内部有关部门的共同努力，而且也需要社会上有关行业、企业的协作配合。

二、机械设备管理的作用与特点

1.机械设备管理及其作用

施工机械设备的管理，是指以施工机械设备为研究对象，追求其综合效率与寿命周期费用的经济性，应用一系列理论、方法，通过一系列经济、组织措施，对设备的物质运动和价值运动进行从选型、购置、安装、使用、维修、技术改造、报废直至更新全过程的科学管理。

随着公路工程施工机械化的发展，如何科学合理地管理好、组织好施工机械显得越来越重要。对于公路施工企业来说，设备管理是企业整个经营管理中的一个重要组成部分。其任务是以良好的设备效率和投资效果来保证企业生产经营目标的实现，取得最佳的经济效益和社会效益。作为企业管理中的一个重要领域，设备管理的作用表现在：

(1)设备管理是企业生产经营管理的基础工作

现代企业依靠机器和机器体系进行生产，生产中各个环节和工序要求严格地衔接、配合。生产过程的连续性和均衡性主要靠机械设备的正常运转来保持。设备在长期使用中的技术性能逐渐劣化(比如运转速度降低)就会影响生产定额的完成；一旦出现故障停机，更会造成某些环节中断，甚至引起生产全线停顿。因此，只有加强设备管理，正确地操作使用、精心地维护保养、进行设备的状态监测、科学地修理改造，保持设备处于良好的技术状态，才能保证生产连续、稳定地运行。反之，如果忽视设备管理，放松维护、检查、修理、改造，导致设备技术状态严重劣化、带病运转，必然故障频繁，无法按时完成施工计划。

(2)设备管理是企业工程质量的保证

工程质量是施工企业的生命，竞争的支柱。工程的完成是通过机械施工进行的，如果施工设备特别是关键设备的技术状态不良，严重失修，必然造成施工质量下降甚至无法交工。加强企业质量管理，就必须同时加强设备管理。

(3)设备管理是提高企业经济效益的重要途径

企业要想获得良好的经济效益，必须适应市场需要。不仅施工的高产优质有赖于设备，而且施工原材料、能源的消耗，维修费用的摊销都和设备直接相关。这就是说，设备管理既影响企业的产出(产量、质量)，又影响企业的投入(产品成本)，因而是影响企业经济效益的重要因素。一些有远见卓识的企业家提出“向设备要产量、要质量、要效益”，确是很有见地的。因为加强设备管理是挖掘企业生产潜力、提高经济效益的重要途径。

(4)设备管理是搞好安全生产和环境保护的前提

设备技术落后和管理不善，是导致生产发生设备事故和人身伤害，排放有毒、有害的气体、液体、粉尘，造成环境污染的重要原因。消除事故、净化环境，是人类生存、社会发展的长远利益所在。加速发展经济，必须重视设备管理，为安全生产和环境保护创造良好的前提。

(5)设备管理是企业长远发展的重要条件

科学技术进步是推动经济发展的主要动力。企业的科技进步主要表现在产品的开发、生产工艺的革新和生产装备技术水平的提高上。企业要在激烈的市场竞争中求得生存和发展，需要不断采用新技术、创造新成果。这些都要求加强设备管理,推动生产装备的技术进步,以先进的施工设备装置和检测手段来保证施工项目的顺利完成,实现企业的长远发展目标。

由此可知,设备管理不仅直接影响企业当前的生产经营,而且关系着企业长远发展和成败兴衰。企业领导人必须摆正现代设备及其管理在企业中的地位,善于通过不断改善人员素质和设备素质,充分发挥设备效能,为企业创造最好的经济效益和社会效益。

2.机械设备管理的特点

机械设备管理除了具有一般管理的共同特征外,与企业的其他专业管理比较,还具有以下一些特点:

(1)技术性

作为企业的主要生产手段,设备是物化了的科学技术,是现代科技的物质载体。因此,设备管理必然具有很强的技术性。首先,设备管理包含了机械、电子、液压、光学、计算机等许多方面的科学技术知识,缺乏这些知识就无法合理地设计制造或选购设备;其次,正确地使用、维修这些设备,还需掌握状态监测和诊断技术、可靠性工程、摩擦磨损理论、表面工程、修复技术等专业知识。可见,设备管理需要工程技术作为基础,不懂技术就无法搞好设备管理工作。

(2)综合性

设备管理的综合性表现在:①现代设备包含了多种专门技术知识,是多门科学技术的综合应用。②设备管理的内容是工程技术、经济财务、组织管理三者的综合。③为了获得设备的最佳经济效益,必须实行全过程管理,它是对设备一生各阶段管理的综合。④设备管理涉及物资准备、计划调度、劳动组织、使用维护、质量控制、经济核算等许多方面的业务,汇集了企业多项专业管理的内容。

(3)随机性

许多设备故障具有随机性,使得设备维修及其管理也带有随机性质。为了减少突发故障给企业带来的损失和干扰,设备管理必须具备应付突发故障、承担意外突击任务的应变能力。这就要求设备管理部门信息渠道畅通,材料、配件准备充分;组织指挥有力,业务技术过硬;及时为现场提供服务,为生产排忧解难。

(4)全员性

现代企业管理强调应用科学,调动了广大职工参加管理的积极性,实行以人为中心的管理。设备管理的综合性更加迫切需要全员参与。只有建立企业全员都参加的设备管理体系,实行专业管理与群众管理相结合,才能真正搞好设备管理工作。

3.设备管理的内容与方法

(1)设备管理的主要内容

机务管理部门在公路建设中,最终目的是保障机械设备能很好地完成施工要求,增进施工企业的经济效益。在具体的工作落实上就是进行机械的购置、使用、保修、租赁、折旧、报废等机械后半生的一系列管理,围绕这个目的,需采用相应的管理方法,进行卓有成效的工作。

全面的机务管理工作的主要内容有:

①根据需要提出和落实机械购置的前期工作及设备材料的验收;

②组织落实机械施工及机械保修计划;

③原始资料的收集、统计、建档;

④制定适合的运作制度(内容包括工作人员职责、收支报批规定、检查办法、奖惩办法等)。

若实行分级管理时,二级管理部门是进行局部规划落实、制定政策和实施监督的部门。其工作内容有:

①落实机械设备购置前期工作;

②制定本地区的机械使用标准(台班、租赁、消耗等定额);

③建立信息网;

④结合上级部门要求制定检查标准。

一级管理部门是全盘规划、制定方针政策、检查督促的部门。其工作内容有:

①重点规划机械设备布点;

②建立信息网;

③制定机械设备管理规范;

④规范各种定额标准,为基层制定定额范本;

⑤检查督促指导。

(2)施工机械的管理特点

①机械本身的特点

a. 结构零件多、装配精密在设计制造中,由于新工艺、新材料、协作化生产越来越多,使得机械设备结构复杂,装配精密。

b.综合技术含量高。为了满足施工要求,消除人为因素对施工质量的影响,结构上采用了各种控制机构和检测技术。综合技术化大大提高,要求操作人员和修理人员知识全面。

c.设备价值高。设备向大型化发展,使价格随之增高,运动消耗也增大,操作不当会造成极大损失和浪费。

d. 品种门类多。按工作部门分有养护机械和筑路机械。按作业对象上分有土方机械和路面机械,品种类型多达上百种。

②筑养路机械施工特点

a.受季节影响大。无论是养护还是筑路施工,连续下雨是无法进行的,特别是沥青路面工程,要求晴天和高温,一年的实际施工日不多。

b.施工带有突击性。一个冬季或一个雨季过后,路面大量损坏,工程急需开工,就需要机械进行突击,机械的日工作小时、施工期的利用率大大提高,机械设备得不到保养,大负荷工作时间长。

c.工作环境恶劣。野外的尘土对机械运转有极大磨损,特别是发动机;高温和冲击荷载对机械也有不同程度的影响,极易造成机械性能下降、消耗加大、工效降低。

(3)施工机械的管理办法

由于施工机械具有本身的特征和施工上的特点,机务管理部门必须采取合理方法管理和指导。目前,国内施工企业机管部门通常采用的方法应为:

①加强人员培训,提高专业水平

机械操作人员不仅要懂得机械的结构、性能,掌握操作技术,还要懂得施工工艺、方法,以最小消耗获得最佳效果;修理人员既要有机械构造知识,又要有熟练的诊断和拆装能力;机务管理人员要懂机械,既要有机械管理知识,还要有经济管理知识。在市场经济条件下,机务管理人员须具有双重职称——机械师和经济师,机务部门应协调职教部门制定培训计划和考核办法,提高每一个机务工作者的知识水平。

②制定适合的机械工效定额

机械实际作业的生产率大小与机械性能、操作技术和作业对象有关。制定适合的机械工效定额是进行工程计划和管理考核的参数,只讲机械设备运转台班数而不讲实际工作量与定额工作量之比是不可取的。工效定额的制定应以理论计算为依据并结合技术性能、作业对象等因素(如机械累计运转时间、修理次数等)来确定。操作人员和管理人员的考核要与机械的实际工效挂钩。

③制定适合本企业或地区的机械台班费定额

机械设备的台班费定额是进行计划施工、考核机械设备的依据。合适的定额有利于机械循环运作。台班费定额的制定要结合当地的经济状况,涉及到折旧、保养、修理、消耗和人工等,并且使其成为在一定范围内可以进行修正的动态定额。使用部门应根据上级部门指导意见考虑本企业或本地区实际情况,及时调整台班费以用于施工预算、租赁等核算。

④开展经济核算

对机械进行核算管理是用好机械的必要手段。机械所发挥的效益要与工程质量、进度及消耗等相联系,任何只讲机械消耗而不讲机械发挥的作用是不对的。机械发挥的效益要用价值表现出来,即按照定额进行收支对比核算。

⑤提高机械利用率,盘活资产

要创造效益,必须提高机械利用率。如何提高利用率呢? 一是搞好维修保养,提高完好率;二是加强市场信息交流,开展各种形式租赁业务。首先要提高自身实力,操作技术要过硬,设备要精良,服务要热情。其次要以适合的租金和良好信誉来开拓和赢得市场;三是成立“机械公司”。“机械公司”应集中技术精良的操作手、修理工、统计员、工程师、经济师等,实行独立核算,自主经营,自负盈亏。此方法的优点是:机械设备的技术状况提高,施工水平提高,机械利用率提高,设备更新快。

⑥开展施工机械监理

施工机械监理是施工单位自身组成的机械监理制,目的是对机械进行正确施工、管理监督、保证施工质量和进度、避免返工造成损失。机械监理制在某些地区已实行,具有成功的经验和整套技术规范和管理办法。经济监理是一、二级机务管理部门的主要工作之一。

⑦开展设备状态监测运用

实 行“定期监测、强制维护、视情修理”的保修原则,以减少保修日和事故,降低维修费用。

⑧组建信息网,开展信息交流

开展信息交流,首先是收集自身的数据资料,如机械数量、品种、性能参数、技术状况、利用情况、能源消耗、折旧、租赁等。上级管理部门要收集设备的先进程度、生产动态、配件供应、维修点布局、市场占有率、价格、更新换代周期、折旧期、新产品等信息;其次,相互间利用计算机联网随时交流信息,以服务于机械的购置,使用、维修、租赁、处理等管理所需进行的评估、参考、论证、考核等。此项工作极为重要,我国管理落后于国外,信息收集与交流的落后是主要原因之一。

总之,在市场经济条件下,公路机务部门的管理要不断增添新的内容,一个单位或部门要想求得生存和发展,机械资产管理非但不能减弱,还必须加强。需要指出的是,对于养护单位的机械管理应以指标考核的管理办法为适宜,不应强调盈利,而应强调消耗指标的减小。对于工程施工单位的机械管理应以盈利考核管理为主。

§11-2 现代设备管理理论

现代设备管理是一门新兴的管理科学，它是在设备维修管理的基础上，广泛吸收了现代管理科学与现代科学技术的新成果而逐步发展起来的边缘学科，逐渐在各工业企业以及施工企业开始应用并得到发展。

一、系统工程

系统工程(System Engineering)是国外20世纪40年代开始出现，近二三十年逐渐发展成熟的一门应用技术，已经广泛应用于国民经济、国防、人民生活等许多领域。现代企业管理与现代设备管理的形成与发展，很大程度上得益于系统工程的理论指导。系统工程是现代设备管理最主要的理论基础之一。

所谓系统工程，是按照系统科学的思想，应用控制论、信息论、运筹学等理论，以信息技术为工具，用现代工程的方法去研究和管理系统的技术。系统工程是组织管理系统的规划、研究、设计、制造、试验和使用的科学方法。

1.系统的基本特征

(1)集合性

指系统是由至少两个或两个以上可以相互区别的要素组成的一个整体。从设备的构成看，如一台装载机是由一台发动机、变矩器、变速箱、驱动桥、工作装置等几大部件组成的一个整体，而各大部件都是可以相互区别的要素。从设备管理来考察，如设备的规划、设计、制造、选购、安装调试、使用、维修、改造、报废等环节组成了设备一生管理这个整体，这些环节又是可以相互区别、各自具有独立工作内容的要素。

(2)相关性

指各要素之间有不可分割的联系，彼此互相影响、互相制约。也就是说，系统是由各组成要素按一定方式结合而成的。比如一台装载机，如果把发动机、变矩器、变速箱、驱动桥、工作装置等几大部件随便堆放在一起，不按一定的技术要求组合装配起来，就不能构成一台装载机，也不能完成铲装、运载的任务。设备管理中的不同环节也是互相关联、彼此制约的。比如，设备使用不当就会增加维修的工作量。

(3)目的性

指整个系统具有一定的目标、功能。系统的目标可以是一个或几个。设备的功能是为了完成确定的工作任务，如装载机要完成铲装物料的工作。设备管理也同样具有明确的目标。如果说是一个目标，那就是追求寿命周期费用的经济性；如果说是两个目标，那就是追求寿命周期费用经济性和不断提高设备的综合效率；如果说是三个目标，则是设备的可靠性、维修性、经济性最好。

(4)动态性

一个系统总是在一定的环境里存在和发展的，它和环境之间进行着物质、能量和信息的交换，并且由系统本身对这些物质、能量和信息进行转换、加工。外界环境对系统有所输入，而系统对外界环境有所输出，如图11-1所示。

这种物质、能量与信息的流通、流动，是系统动态特征的一个方面。此外，任何系统本身，总是处在从孕育、产生、发展、衰退直到消亡的变化过程之中，这是系统动态特征的另一个方面。

设备对外界输入的原材料、能量进行加工处理，变为产品向外输出。设备管理的输入物是寿命周期费用，经过加工转换，输出物则为设备的综合效率（既产品产量、质量、成本、交货期，生产的安全卫生，劳动者的积极性等）。

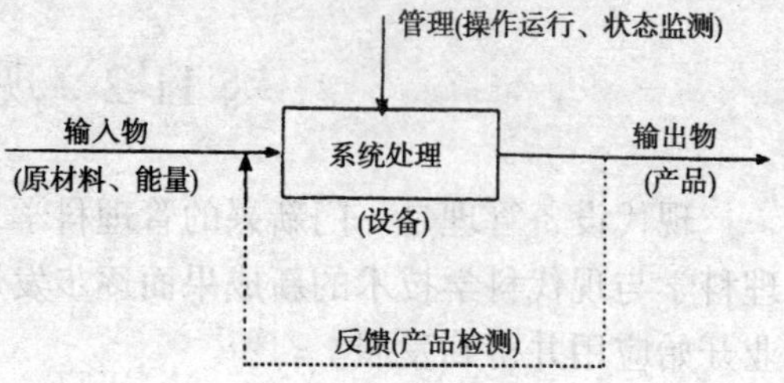

图 11-1　设备的动态特性

(5)适应性

指系统通过信息反馈，能够进行调整以适应外界环境的变化。设备和设备管理也具有这样的特征。

由上述可知，设备和设备管理具备系统的五个基本特征，我们完全可以运用系统工程的观点和方法来分析、解决设备管理中的各种问题。

2.系统工程的原则

系统工程是一门研究总体与全局性的科学，用它处理具体问题时一般应遵循以下三个主要原则：

(1)整体性原则

系统工程要求人们处理问题首先着眼于系统整体，从全局上、整体上去把握事物。不能对系统的各个局部考虑得很仔细，而没有周密的考虑系统的整体和全局；即使是处理局部性的问题，也要首先看到它是全局中的一部分，要从全局出发解决局部性的问题，这就是说，要着眼于系统的整个寿命周期，要把系统的不同时间阶段联系起来看，不能只顾当前忽视长远。要坚持从系统的全过程来观察，处理问题。

(2)综合性原则

这条原则要求人们首先考虑系统目标的多样性和综合性，比如工业企业的生产，既要注重高产更要注重优质和降低消耗，不能只顾一头；其次，处理问题要全面，综合考虑所采取的措施将引起的多方面后果。比如发展现代工业，既生产了空前丰富的现代产品，同时也带来了向周围环境排放“三废”，造成污染以致危害人类生存的严重问题；再次，解决某一问题可以有多种方案，要从实际出发全面分析比较，选择最优方案或者博采众长、综合使用。

(3)科学性原则

指要按科学规律办事，既要有严格的工作步骤和工作程序，又要尽量做到定量分析，系统优化。

二、设备寿命周期费用及其评价方法

1.设备寿命周期费用

(1)寿命周期费用的概念

寿命周期是指设备从规划、研究开始经过设计、制造、运输、安装、调试、使用、维护、修理、改造直到报废所经历的全部时间。设备的寿命周期费用（Life Cycle Cost 略写为 LCC）是指设备一生所花费的全部费用，也叫全寿命费用。

根据瑞典设备维修保养协会沃耳曼教授的研究，设备寿命周期内，各阶段费用的变化情况如图 11-2 所示。

该图表明：一般情况下，设备的规划、设计、制造阶段的费用是逐步上升的，过了安装阶段，费用开始下降进入正常运行阶段，费用保持在一定水平，这个阶段经历的时间最长。到了使用后期设备严重磨损，性能劣化，维修费用增加，维持费急剧上升，表明设备已需更新。图11-2上的曲线与横轴之间所包围的总面积，就是寿命周期费用。

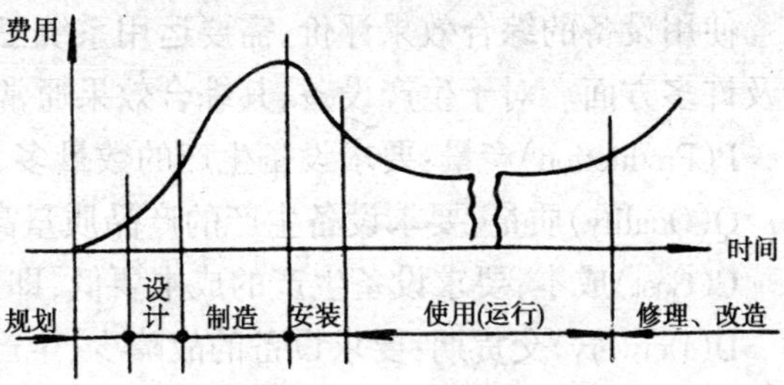

图11-2 设备寿命周期费用

(2)寿命周期费用的构成

从内容上看，寿命周期费用由两大部分组成：一是设备的设置费（也称原始费，用AC表示），其特点是一次支出或者集中在比较短的时间内支出；二是维持费（也叫使用费，用SC表示），其特点是定期多次支付，以保证设备的正常运行。可用下式表示：

设备寿命周期费用 = 设置费 + 维持费

$$\text{即 } LCC = AC + SC \tag{11-1}$$

计算寿命周期费用时，首先要明确寿命周期费用所包含的具体项目。一般可做如下划分：

①设置费

a.对于自制设备，包括研究开发费、设计费、制造费和试运行费；

b.对于外购设备，包括购置费、运输费以及安装、调试费等。

②维持费

包括能耗费、人工费、维修费、后勤支援费和报废费等。

设备综合工程学吸收了寿命周期费用思想，把追求寿命周期费用的经济性作为根本目标。此后，寿命周期费用理论和评价方法越来越广泛地渗透到设备管理中，成为现代设备管理理论和方法的重要组成部分。

根据我国对设备寿命周期费用的研究成果，获得寿命周期费用中各种费用所占比例如表11-1所列。

寿命周期费用中各寿命周期费用的构成比　　表11-1

费用名称	购置费	维修费	能耗费	工资费	其他	合计
所占百分比(%)	9.4	23.3	45.5	7.5	14.3	100

由表11-1可见，在设备的寿命周期费用的构成中，维持费占有极大比重；而在维持费的构成中，维修费与能耗费又占了很大比重。

2.设备的系统效果和费用效率

寿命周期费用的研究成果，为设备的经济管理提供了新的理论指导。但是，寿命周期费用只反映了设备价值形态上的投入这一侧面。为了全面评价设备的经济效益，还需要考虑设备的产出这一侧面，以相同的寿命周期费用获得更大产出的设备，才是经济效益好的设备。因此，研究寿命周期费用时，还需要讨论设备的使用效果的评价问题。

(1)设备的综合效果

使用设备的综合效果评价，需要运用系统工程的原则。设备是一个复杂的系统，它的产出涉及许多方面。对于生产设备，其综合效果通常采用以下6个方面的指标进行评价。

P(Production)产量：要求设备生产的数量多，即生产率要高。

Q(Quality)质量：要求设备生产的产品质量高。

C(Cost)成本：要求设备生产的成本要低，即设备的能源和原材料消耗要少。

D(Delivery)交货期：要求设备的故障少、生产周期短，能准时交货。

S(Safety)安全：要求设备的安全性好，对环境没有污染，能保证文明生产。

M(Morale)劳动情绪：要求机器设备与人员之间匹配恰当，关系协调，使操作人员情绪饱满、干劲旺盛。

可见，评价设备的使用效果时，不是孤立的、片面的追求某一方面、某项指标，而是要考虑使用设备的综合效果。

(2)系统效果

所谓系统效果(System Effectiveness，略写为SE)是指投入设备寿命周期费用后，设备系统所取得的效果。系统效果SE可以用产量、产值、利润，也可以用开动率、可靠性、维修性、舒适性等指标来表示。由于设备的使用目的不同，系统效果的具体表达式也各有差异。例如，美国空军对战斗机的系统效果是这样规定的：

$$SE = ADC \tag{11-2}$$

式中：SE——战斗机的系统效果；

A——可利用率，是指根据需要在任何时刻从基地起飞的概率；

D——完成任务的可靠性，是指迅速而可靠的飞向敌方，并在战斗完成后正常返回基地的概率；

C——能力，指捕捉敌机并加以击毁的概率。

(3)费用效率

所谓费用效率(Cost Effectiveness，略写为CE)是指设备系统所获得的系统效果与所支付的寿命周期费用的比值，即设备系统的投入与产出之比。

费用效率 = 系统效果/寿命周期费用，即

$$CE = SE/LCC \tag{11-3}$$

这个指标既考虑了设备的投入，也考虑了设备的产出，并使两者(费用与效果)之间保持最佳的匹配，因而是一个更为全面、合理的综合评价指标。

费用效率公式中分子、分母所包含的各项内容，列于表11-2。

三、可靠性工程

1.概述

企业对于生产设备，不仅要求具有生产所需的良好功能，还要求设备在使用中能保持这些功能，准确、安全、可靠地运转，不出故障，这就是设备的可靠性问题。

可靠性(Reliablity，略写为R)是指系统、设备或零部件等，在规定的条件下和规定的时间内，完成规定功能的能力。这个定义中包括4个要点：

费用效率包含的内容 表 11-2

费用效率 = 系统效果 / 寿命周期费用

- 系统效果
  - 综合指标
    - 销售金额，产值，利润，最低利润，毛利
    - 销售量，产量，运输量等
  - 单项指标
    - 开动率，完成任务的可靠性，能力，舒适性，
    - 多能性，技术简单性，可靠性，维修性
    - 后勤支援性等
- 寿命周期费用
  - 设置费
    - 研究，开发费，设计费，制造费
    - 安装费，试运转费
  - 维持费
    - 运行费（能耗费，人工费等）
    - 维修费（维修材料费，劳务费，外委维修费等）
    - 后勤支援费（备件库存资金，备机费，维修用设备费，试验费，库存费，搬运费，培训费等）
    - 报废费用

(1)明确的对象

可靠性的研究对象可以是系统、设备或零部件。对于不同的对象，显然有不同的可靠性要求。比如高压容器、输配电系统等一旦发生故障将会造成巨大的经济损失甚至人员伤亡，必须要求比一般的设备具有更高的可靠性。

(2)规定的使用条件

指系统、设备、零部件等工作的环境条件(温度、湿度、振动、粉尘等)、运行条件(负荷特性等)和维修条件(维修人员的技术水平、维修组织管理工作以及维修保养状况等)。显然，如果工作环境差、长期超负荷使用、维护保养不良，设备可靠性就低，寿命就短。

(3)规定的功能

对于系统、设备等的功能，应当规定明确的标准。既要有定性的要求，更要有定量的指标。比如要求机床按其加工范围、精度标准完成制造产品的任务；施工机械按其功能完成确定的施工工程任务；民航飞机按照规定的速度、航程安全飞行等。

(4)规定的时间

时间是可靠性的重要参数。任何设备都不可能无限期的使用下去，永远不发生故障。随着使用时间的延续，设备发生故障的可能性增大，可靠性逐渐降低，因此，必须明确规定设备是在哪一段时间或某一时刻的可靠性。对于飞机、汽车等运输工具可以用行驶里程，对电气开关可用开关次数等指标来代替时间参数。

研究可靠性还必须进行定量处理，才能使其在系统、设备的设计、制造、使用过程中具有实用意义。通常采用概率作为计量可靠性的尺度，叫做可靠度。所以，可靠度是指系统、设备或零部件在规定的使用条件下和规定的时间内，完成规定功能的概率。

以上定义针对的是设备发生故障之前这个阶段的问题。这种情况适应于“不可修复系统”，如人造卫星等发生故障无法修理的设备，或者价值很低（如螺钉、螺母等）毋须进行修理的零部件。然而，企业所用的机器设备大多是发生故障后经过修理能够恢复正常使用状态的“可修复系统”。对于可修复系统，不仅有可靠性，而且还存在一个反映维修难易程度的维修性问题。

所谓维修性（Maintainability，略写为 M），是指在规定的条件下和规定的时间内，对可修复系统、设备及零部件等完成维修的能力。同样，维修度则是指在规定的条件下和规定的时间内对可修复系统、设备及零部件完成维修的概率。

对于可修复的机器设备，一方面要求它的可靠性要高，不易发生故障；另一方面还应把维护、修理服务也加以充分考虑，赋予设备良好的维修性能。可靠性和维修性两者是不可分割的一个整体。因此，通常把单独研究可靠性叫做狭义的可靠性（用符号 R 表示）；而把可靠性与维修性的综合研究叫做广义的可靠性（用符号 R/M 表示）。表示广义可靠性的尺度叫做有效度，或者叫做可利用率（Availability，略写为 A）。有效度是指可修复使用的系统、设备或零部件，在特定的瞬时能维持其功能的概率，或在某段时间内能完成其功能的时间比率。

设备的可靠性与设备的经济性是密切相关的。从经济上看，设备的可靠性高就可以减少或避免因发生故障而造成的停机损失与维修费用支出。但是设备的可靠性并非越高越好。因为提高设备的可靠性需要在设备的开发、设计、制造阶段投入更多的资金，受到其制约。因此，不能片面追求可靠性，而应全面权衡提高可靠性所需的费用开支与设备不可靠造成的费用损失，从而确定最佳的可靠度。

如图 11-3 所示，最佳可靠度应是两项费用之和，即总费用的最低点。

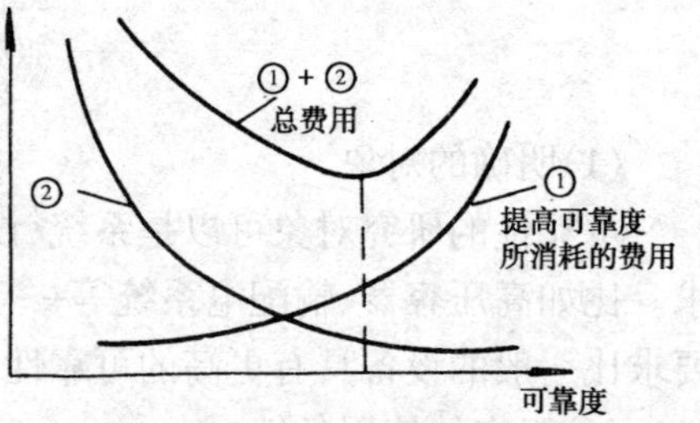

图 11-3　最佳可靠度

2. 浴盆曲线

分析一个由许多零部件构成的复杂设备或系统，若其组成部分发生故障（失效）将导致整台设备或整个系统发生故障，那么，其故障率的变化多数呈现如图 11-4 所示的情况。这个图形很象一个浴盆，所以常被叫做“浴盆曲线”。

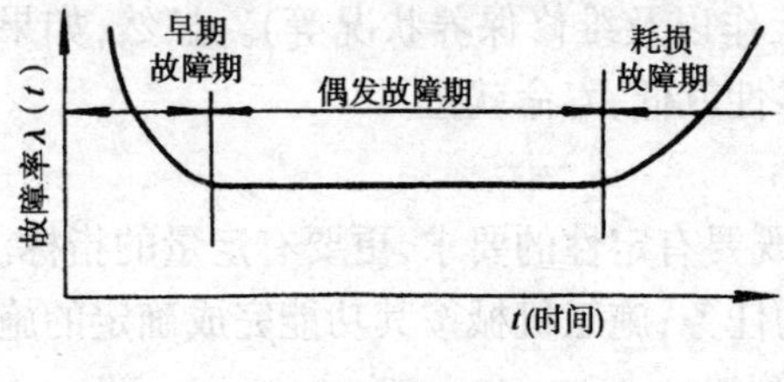

图 11-4　浴盆曲线

从浴盆曲线来看，一个复杂的系统或设备其寿命周期内的故障率变化大体上可分为 3 个时期。

早期故障期的故障率为减少型（DFR 型）。这个时期的故障主要是由于设备在设计、制造或材质上的缺陷以及操作不熟练等原因造成的。新设备在试运转阶段大多呈现这种情况。开始，设备的故障率较高，随着故障的不断排除，故障率随即明显下降。旧设备进行大修或技术改造后开始使用，也常有类似情况。对于这个时期，应该严格检查、验收，认真进行试运转，充分暴露故障并将其消除在正式投入使用之前。

偶发故障的故障率为恒定期（CFR 型）。这个时期的故障率比较低，并基本保持不变，服从指数规律分布。由于故障主要是由使用不当、操作有误、润滑维护不良等偶然原因引起，与运转时间无关，所以叫做偶发故障期或随机故障期。对于这个时期，应该采取加强人员培训、遵守操作规程，加强维护保养、润滑管理等对策来减少故障的发生。

耗损故障期的故障率为增加型（IFR 型）。设备经过长期使用，其零部件因老化、腐蚀、磨损、疲劳等原因，出现故障集中的耗损期。设备故障率随着运转时间的增加而逐渐上升，故障分布近似于正态分布。这个时期应该实施预防维修来降低故障率。

3.维修度

(1)维修性与维修3要素

前面已经说到，对于可修复系统，不仅要求它可靠性高，不易发生故障，而且一旦发生故障之后应能以最短的时间完成修理，恢复到正常状态。后者就是设备的维修性问题。

维修对象的维修性设计、维修人员的技术水平以及维修系统等三个因素与设备的维修密切相关，被称为“维修三要素”。

维修性设计——设计制造阶段要赋予维修对象良好的维修性，做到便于检查故障、作出诊断和进行修复。

维修人员的技术水平——要不断提高维修人员的技术水平，使其能在短时间内发现、判明故障，而且修理的技艺精良。

维修系统——维修所用的装备设备、修理工具齐备，备件供应及时，支持系统有效，维修组织管理良好。

这三个因素密切联系、互相影响，共同决定着维修效果。如果维修对象的维修性设计良好，即使维修人员的技术水平、维修装备设施稍差一些，也不致对维修效果带来很大影响；反之，如果维修人员的技术水平很高，也可弥补另外两个因素的不足。

(2)维修时间分类

研究维修性必须分析与维修有关的时间因素。设备维修时间的构成，可按图11-5所示的方法来划分。

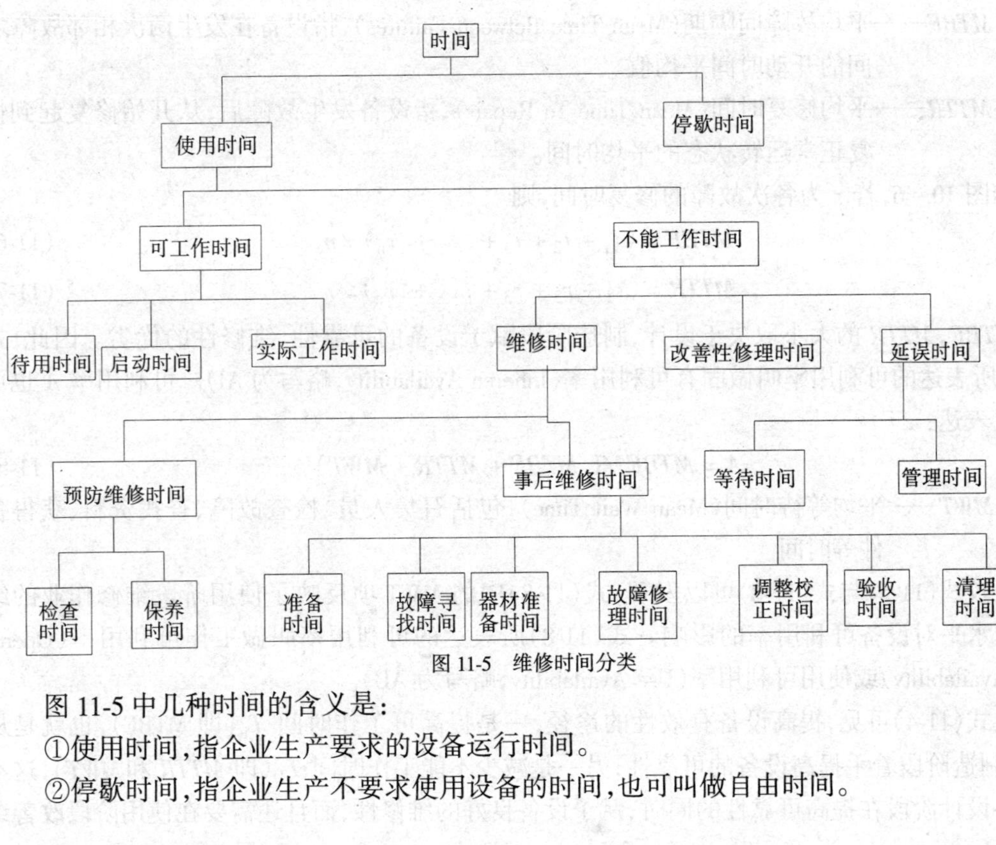

图11-5 维修时间分类

图11-5中几种时间的含义是：

①使用时间，指企业生产要求的设备运行时间。

②停歇时间，指企业生产不要求使用设备的时间，也可叫做自由时间。

③可工作时间，指设备处于能完成规定功能状态的时间。

④不能工作时间，指设备处于不能完成规定功能状态的时间。

⑤等待时间，指因等待维修备件、器材而延误维修的时间。

⑥管理时间，指除了等待时间以外的其他延误时间。

分析维修时间因素的目的，在于缩短“不能工作时间”和提高设备的利用率。

4.有效度

对于可修复系统，广义的可靠性既包含了可靠性也包含了维修性，并用有效度作为它的评价指标，后者是时间的函数。在实际工作中，通常并不注意某一瞬时的有效度，而是着眼于较长时间的平均值，即稳定的有效度。这种有效度也叫做可利用率。

可利用率 A 可用下式求得：

$$A = T_u / (T_u + T_D) \quad (11\text{-}4)$$

式中：T_u——可工作时间(Up Time)；

T_D——不能工作时间(Down Time)。

利用式(11-4)计算某一时期的可利用率，T_u、T_D 应是这一时期的累计值，如图 11-6 所示。

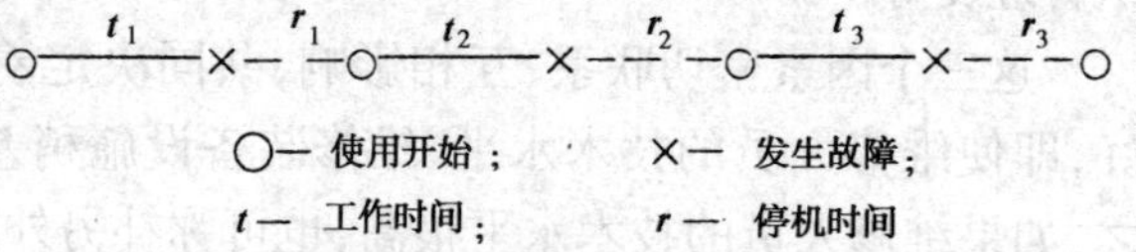

图 11-6　可利用率的时间构成

其中，$T_u = t_1 + t_2 + t_3 + \ldots + t_n$

$T_D = r_1 + r_2 + r_3 + \ldots + r_n$

可利用率 A 也可用某个时期的平均开动时间和平均不能开动时间来表示：

$$A = MTBF / (MTBF + MTTR) \quad (11\text{-}5)$$

式中：*MTBF*——平均故障间隔期(Mean Time Between Failures)，指设备在发生两次相邻故障之间的开动时间平均值。

MTTR——平均修复时间(Mean Time To Repair)，指设备发生故障后，从开始修复起到恢复正常运转状态的平均时间。

如图 10－6，若 r 为各次故障的修复时间，则

$$MTBF = (t_1 + t_2 + t_3 + \ldots + t_n) / n \quad (11\text{-}6)$$

$$MTTR = (r_1 + r_2 + r_3 + \ldots + r_n) / n \quad (11\text{-}7)$$

MTBF，*MTTR* 的大小取决于设计、制造阶段赋予设备的可靠性、维修性的优劣。因此，式(11-4)所表达的可利用率叫做固有可利用率(Inheren Availability，略写为 AI)。可利用率 A 也可用下式表达：

$$A = MTBF / (MTBF + MTTR + MWT) \quad (11\text{-}8)$$

式中：*MWT*——平均等待时间(Mean Wait Time)，包括召集人员、检查故障、查找资料、获得备件等时间。

比较式(11-5)与式(11-8)可以发现，式(11-8)中的 MWT 项反映了使用阶段维修作业的组织管理水平对设备可利用率的影响。式(11-8)所表达的可利用率叫做工作可利用率(Operational Availability)或使用可利用率(Use Availability，略写为 AU)。

从式(11-4)可见，提高设备有效性的途径，一是提高可工作时间 T_u(即 MTBF)，也就是从设计、制造阶段着手提高设备的可靠性；另一是减少不能工作时间 T_D(即 *MTTR* 和 *MWT*)，这不仅需要设计阶段在提高可靠性的同时，赋予设备良好的维修性，而且还需要在使用阶段改善维

修作业的组织管理，提高维修工作效率，减少各种等待时间。至于实际工作中究竟采取何种途径为宜，则需充分考虑经济效益，通过费用效益分析来选择更为合理的方案。

图 11-7 反映了上述途径之间的内在联系。

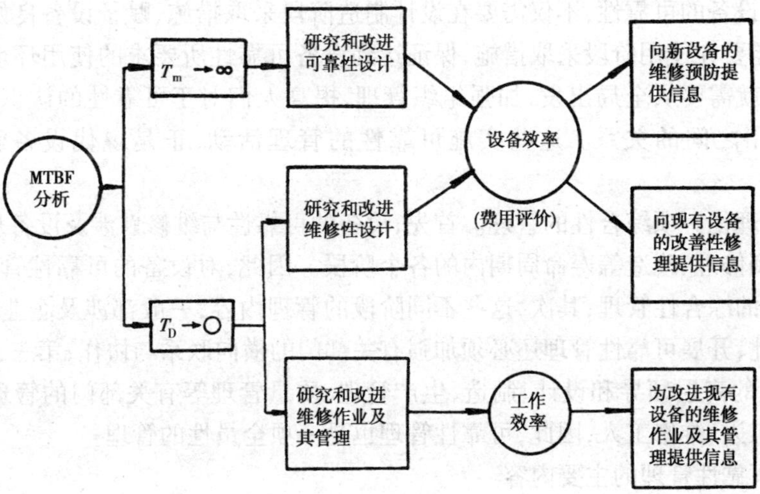

图 11-7　提高有效度的途径

5.无维修设计

所谓无维修设计就是指设备在规定的寿命周期内能够无故障地工作，不需要维修的一种设计。比如，规定某设备的使用寿命为 10 年，则在 10 年内设备运行不会出故障，毋需维修。无维修设计是设备可靠性的理想境界。从式(11-4)可知，当 $T_u \to \infty$，$T_D \to 0$ 时，$A \to 1$，即会接近无维修设计。在国外，一些家用电器(如电视机)、小汽车以及人造卫星等航天飞行器已逐步达到无维修设计的水平。无维修设计的实施除了设备的使用要求以外，很大程度上取决于设备的经济效益。

6.设备的可靠性管理

可靠性工程与设备管理有着相辅相成、不可分割的密切关系。可靠性工程以系统、设备及其零部件作为研究对象，而现代设备管理则以可靠性工程作为自己的主要理论依据。

(1)可靠性是设备的一项基本性能指标

传统的设备管理评价设备的工作能力和技术水平时，往往只着眼于设备的运动参数、动力参数、工作精度、机械特性、自动化程度等方面的指标。而对设备的可靠性与维修性则缺乏应有的重视。可靠性工程的产生和发展，为设备管理注入了新的管理思想、方法和内容。设备的可靠性，就是设备功能在时间上的稳定性和保持性。如果可靠性不高、维修性不良，无法保持稳定的生产能力，也就丧失了设备的基本功能。所以，现代设备管理十分重视可靠性，把它看成是设备的一项基本性能指标。可靠性与设备的工艺特性、工作精度、生产效率等主要参数具有同等重要的地位。

(2)可靠性工程为设备管理提供了科学的管理方法

可靠性工程应用概率论、数理统计等计算设备的可靠度，为设备管理评价可靠性提供了科学的量化管理方法。在设计阶段，对于尚未建成的设备系统，可应用可靠性工程通过模拟试验找出故障分布规律，预测设备不同方案的可靠度，选择优化方案。在设备的使用阶段，对于现有的设备系统，通过抽样试验或者故障统计，可应用可靠性工程找出设备的故障规律，定量计算不同使用期的设备可靠度,从而合理选择维修方式,安排维修周期,减少故障损失,有效地利用设备。

(3)可靠性管理是设备综合管理的重要组成部分

为了保证设备的可靠性,不仅需要在设计制造阶段采取措施,赋予设备良好的可靠性、维修性,而且也需要在使用阶段采取措施,保证达到设备可靠性所要求的使用环境、使用条件与维修条件。这就需要从全局出发,加强组织管理,提高人们对于可靠性的认识,协调人员、技术、设备与费用之间的关系。这些实施可靠性的管理活动,正是现代设备管理的重要内容。

可靠性管理是一项综合性的管理。首先,设备的可靠性与维修性涉及设备从规划、设计制造、使用维护到修理、改造等寿命周期内的各个阶段。因此,对设备的可靠性管理也必须是贯穿设备全过程的综合性管理;其次,这些不同阶段的管理内容,一般都涉及企业内不同的专业管理部门,因此,开展可靠性管理还必须加强有关部门的横向联系与协作;第三,设备的可靠性管理涉及企业的高层领导和设计、制造、生产管理、质量管理等有关部门的管理人员、技术人员,直到操作工人、维修工人,因此,可靠性管理也是一项全员性的管理。

(4)设备可靠性管理的主要内容

①在设备的规划阶段

调查同类设备发生故障的案例与数据;明确用户对设备功能的要求;分析设备的使用环境与条件;构思设备的基本结构;提出设备可靠性的量化目标。

②在设备的设计阶段

全面权衡设备的成本与效益,制定可靠性、维修性的目标值,在此基础上确定设计方案;合理分配组成设备的各部件、零件的可靠度,部位越重要的其可靠度应越高,使用条件苛刻的地方应加大安全系数,降低使用应力;对关键部位采用"冗余设计",即额外增加一套平行功能的备用机构,如运输车辆的制动系统,同时配置了气压、电动、手动制动装置,确保行车安全;充分考虑人机因素,操作动作符合通常习惯,指示装置使人容易看清、听见,并设置联锁机构防止人为误操作;故障部位易于观察、接近,拆卸方便,零部件的标准化、通用化程度高;组织设计、制造、使用、维修等各方面的专家与用户代表对设计方案的功能、可靠性、维修性、经济性、安全、环保等有关要素全面评审,力求制造之前加以完善。

③在设备的制造阶段

进行可靠性试验——在装配之前对构成设备的零件、元件或材料进行筛选,事先剔除不良元器件;装配后测试其动作,剔除不良品,经过严格调试排除设备的初期缺陷;严格"变更管理",保存设备制造过程中的质量稳定,如出现需要变更设计、材料、工艺方法以及试验检查条件等情况,必须事先充分论证,经过审查批准,确认变更不致引起其他问题才能付诸实施;并要做好使用后的数据收集、分析和信息反馈。

④在设备的使用维修阶段

进行可靠性预测——根据设备组成要素的功能、工作环境与条件以及抽样试验的数据,测算各零部件及设备系统在给定时间内的可靠度;开展故障统计分析——客观真实地统计故障数据,有利于查找故障原因,掌握故障机理,揭示故障规律,从而缩短故障诊断时间,减少或避免故障损失;还可深入分析现有设备的可靠性和维修性,为本企业设备的技术改造和选型、购置积累资料,向设备研制单位反馈信息,帮助他们提高设备质量;根据对设备的故障统计分析和可靠性计算,合理选择维修方式,确定修理周期,实施科学而经济的维修管理等。

§11-3 施工机械管理模式

随着公路交通事业的迅猛发展,公路施工的质量和工期所要求的机械化程度越来越高。施工机械设备技术水平的提高,设备数量的不断增加及集团化生产的形式,使传统的粗放型宏观设备管理模式已不能够适应发展的需要。

长期以来,我国公路施工机械在管理工作上基本采用传统的管理模式,即当工程任务来临时,只考虑任务的需要而购置设备,没有系统、全面、经济的设备投资管理理论作指导。设备购入或调入后,直接分到基层单位使用,或者由基层单位直接购买使用,上级部门(集团公司或主管厅局)仅掌握宏观业务指导,没有制约机制,管理难以到位。基层单位对设备往往重使用轻管理,管理工作更缺乏目标责任制要求,使设备技术状况迅速下降,经费投资效率低下,设备的综合效能不能很好发挥。为了进一步地搞好机械设备的管理工作,应采用现代设备管理的新理论与新方法,创造施工机械管理的新模式。

一、ABC 分类管理法

1.ABC 管理法的含义

ABC 管理法,又称 ABC 分类管理法或 ABC 分析法。就施工设备而言,根据设备的综合指标不同,将设备分为重点管理设备(A 类),管理的一般设备(B 类),管理的次要设备(C 类),并采取不同的管理对策,以取得较高的工作效率和经济效益。

2.分类管理法的原理

ABC 管理法的原理,实质上是按巴雷特曲线图所示的主次来进行分类管理的。对施工设备而言,要想作出合理的分类,仅依据设备的单项指标分类是不科学的,应以系统的观点去分析设备的各个因素,确定综合分析指标。

(1)综合指标

施工设备的投资不同,设备对工程质量、工期的影响程度以及设备在施工工序中所占地位的关键程度等都不相同,因此,对设备应加以综合分析。最有效的方法是对各分项指标采取加权的方法求出综合指标。即:综合指标 = 设备投资 × a + 对工程质量及工期的影响程度 × b + 施工工序中所处地位 × c + ……。其中 a、b、c、……为权,权数可根据各分项指标所占地位的不同合理取值。

(2)巴雷特曲线

将求出的各类设备的综合指标列表,区分出综合指标最高的几种设备,综合指标较高的设备以及综合指标较低的设备。然后,按所列数据作出巴雷特曲线,见图 11-8。

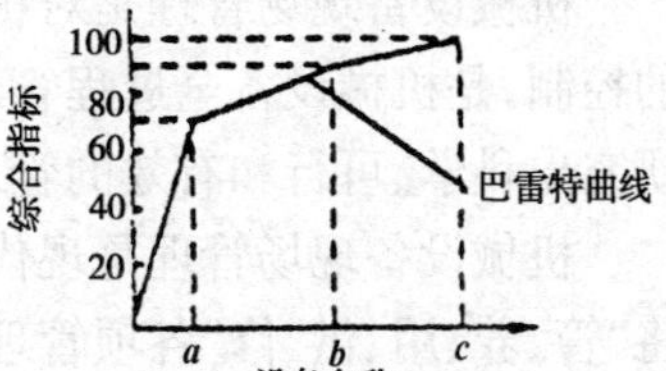

图 11-8 巴雷特曲线

图 11-8 所反映的是设备的综合评估结果。处在 A 区的设备是非常关键的,它可能是一种或几种设备;处在 B 区的设备是次关键的,其品种、数量应较多;而处于 C 区的设备是次要的。

3.分类管理总原则

在对设备分类的基础上,进一步研究各类设备的具体情况,针对不同类设备制定出相应的管理措施及办法。对 A 类设备,因其投资大、技术含量高,而且在施工过程中起着非常关键的作用等特点,必须由最高一级设备管理部门集中管理;对B类设备,因其投资相对较少,技术含量不如A类设备高,而且在施工过程中起的作用不象A类设备那么重要,因此可交由基层单位设备科(部)来管理,但B类设备的最高管理权与监督权仍在上一级;对C类设备,因其投资小、技术含量低,而且在施工中常处在辅助地位等特点,可由基层单位根据本单位实际与工程施工要求自行采取管理措施。

4.分类管理措施

(1)分类挂牌

按已分好的类别,给每台设备挂牌,注明管理权归属哪一级,给设备以明确"身份"。这样做的目的是提高操作人员及设备管理人员的管理意识,时时提醒使用人员注意设备情况,同时,便于设备的检查与管理。

(2)分类管理机构

分类管理机构的建立,可根据不同的实际情况,有多种组织机构。

对A类设备的管理,可由最高层设备管理部门实施管理权限,亦可成立设备租赁公司。从设备的选型、购置、安装、调试直至交付使用,使用后的设备维护、保养、检修、配件供应等一系列工作,均由A类设备管理部门实施安排。操作设备的人员也应由该层设备管理部门调配,其使用单位仅保留设备的使用权与日常维护、保养权。

对B类设备的管理,可由基层设备管理部门实施管理权限,亦可成立基层设备租赁公司。设备管理制度及措施应由基层单位制定,报送高层设备管理部门审核。制度一旦建立,就应严格按制度办事,高层设备管理部门对B类设备有检查、存档、监督等权限。基层设备管理部门应配合上级设备管理部门搞好设备巡检与红旗设备评比等活动。

对C类设备的管理,基层单位设备管理部门行使全面的管理权限。基层单位可根据自身的特点,依据有关规定,制定出相应的制度及措施。

ABC分类管理法是一种科学有效的管理方法,已广泛应用于多个领域。其宗旨是集中优势力量,抓主要矛盾。就施工单位而言,通过ABC分类管理,可使设备管理部门集中精力管理好关键设备;同时,可以统观全局、统筹安排、合理分配设备,配合施工单位很好地完成任务。有效地避免盲目购置现象,使设备管理到位。还可以使基层单位获得一定的设备管理自主权,更好地安排投入使用的设备,使施工任务顺利进行。

二、机械设备的现场管理方法

机械设备现场管理是对机械设备实物最直接、最有效的管理,是对机械设备整个磨损过程的控制,是机械设备全过程管理中最关键的一个部分。应该重视机械设备的现场管理,并认真研究出科学、可行和有效的管理模式。

机械设备现场管理是现代设备管理理论——系统工程在施工机械管理上的应用典范,它将"管、养、用、供、修"各项管理有机地结合起来,缺一不可。"管"是基础管理,是全面管理的基础;"用"是使用管理,是管理工作的关键;"养"是技术保养管理,是管理工作的手段;"供"是供应管理,是设备管理的保障;"修"是修理管理,是机械设备性能的恢复措施或手段。

1.基础管理

基础管理是机械设备现场管理的基础,是对机械设备技术、性能和状态及时进行真实、详细和客观的定性或定量描述和反映,为管理决策提供依据;是对管理行为和目的的表述和体现,是管理的媒介。基础管理工作包括《机械设备现场管理规定和实施细则》的制定,《机械设备技术管理档案》的建立，管理状况统计分析等。

(1)制定《机械设备现场管理规定和实施细则》

生产单位机械设备管理部门应根据上级主管部门颁发的《机械设备管理制度》，结合本单位现场管理的具体情况，制定《机械设备现场管理规定和实施细则》，规范和制定生产单位机械设备现场管理工作的方针、职责、内容、方法和实施措施以及相互关系等。《机械设备现场管理规定和实施细则》是生产单位机械设备现场管理的工作总则。

(2)建立《机械设备技术管理档案》

生产单位机械设备管理部门应组织安排专业人员建立和完善《机械设备技术管理档案》。其中包括机械设备技术资料、性能参数、润滑油品质资料、修理技术参数、技术保养内容和要求等技术信息和使用记录、保养记录、修理记录、技术性能评价、事故记录、变动记录、配件消耗记录、进场验收记录、退场审计记录等管理信息。《机械设备技术管理档案》要科学、客观、真实和实用，应记录着机械设备在本单位发生的所有过程和存在的所有状态，具有可追溯性，便于管理工作中检验、反馈和处理的准确实施。

(3)管理状况统计分析

管理状况统计是对机械设备技术、性能和状态及时进行详细和客观的定性或定量的描述和反映，统计分析结果为管理决策提供依据。机械设备现场管理主要对机械设备使用情况、技术状况、机械费用进行统计分析。

使用情况用使用率来描述，即：

使用率 =（报告期内实际工作台时数/报告期内完好台时数）× 100%

技术状况用统计完好率、实际完好率来描述，即：

统计完好率 =（报告期内完好台时数/报告期内日历台时数）× 100%

实际完好率 = 统计完好率 × 完好率权数

完好率权数——根据机械设备新旧程度，对统计完好率进行加权修正，使不同机械设备的技术状态统计数据具有可比性。完好率权数如表 11-3 所列。

完好率权数表　　　　表 11-3

新度系数	67%以上	67%～40%	40%～20%	20%～7%	7%以下
权数	0.90	0.95	1.00	1.15	1.20

新度系数 =（固定资产帐面余值/固定资产名义原值）× 100%。新度系数反映机械设备的新旧程度或磨损程度。

机械费用的消耗情况用机械费用消耗额度和名义消耗额度来描述，即：

机械费用消耗额度 =（机械费用/固定资产原值）× 100%

机械费用名义消耗额度 =（机械费用/固定资产名义原值）× 100%

机械费用 = 机械设备折旧费 – 消耗费用

消耗费用 = 配件费用 – 油料费用

2.使用管理

机械设备使用过程是体现购置目的、完成施工任务、创造产值和效益的过程，同时也是反映机械设备寿命的过程。因此，机械设备使用管理是机械设备现场管理中最关键的环节。如果机械设备使用不当，不仅直接缩短机械寿命，增加机械运行成本、修理次数和修理费用，还会造成修理工作及配件供应的紧张，影响施工组织、安排和实施，难以保证工程的需要。实际工作中，许多生产单位存在着“只使用，不管理”、“管机不管人”和“管人不管用”等三种管理脱节倾向，只强调机械设备完成生产任务，而忽视管理工作，这是违反事物发展规律的。要“管人”、“管机”、“管用”并且有机结合，而“管人”——对操作人员的管理，又是最重要的管理。

(1)“管人”——对操作人员的管理

只有经过操作技术培训和考核合格的机手，才能操作机械设备，并实行操作证制度。机械设备管理部门要派专人负责操作人员的培训、考核、检查、监督、安全教育、信息反馈、奖励惩罚的管理工作，建立一套行之有效的人员管理办法，这不仅关系到机械设备的使用寿命，而且关系到生产效率。

(2)“管机”——对机械设备实物管理

实行“定人、定机、定岗位”制度，严格要求操作手相对固定，使用好自己的机械设备，尽量不要随意调换。实行多班作业的要做好“交接班记录”，详细说明机械设备的运转情况、故障情况和保养情况以及需要解决的问题等，便于查找原因和责任并及时处理。

(3)“管用”——使用环境和作业对象的管理

机械设备的使用环境和作业对象主要是由工程人员负责的，要求工程人员具有基本的机械设备合理使用常识，合理安排和使用机械，并对合理使用、安全保卫负主要责任。

3.技术保养管理

机械设备在作业过程中，不仅负荷变化频繁，而且经常在恶劣环境中工作，还要在野外停放，机械设备各部件经常受摩擦、冲击、扭转、振动和剪切力的作用，并遭受自然环境较严重的侵蚀。随着时间的推移，机械内部和外部的工作条件将不断变化，其结果必然使磨损加剧、性能变差和消耗增加，如不及时进行技术保养作业，会使故障不断扩大，使机械设备非正常损坏，影响作业效率和使用效益，严重的还会造成机械和人身事故。技术保养管理是机械设备现场管理的“过程”，也是“手段”。

(1)技术保养的原则

树立“以养代修”的机械设备现场管理思想，突出“科学性、强制性、预见性”，做到“防患于未然”，避免小故障扩大化。

(2)技术保养作业内容

机械设备技术保养是对机械设备进行“清洁、紧固、润滑、调整、防腐”的十字作业，使机械设备处于良好的工作状态。

(3)技术保养规程

根据机械设备的性能和使用情况以及保养内容的特点，技术保养规程分为：季节性保养、走合期保养和周期性保养。

季节性保养——随着使用地点季节气候的变化，对机械设备进行保养；

走合期保养——对新机械设备或刚大修恢复的设备，在走合期内进行限速、限载的保养；

周期性保养——根据设备性能和设备管理的具体情况，对机械设备进行“日保养”、“周保养”、“月保养”、“定期强制保养”、“年度大检查”等有计划的保养作业。

(4)技术保养的方法

技术保养不是简单的“打黄油、换润滑油”，而是根据机械设备隐含着的或表现出的异常磨损、裂痕、变形、断裂、冲击、剪切损坏等情况，联系机械设备的结构、工作原理及各系统、机构、总成、部件、配件之间的相互关系，进行科学的分析、推理，判断出异常损坏的原因，及时给予正确、有效的处理，并对保养内容和频度进行调整，使其更趋合理有效。同时总结出机械设备各部件磨损、损坏规律，为合理订购配件、有计划地组织安排修理，提供可靠的依据。

4.供应管理

无论是机械的正常维修，还是意外事故的修理，都要使用各种配件，而且修理车间的运作需要消耗各种加工材料和修复材料。这样就需要对机械配件和加工材料的计划、储存、订购、贸易和供应工作进行管理，统称供应管理。供应管理是生产单位及时、有效修理机械设备的保障，是机械设备现场管理的一个重要环节。

(1)供应管理的性质和内容

根据工作性质，供应管理分为业务性和专业技术性管理。业务性管理是指物资的订购、贸易和供应的综合管理；专业技术性管理是指配件、材料计划的制定和配件、材料的储存。

(2)供应工作的要求和原则

业务性管理工作要求价廉、保质保量、快速守时、准确、多渠道、多选择，突出多样性；专业性管理工作要求根据工程计划、工程量和机械设备技术状况制定合理的配件、材料计划和要求组织供应计划，突出计划性；管理配件、材料库，以“小库房，大市场”的仓储原则为指导，合理库存，争取做到零库存或少库存；严格仓储管理，妥善保管、保证配件和材料质量；严格“交旧领新”制度，大力开展“修旧利废”工作，突出效益。

5.修理管理

机械设备在使用过程中，必然因磨损、疲劳、变形和腐蚀等因素使动力性、坚固性、可靠性和经济性降低。这种变化达到一定的程度，机械就无法进行正常工作，必须进行相应的临时性、平衡性和恢复性的修理作业。修理管理是机械设备现场管理的最后一个环节，是对性能的“恢复”，也是“生产”。

(1)修理管理工作原则

机械设备修理作业的安排和实施应遵照“计划修理、按需进行”的原则，突出计划性、针对性和有效性。

(2)修理管理工作的要求

机械设备修理作业，要求注意装配工艺和优化修复工艺，要精益求精。既节约修理成本，又高质量地恢复机械的技术状况和工作性能，不允许不符合装配和修复工艺的零部件安装，杜绝机械修理事故的发生。

(3)修理管理中的废旧利用

修理车间不可能储备所有的配件和材料，在突发性的机械零部件或总成损坏，配件不能立即到位的情况下，研究分析机械结构、工作原理和技术参数，进行技术改造和废旧利用，是非常必要且有重大意义的。

“修理”是机械设备现场管理中最后的一个环节，其管理难度、管理效应最小。不能舍本求末，要转变观念，树立“机械设备是管出来的，不是修出来的”、机械设备现场管理的根本任务是“保证设备不坏或少坏，而不是修理”的管理思想，要抓“管理、重使用、严保养、勤供应、精修理”并有机结合，使机械设备现场管理形成一个良性的管理系统，在科学、可行和有效的轨道上运行，保证设备的完好，创造更大的效益。

§11-4 施工机械租赁管理

一、机械设备租赁的意义

随着国家经济体制的转变和企业经营机制的不断改革与完善,机械设备的管理模式由过去计划经济的“生产性服务”转变为市场经济的“经营性服务”。机械设备的租赁管理也应运而生。机械设备作为公路施工企业重要的生产要素,在推行“项目法施工”中实行租赁制,是实现施工项目机械设备优化配置、动态管理、独立核算的有效途径,它符合项目管理的内在规律,能充分发挥机械设备在施工中的作用,并使机械设备成为公路施工企业的坚强后盾,达到提高工程效益和企业综合效益的目的。

按照我国有关政策和法规的规定,国有企业所占有的生产资料(包括设备),可作为商品转让和出卖,企业亏损或破产时可用来抵债,使其向经济效益高的企业和部门转移,更好地发挥社会生产力的作用。明确了企业产权收益与风险的关系,认识到了企业设备的商品化,企业就可以根据市场信息购进或转移设备,以期增加收入或避免损失。这就是说,企业可以采取商品经营的办法,通过设备租赁、转让闲置设备、设备有偿占有等途径来增加经济效益。

二、机械设备租赁的性质

设备租赁是指需要使用设备的单位,以承租的方式,按照一定的经济契约规定(建立的合同或协议),履行向设备所有单位支付租金等相关义务,在一定期限内获得设备的使用权的活动。

从性质上看,租赁制是一种借贷资本的运动形式;从作用上看,租赁制既是一种信贷贸易方式,也是一种筹集资金的手段。作为信贷贸易方式,租赁制是由承担人定期定额交付租金,取得一个时期甚至整个寿命周期的设备使用权,这与分期付款购买商品颇为相似。作为筹资手段,设备租赁是承租人初期只支付了相当于设备原值一小部分的租金,就获得了需要一次投入大量资金才能购得设备的使用权,这又类似于信用贷款,让承租企业借入了发展生产所需的长期资金。因此,可把租赁设备比喻为“借鸡下蛋,以蛋还钱”。

三、设备租赁的优越性:

1.最大限度地提高设备的利用率

对施工机械实行集中管理,积极开展企业内、外部租赁,建立管理规范,运转灵活的租赁市场,能够有效地减少设备的闲置,提高设备的利用率。在建设任务较大的时期,良好的租赁市场可使设备的利用率提高30%~50%。有效地改变了许多施工企业长期以来装备无偿占用形成的固定化配置,克服了其在生产急需时难以调度设备的困难局面。

2.提高了设备的完好率

在设备租赁制中,将大型、专用工程机械及重要设备,实行专人管理,并进行成本考核,即每台设备要求定人、定机、定岗,甚至还可以要求每个操作手按操作机械原值的一定比例“带资上岗”,进行单机核算。各企业可以在每年制定出每台设备的利费指标,使工资与产值、利润挂钩,年终进行奖惩兑现,这一措施已在汽车运输行业有效使用,工程机械行业也可以借鉴。大型机械设备专业管理,还可以促进操作人员的责任心,使其重视设备维护保养工作,克服了操作手的短期行为,从而提高设备的完好率,更保证了设备的回收率。

3.有利于盘活企业资产,提高资金周转效益

实行设备租赁后,承租企业在租赁设备时,一般只需支付相当于设备原值10%~20%的租金,即可拥有投入工程所必须的设备,大幅度减少了企业在购置设备上的资金投入,以及由此带来的管理、维修及操作人员等其他投入,使其其余资金仍然有效流动,促进资金周转,防止资金呆滞。对出租企业来讲,加速了机械设备的周转,使有限的资产创造了更多的效益,也就是提高资金的周转效益,促进企业快速发展。

4.有利于实现专业化管理

设备租赁中的大、中型设备,因技术含量较高,需要有一支高水平专业化的队伍进行管理和维修。机械租赁公司使设备拥有量形成规模,使专业技术人员集中在一起,促进了设备维修的专业化和社会化,能够保证维修质量,降低设备的材料消耗和修理费用。

5.可以减少技术落后的风险

当前,科学技术发展迅速,设备更新换代的周期大大缩短。企业根据生产需要短期(一般为1~2年或按月计算)租用设备,需用则租,不用则退,与购置设备长期使用相比,可以减少因技术落后、设备无形磨损严重所带来的风险和经济损失。

6.有利于资产的保值、增值

广泛开展租赁经营,实行企业内部及外部的设备租赁,加速了设备和资金的周转。租赁收入确保了折旧费和大修费的足额上缴,有利于国有企业资产的保值、增值,股份制等企业群众集资的良好效益。

7.可以促进企业加强经济核算,改善设备管理

在施工过程中,因各工序和施工工艺的要求,决定了所使用的设备在种类、时间、数量方面的随机性和复杂性,而每个项目需要的机械设备也不同。租赁设备必须按约按时支付租金,促进企业在租赁之前仔细论证,慎重决策。租赁之后,施工单位会充分利用租赁设备开足班次,减少闲置,用完即退,缩短设备租赁时间。这样会促使施工单位强化施工组织管理,充分发挥设备效能,降低生产成本,减少损失创造高效。

四、机械设备租赁中的经济核算

1.台班规定

(1)常规情况下,机械设备每天工作8h为一个台班;每天工作超过4h,不足8 h为一个台班;不足4h的按半个台班计算。如果当天工作时间超过8个小时,超出时间可按上述办法累加计算台班。

(2)不允许隔日累计工作时间计算台班。

(3)停机台班可按工作台班30%~50%计算,停机一天算一个停机台班。

2.台班费的确定

台班费可按机械设备的不同,分别进行计算。一般按下述方法计算:

(年折旧费+大修费+经常性修理费+油料费+管理费+资金占用费)/年平均台班数。

3.租金的计算方法

(1)按机械台班费:以实用台班+停机台班计算租金。

(2)按机械台班费:以日历天数计算租金。

(3)月租赁费用包干计算租金。

(4)按完成的实物工程量计算租金。

4.租赁合同及合同内容

(1)租赁机械的名称、型号、数量、技术状况及用途。

(2)租赁期限(进场、出场的时间确定)。

(3)租金结算及交纳期限,其中要明确台班及停机台班的规定,确定台班费、租金结算期限等。

(4)往返运输调迁费用的确定。

(5)安全防范及现场管理责任明确。

(6)违约责任及处罚规定。

(7)争议的解决方式。

(8)其他事项如:人员食宿、油料、材料供应等。

五、机械租赁合同的内容及有关问题的处理

机械租赁制的建立,确立了施工企业内部机械租赁市场,机械租赁合同成为机械租赁的重要文件,它规定了双方的权利和责任,具有公正性和严肃性,租赁双方必须严格履行合同,保证机械租赁市场的有序进行。

1.机械租赁合同的内容及合同的签定

(1)施工项目经理部根据工程的情况、工程进度和工程质量的要求编制施工项目机械施工计划,内容包括:机械完成项目的工作量、各施工时间段所需的机种及型号、台数、进场时间等。该计划作为租赁双方签定机械租赁合同和机械费用结算的依据。

(2)机械租赁合同内容包括:租赁方式,机种及型号,台数和进、退场时间,结算价格和结算方式,结算时间,双方的权利和责任,合同纠纷的解决。结算价格以企业参照国家有关规定而制定的机械台班定额为标准。机械租赁费可按月、台班、小时收取。

(3)租赁机械的初始时间为机械租赁合同中规定的初始时间,机械在使用后回到出租方的时间为机械租赁的终止时间。

(4)外埠施工项目经理部因远离本企业,当年工作量完工后,机械不可能返回出租方,所以租赁机械的初始时间应定为机械的开工时间,当年工作结束时间为租赁机械的终止时间。此时机械经检修后就地封存。在施工期间机械租赁费按机械台班定额标准收取,封存期间则按机械停置费收取。

(5)机械在租赁期内有关费用的收取:

①因天气等不可抗拒的自然因素造成的停机不收取机械租赁费。

②计划停工或外界干扰等原因造成的停机,出租方应收取机械停置费。

③因承租方造成工程窝工而引起的停工,出租方应收取全额的机械租赁费。

④因机械故障造成的机械停工可分为:一是由承租方违章强令机械作业而造成的机械故障,从机械停工至机械恢复工作,出租方应收取全额机械租赁费以及修理费、材料费等;二是机械自身原因或操作人员的原因而造成的停机,由出租方自己承担全部费用。

⑤承租方应承担机械进、退场费用。

(6)租赁双方就机械租赁的有关问题经过协商,达成一致意见后,签定机械租赁合同。一

般情况下，先签定合同再派出机械；在特殊情况下，也可先派出机械，但必须在3天之内补签合同。

2.租赁双方的责任

(1)出租方的责任

①出租方是机械租赁管理的专职机构，拥有管理权，同时又拥有对租赁范围内的机械的租赁经营权。

②根据“施工项目机械施工计划”的要求，向承租方提供性能、技术状况良好的机械设备，满足工程建设的需要。

③对工程设备数量多、工程量大的施工工地和外埠施工工地派出机械设备管理人员和维修人员，随时解决机械设备出现的问题，对机械设备跟踪管理，保证施工机具的完好性。

④对工地较近、机械设备较少的工地要经常派出维修人员进行巡回检查，对现场机械设备进行预防性维修和保养，监督和指导操作人员的规范操作。

⑤现场机械设备一旦出现故障，应立即派出维修人员前去修理；如现场无法排除机械故障需拉回修理厂修理或现场修理时间长时，应及时调换机械设备，避免延误施工。

⑥负责租赁机械设备的大修、经常性修理。

⑦负责租赁机械设备在使用中正常损坏的修理费、材料费等费用。

⑧依据机械租赁合同收取机械租赁费。

(2)承租方的责任

①承租方具有使用机械设备的权力，具有优先租用本企业机械设备的权力。

②提供机械设备的停放、维护保养场地。

③为出租方的机械管理人员、维修人员、操作人员提供工作和生活条件。

④负责对机械操作人员进行施工安全教育和管理，负有考勤、监督其工作的责任。

⑤对不听指挥、不服从工作安排、不按规范作业的操作人员有权退回出租方，并要求出租方派出责任心强、工作负责的人员前去工作。

⑥在安排施工计划时，要给机械设备的维护保养留出充足的时间，避免出现因抢工期挤机械设备的现象。

⑦未经出租方同意不得将租赁机械转租给第三方。

⑧未经出租方同意不得将租赁期的机械设备用于租赁合同中工作内容以外的任何作业。

⑨依据机械租赁合同按期向出租方支付机械租赁费。

⑩负责施工现场因工农关系引发的哄抢、被盗、损坏等造成机械设备的损失。

3.机械租赁合同纠纷的解决

(1)租赁双方一经签定机械租赁合同，必须履行合同规定的内容，任何一方不得擅自更改。

(2)具有下列情况之一者视为违约，对违约方按照有关规定进行处罚，对造成损失的要赔偿损失。

①出租方未按合同要求为承租方提供相等数量的机械设备和机种，或虽提供了数量相等、机种相同的机械设备，但性能、技术状况不符和要求。

②机械设备不能按合同规定的时间进场。

③出租方不能及时排除机械故障而又未采取措施调换机械。

④出租的机械设备不服从项目经理部依照合同规定的作业内容和范围进行的工作安排。

⑤不为机械设备的管理、维修、操作人员提供生活、工作条件。

⑥不为机械停放、维修提供场所。

⑦擅自将机械设备租赁给第三方。

⑧擅自更改机械设备作业地点和作业内容,或将机械设备从本工地调出用于其他任何用途。

⑨在合同规定的时间内不支付租赁费。

(3)当机械租赁合同出现争议、产生纠纷时,双方本着先协商解决,后交由企业机械主管部门仲裁。对一方拒绝支付的各种费用,可请企业财务部门代扣。

(4)企业机械主管部门是企业内部机械租赁合同纠纷裁决的最高机构。

§11-5 施工机械备件管理

一、备件及其分类

为了满足公路工程施工机械在施工过程中能连续工作并保持良好运转状况,保证机械设备易损件的及时更换以及意外机械故障的及时排除,尽量减少停机、待料的损失,保证机械化施工的技术经济效益,应储备一定量的零、部件作为备用件,并建立机械设备的备件(配件)库。

备件的种类很多,分类方法也各有不同,一般按备件来源分为外购备件和自制备件两大类。外购备件是指施工企业购置设备时或购置设备后向设备生产厂家(商)订购的配套零、部件,其中应包括进口设备备件和国产设备备件,如轴承、链条等;自制备件是指施工单位发挥自身优势,利用自身潜能,自己设计(或测绘)制造的配套零、部件。

二、备件管理的目的和内容

1.备件管理的目的

备件管理是为了按计划进行设备维修,缩短修理停机时间,减少修理费用而对备件的计划、生产、订货、采购、储存、供应、合理使用等方面进行的业务工作。

备件管理是维修工作的重要组成部分,科学地储备和供应高质量的备件,不仅能有助于按期完成维修工作,而且能提高设备的可靠性。所谓科学地储备和供应,是指在及时供应维修所需备件的同时,储备备件所占用的资金最少,资金周转率最高,各种备件储备量适宜,管理方法先进科学。

随着公路建设的快速发展,为提高施工质量,加快工程进度,施工企业的机械化装备越来越先进,进口机械设备也越来越多。因此,要求的备件品种繁多,各种备件的寿命及使用率不同,需要量变化较大,加工及订货周期不同,以及进口备件与国产备件进货渠道及价格差异较大,使备件管理工作比较复杂。尤其是对突发事故中引起的零、部件损坏和维修调整时必须更换的零件,要做到及时供货和更换比较困难。国外进口机械设备的备件急需使用时从国外进口供货时间长、价格贵,而国产备件又无法替代的矛盾就更显突出。因此,备件管理是一项重要工作,企业主管领导和技术人员都应予以足够重视。

公路施工机械的进口设备大部分为全液压、全自动控制,其技术含量高、结构复杂,因此,对基层第一线工作的领导及机管人员和操作人员的要求也很高。又由于建设高等级公路工程量大,质量要求高,建设方法更加规范,所以工程项目承包负责的方式很多。这种方式的确加快了工程进度,提高了工程质量,但这种方式却造成了承包工程项目的部门,对设备只重使用,轻视维护且不愿投入备件作必要更换;或因工期紧,工地经常加班加点,设备常处于超负荷运行，维护保养不及时，使机械故障率相应增多。

针对以上情况，施工企业主管领导和机管部门，应根据不同情况制定出相应对策，从系统观点出发，把故障、修理及备件等项管理工作看成一个有机整体，从研究故障、修理及备件工作的规律入手，权衡停机时间和费用对设备质量和经济效益的影响。一般来说，一台新的机械设备在前3年内需投入的配件及维修资金并不大，但3年后（约工作3 000h），很多毛病和故障就出现。这时最怕的就是由于缺少配件或配件不到位，让设备带病工作，若医治不及时，造成的损失是很大的。为此，机管部门应健全备件管理机构，加强人员培训，提高技术人员业务素质及管理水平，制订严格的操作保养、维修制度，并且应根据设备原值下拨相应的维修保养资金和零、部件购置费，并定期检查操作、保养、维修和备件库存情况。

2.备件管理的内容

备件管理工作主要有4个部分，即备件的技术管理、计划管理、库存管理和经济管理，下面分别加以叙述。

(1)备件的技术管理

备件技术管理工作主要包括编制和积累备件管理资料，预测备件消耗量，制订合理的备件储备定额和储备形式。

例如：采购了一批大型进口或国产机械设备后，应整理和收集好各种机械的生产厂家（商）随机所附的易损件，并将其归类、储存；根据生产厂家（商）提供的资料，将后续补充的备件作归档记录，按时间或按工程项目作计划予以准备，制订出合理的备件储备和采购计划。

①确定备件的原则

由于企业的性质不同，同类设备的拥有量不同，管理水平、维修水平不同，通用化、标准化程度不同及企业所处地区有无备件集中供应的公司和组织等因素的影响，各企业应结合具体情况综合分析，确定备件储备的原则。

有能力的大、中型施工企业，应建立集中管理的备件中心库，创造储备条件，妥善存放备件，使备件不易因受潮或受压而变形，造成零件破损。同时，集中归口管理、统一采购配件还可节省开支，减少误工；数量单一的设备应考虑配件能否及时供上，数量较多的设备配件可少备或不备；在山区旷野施工配件应多而全，靠近大、中城市施工配件可少备或不备；维修能力强的企业，配件可少或缺，维修能力差的企业配件应尽量全；总之，视自己企业和施工现场情况确定备件储备和采购原则。

②备件的储备形式

施工企业的工程机械备件储备形式有以下几种：

a.成品储备。如齿轮、摩擦片、花键轴、活塞环、汽缸、喷油器等。

b.半成品储备。在修理时进行修配或作尺寸链补偿，如轴瓦、轴套等。

c.毛坯或材料储备。加工工作量不大，难于决定加工尺寸的备件，可采用毛坯储备形式，如对合螺母、密封垫（片）、调整垫（片）、链条及关键设备上的锻、铸件等。

d.成对（成套）储备。为了保证备件的配合精度和传动精度，有些备件必须成对制造和更换，如一级精度的丝杆、螺母，研磨后的进、排气门及座圈，螺旋锥齿轮等。

e.部件储备。为了实行快速修理，减速器、液压泵、电动机及液压阀、液压操纵元件、磨损衬片、铣削动力头等以部件形式储备。

③备件的储备定额

这是指企业为保证施工和设备维修需要，根据实际统计和有关资料经计算所制定的备件储备数量。储备定额是编制备件计划、指导备件生产订货、采购、储备及备件库管理的依据。

(2)备件的计划管理

①备件计划工作是指从提出订购和制造计划开始,直到入库为止这一段时间的工作,包括申请购买和制造计划的编写与组织实施。

备件计划主要有:外购备件计划;自制备件计划;锻、铸毛坯制造计划;备件修复计划。

②自制备件的生产

在选择自制备件或外购备件时,应从备件质量和经济两方面考虑,能外购的尽量外购。必须自制的备件,要在安排生产和维修的同时,考虑和安排备件制造工作。

在做自制计划的决定时,企业领导应慎重考虑,确认自身企业有能力、有条件保证自制备件的质量方可自制;否则,会降低设备性能,影响设备的使用。

③外购备件的订货

企业按不同类别来编制外购备件计划。各施工企业维修用备件种类较多,范围较广,供应方法也各不相同,如采用集中订货、直接订货、向国外订货、就地购买等。

采购备件的管理人员应具备下列要求:

a.必须首先熟悉各种设备随机配件目录

机械管理人员必须具备一定的专业知识和素质,不断学习新知识、新技术。国产和进口设备随机均有配件目录手册,其中有各种零、部件图表及件号。订购配件时向供应商提供:产品的型号及系列号;发动机型号及系列号;所要订购的零件号,保证配件供应的准确性。随着零、部件技术水平的提高和更新,同一设备型号虽相同,但出厂年代及日期不同,所配用的零、部件会不同,订购配件时除应提供机械型号、系列号和件号以外,必要时还应说明生产年代、日期及产品特征,以便准确无误。

b.熟悉设备构造,掌握供求信息

管理人员应弄懂设备机械构造及原理,然后进一步弄懂设备配备零、部件的生产厂家及件号,这样在选购零、部件时就会心中有数,也不非一定到原设备厂(商)处订购配件,可以在该设备的部件配套厂家采购,既减少了中间环节,又缩短了配件供应时间。

c.注意通用性和互换性

典型的施工机械产品,尤其是国外产品非常注意标准化、系列化。如:各种滤清器、轴承、皮带、密封圈等都可通用和互换,但必须弄清其通用和互换的相应件号。若能掌握通用和互换的零、部件,对配件的供应及调剂都将起到很大作用,急需时,配件可快速获得,以减少停机损失。

d.关键备件要提前准备

采购备件尤其是进口备件有一定周期,施工中设备突遇故障而所需备件又无库存时,往往会停机等待配件。因此,应加强零、配件供应的预测性研究,总结配件磨损规律,优化库存结构。机管人员及操作手与配件管理人员应经常互通情况,不但要认真研究各种设备的构造及原理,而且要根据历年配件的消耗情况及机械磨损规律,较为准确地预测出配件的库存量。配件的库存既要切合实际、满足需要,还要避免盲目订货造成积压,浪费资金。

(3)备件的库存管理

备件库存管理是备件管理工作的重要部分,入库、发放、保管、保养是一件既繁杂又细致的工作。管好备件分类台账和各种入库、出库单据,可为修订储备定额、压缩储备资金、总结修理使用备件的规律、提高备件管理水平提供可靠依据。

搞好备件库存管理工作，主要依靠管理人员的敬业精神和责任心，其次应有完整的管理工作规章制度，明确管理人员具体的工作任务和检查指标，明确奖惩责任，做好库存备件的管理。

(4)备件的经济管理

①备件资金来源及占用范围

备件资金来源于企业的流动资金，其储备资金限额只能由属于备件范围内的物资占用。

施工企业进入项目后，会得到建设单位按工期分阶段下拨的工程款项，这些款项除用于购置材料，补充设备等以外，必须预留机械设备配件的采购费用，以保证备件的及时供应和设备的良好运转。

②备件资金的核算

目前尚无通用的方法，各单位可结合企业规模、行业特点、实际情况，如设备新度、维修能力、地区协作条件等进行核算。目前，企业采用的核算方法有以下几种：

a.按备件卡规定的储备定额核算。此种方法因理论依据不足，受储备定额的准确度影响，在行业间可比性较差。

b.按设备原购置总值的2%～3%估算。此种方法标准较统一，企业间可以比较，但联系本企业设备故障、维修生产实际较差。

c.用年度实际消耗资金与资金周转期的乘积加以修正后求得年均备件储备资金。

d.根据历年备件资金消耗金额，特别是上一年消耗金额，结合本年度的设备状态和修理计划确定本年度的备件储备资金。

在以上四种方法中，施工企业多采用后两种作为备件资金的核算方式，以其结果确定备件资金额。

③备件经济管理的考核指标

备件管理工作中，对其经济性有以下考核和评价指标。

a.备件储备资金定额。反映年均备件储备资金总额的大小。

b.备件资金周转期＝年均库存金额/年消耗金额。

备件占用资金的多少、周转快慢，对企业经济效益有直接影响，也反映企业备件管理水平，应在保证维修和设备完好的状态下，尽量减少备件资金占用额。备件资金周转期一般在一年半左右，若周转期过长、占有资金过多，应及时采取压缩备件品种、数量等措施加以解决。

c.资金占有率＝(备件储备资金总额/设备原值总额)×100%。

它反映占用资金的合理性。减少备件资金占用额，提高资金周转期是备件经济管理中突出的问题，在企业转入生产经营型以后，设备维修备件等管理工作要与之相适应，促进企业经济效益的提高。

三、备件管理现代化

随着施工企业机械设备装备水平和管理水平的提高，备件管理工作逐步采用了一些现代化的管理方法，使备件管理工作更扎实细致，及时可靠，经济创效，保障有力。

1.ABC管理法在备件管理中的应用

ABC管理法是一种从种类繁多、错综复杂的多项目或多因素的事物中，找出主要矛盾，抓住重点，照顾一般的管理方法。企业为了保证维修需要，储备品种繁多的大量备件，占用了大量资金。每种备件的重要程度、供货难易和库存时间各不相同。为了分清重点与一般，分类区别对待，控制备件库存，将备件划分为A、B、C三类。划分时考虑的原则如下：

①保证维修和施工的重要程度。

②加工难易程度和订货周期的长短。

③占用资金的多少。

A 类备件。重要程度高，加工困难，订货周期长，关键备件，是储备量较少但占用资金多的备件。如发动机燃油泵、喷油器、进排气门、液压泵（马达）、阀类等。通常，A 类备件占库存资金总额的 60% ~ 70%，库存品种数占总数的 10%左右。对 A 类备件要严格控制，在保证维修需要的前提下，安全储备量要低，以减少资金积压和加速资金周转。用增加订货次数保证备件的作用，可采取经济、合理的批量和时间去订货与采购。备件入库与发放需详细登记，并经常检查库存情况。

B 类备件。B 类备件占库存资金总额的 25%左右，库存品种数占总数的 20% ~ 30%。如各类皮带、传动链、密封圈、联结螺栓及销轴等。对 B 类备件的控制可放宽些，订货批量可适当加大一些，时间也可灵活些，按常规最高、最低储备量及订货点订货，定期检查，做好收、发记录。

C 类备件。占库存资金总额的 10% ~ 20%，库存品种数占总数的 65%左右。这类备件一般加工较简单，加工或定货周期短，市场上可随时买到。如发动机"三滤"——空滤、机滤、柴滤，专用机油等耗材。由于 C 类备件占用资金不太多，但品种多、数量大，为简化管理，可按需用量一次集中订货，比随时买取得优惠价格和节省人力、时间。

2.计算机辅助备件库存管理

采用计算机管理备件，不仅可建立企业备件总台账，从而减轻日常记录、统计、报表的工作量，更重要的是可随时提供备件储备量和资金变动信息，为备件计划管理、技术管理和经济管理提供可靠的依据。

计算机备件库管理的软件系统很多，根据企业备件库存情况及计算机硬件设施条件自行开发，也可采用计算机软件公司开发制作的软件程序，补充和修改数据库，从而建立自己企业的计算机备件管理系统。

(1)建立备件管理系统应注意的问题

①计算机备件信息系统与故障维修等管理信息系统一样，是设备综合管理系统的一个子系统。在系统设计时，必须首先考虑设备综合关系和对备件管理的要求，同时应考虑与故障、维修信息系统的协调，以及具体程序中语文符号的统一、简化、数据共享等。

②备件管理信息系统的建立，应着眼于备件动态管理，备件明细表中所列项目应全面考虑动态管理的需要。如 ABC 分类法的应用、各类备件使用规律、经济合理的备件储备量研究、缩短备件资金周转期的途径等。

③加强备件管理基础工作，如实行备件的五定管理法（定储备品种和储备性质；定货源和定货周期；定最高最低储备量；定订货点和订货量；定储备资金限额和平均周转期）、四号定位（区、架、层、号定位）五五码放等。健全并编制备件管理用的各种统计报表、卡片、单据等，以便于科学地、准确地、全面地收集各种信息数据并输入计算机。如果一个企业备件管理基础工作做得不扎实、不细致，就很难开展计算机辅助备件管理工作。

④根据维修对备件管理工作的要求和企业实际情况，提出开发建立备件管理信息系统各功能模块的种类、数量。如：出入库管理，库存分析，备件合同管理，备件的盘点、报废以及各种清单、报表，并创造条件开发更多的功能模块，对备件资金的周转期、经济合理储备等进行探讨。

(2)计算机管理工作程序

进行计算机管理备件的工作大体应进行以下程序：

①准备工作

登记收集到的各种信息，确定各类备件的分类编号、存放。

②备件管理信息系统程序的编制

对计算机功能提出的要求有：

追加功能：自制、外购备件的入库输入，各种收发核算单据的输入。

修改功能：改正输入数据的错误。

删除功能：删除已取消的备件。

查询功能：应能进行以下查询：

a.按零件号查询备件，可获得库存、单价、资金占用、管理类别、自制、外购及“五定”的全部内容。

b.查询某一时刻的全部库缺备件，及时催货，保证不贻误维修工作。

c.查询所有超储备件或积压备件的品种、数量、金额。通过分析原因，及时处理，以加速资金周转、压缩库存资金。

d.查询备件资金占用额。

e.查询所有低于最低储备额的备件。

f.查询应报废的备件。

③将全部备件信息统计并输入计算机。

④打印输出报表

打印输出各种报表，为管理工作服务。管理人员可根据管理工作的需要设计各种报表，并按操作指令随时打印各种表格，如储备备件清单、备件分类统计表，月份备件资金分类统计表等。

⑤计算

根据事前编好的计算程序，计算机可提供消耗金额、平均储备资金、平均周转期等。

3.实行备件集中储备和专业化生产

成立地区性备件总库，集中供应各企业所需备件，以减轻企业负担、减少人力、财力、物力的浪费，提高备件质量，逐步实现备件生产专业化和供应社会化。

各施工机械的生产厂(商)，根据自己产品在国内市场的拥有量和拥有区域，在各地区或部分地区设立自己的配件销售机构，建立销售网络，集中销售自己产品的零、配件及耗材等，既为施工企业提供了可靠的备件供应，又为企业自身的发展找到一个出路，保证了设备生产企业的产品持久、性能可靠。施工企业可借用生产厂(商)的配件销售机构及销售网络，与其联网，数据共享，直接采购生产厂家的零、配件及耗材，争取最大限度地优惠价格，以保证备件管理和使用的经济性。

§11-6 机械设备安全管理

一、安全管理工作的必要性

安全管理工作是企业目标管理的重要内容，对于必须依赖施工机械设备作为公路工程建设重要手段的公路施工企业而言,机械设备的安全管理更是企业安全管理的重中之重。公路施工机械大多是大、重型机械设备,一旦发生事故,后果不堪设想,轻则人机伤残,重则机毁人亡。存有不安全隐患时,既使当时未出现大的问题,但终究会在设备的使用过程中突发事故,使操作者始料不及,事故的后果会更严重。因此,要高度重视机械设备的安全管理工作。不但要制定安全管理的规章制度,更重要的是建立实施安全管理的工作系统。不仅树立安全管理工作的宏观思想,还需制定机械设备安全管理的制度、条例,确定科学的规范和具体实施程序,体现出安全管理全员、全过程、全方位、全天候的基本原则。

二、机械设备的事故原因

安全与事故是完全对立的两个概念,杜绝了事故的发生,即做到了保证安全。因此研究事故原因、预防事故发生,便是安全管理工作的重要内容之一。导致机械设备及人员发生事故的原因较复杂,发生事故的结果也不同。有人员伤亡的事故可称之为安全事故,没有人员伤亡的事故称之为设备事故。应根据不同的事故现象和事故结果进行不同的调查分析和处理,从而制定相应的管理制度和预防措施。

1.设备事故

企业的生产设备因非正常损坏造成停工、停产或设备效能降低,停机时间和经济损失超过规定限额的为设备事故。根据事故产生的原因,通常将设备事故的性质分成三种:

(1)责任事故

由于人为原因造成的事故,称为责任事故。如擅离工作岗位、违反操作规程、超负荷运转、维护润滑不良、维修不当、忽视安全措施、加工工艺不合理等造成的事故属于责任事故。

(2)质量事故

因设备的设计、制造、修理质量不良和安装调整不当引起的事故属于质量事故。

(3)自然事故

因各种自然灾害,如洪水、风暴、滑坡、地震等造成的设备事故属于自然事故。

2.安全事故

机械设备连同人员一起发生的安全事故,究其事故原因归纳起来,无非为三种因素造成。

(1)人的因素

凡是由于机械设备操作者、使用者以及组织、指挥、管理等人员方面的原因而造成的事故均属于"人"的因素,其中主要反映操作者的责任有:

①缺乏应有的安全技术知识

事故者本人对所操纵机械的操作规程不熟悉,实施错误操作;或是经验不足,在紧急关头缺乏应付异常情况的能力;或对可能发生的危险后果完全无知等,导致事故的发生。

②侥幸心理或冒险心理

操作人员本应严格遵照机械操作规程办事,但由此必然要付出一定的辛苦或增加一些麻烦,于是就抱着侥幸心理违章作业。他们不是不懂安全的重要性及事故的危害性,而是明知故犯。由于事故发生的低概率性,使他们容易放松警惕,终至酿成事故。

操作人员抱着侥幸心理所造成的事故,在所有事故集合中所占的比重较大,应引起充分的重视。

③主观预见能力的局限性

操作人员在工作中无论事先如何周密地预测和筹划,其主观预见能力总归有一定的局限性。往往是事故发生后才猛然醒悟,发现原来恰是在没有预想到的环节上出了问题,甚至有时在事后还仍找不出原因来。

④精神状况方面的疏漏

人的身体条件决定着一个人不可能长久地保持注意力的高度集中,常会由于困倦、疲劳、健康不良、情绪不佳、思想不集中、马虎大意甚至酗酒等而造成某些疏漏。这种疏漏发生在机械的运行中,就很容易发生事故。有时注意力过于集中在某一点上,而忽略了照看机械的全面安全操作,也可能引起事故。

⑤不良的驾驶操作作风

操作人员劳动纪律松弛、责任心不强、检查不细致、互相之间缺乏协调配合甚至"赌气"、"泄气"等等,都会导致事故发生。

(2)设备的因素

设备的因素主要指由机械本身所造成的安全隐患,还包括机械设备以外的但必须装备在机械上的安全装置、安全设施以及所使用的材料等。机械本身及其必备装置和材料造成的安全事故原因有:

①设计上存在的不安全因素

机械在规划设计阶段,就应该周密考虑到今后使用阶段可能会出现的事故种类与性质,而采取安全设计,这是防止事故发生的最根本的方法之一。但有时由于工作上的疏漏,设计经验不足,技术上的陈旧以及受到条件上的限制,使得某些机械在设计上就存在不安全因素或安全水准不高,这便有了潜在的危险因素。

公路施工或养护单位自制的机械,往往由于受到技术水平、生产、测试条件的限制,很容易在这方面发生问题。在设计审查及使用时应特别注意。

②零部件质量不合格

一台(辆)机械由许许多多零部件组成,在众多的零部件中,难免有个别不合格品漏过质量检查而被装配到机械上去,成为事故的隐患。例如:一个质量不合格的制动皮碗可以导致一场重大的交通事故;一个具有内部缺陷的气门弹簧,在发动机运转过程中突然断裂,使气门坠落掉入气缸,就可以引起一场重大机械事故,严重时可使发动机报废。

③与机械使用有关的材料质量不合格

这里指的不是人为的误用,而是材料本身不符合确定的质量指标。例如劣质的油料就可以使机械遭受很大的损坏;不合格的翻修轮胎、钢丝绳皮等都可能引发事故。

(3)自然环境的原因

自然环境的因素也是造成事故的一个原因。我们不可能始终为机械创立或保持一个比较良好的作业环境。由于公路施工或养护单位的机械常在野外施工,松软的地面、危险的坡道、嘈杂的噪声以及不合适的照明、湿度等作业条件,都容易导致事故发生。

其他属于不可抗拒的由于自然灾害而造成的事故,在大部分情况下,也可归之为自然环境的因素。

三、机械安全管理基本要求

机械设备的安全管理工作通常与机械设备的其他管理工作相融合、相穿插,有时又相排斥。在进行大量的机械设备其他管理方面的工作时,往往忽视了或未能及时进行安全管理工作,所以应着重强调此项工作的基本要求,明确应进行的安全管理工作的业务项目,这是反映和评价机械设备管理人员业务素质和管理水平的重要方面。

1.安全管理职责

(1)机务管理部门职责

公路施工或养护单位的机务部门可以结合管理权限,负责下列日常安全管理工作:

①督促有关机务人员(机械操作人员、驾驶人员、维修人员等)做好机械例行保养等维护工作。

②负责机动车辆、机械的日常安全检查和安全周(日)活动。

③负责操作、驾驶人员的技术考核、技术比武、考证发证等驾驶水平或技术资格的考评。

④负责机动车辆的初验、上户及年检工作。

⑤办理机动车辆各年度保险、车船纳税、养路费、运管费等证件或规费交纳手续。

⑥调查处理机械事故、交通事故及保险车辆的出险索赔。

⑦翻印、制定或修改操作规程。

交通部发布的《筑养路机械操作规程》等有关机械设备安全操作的文件,是操作人员必须遵守的行为准则,是机械管理人员、技术人员需要掌握的技术性法规,是公路建养施工单位开展安全教育的教材,也是机械管理部门分析处理事故的依据。

操作规程是理论与实践相结合的产物,既使是国家机关发布的,它也不可能达到完美无缺的程度,它是随着认识的不断加深而丰富提高的。因此,应该定期复查修订,使之日趋完善。各机务管理部门也可根据本部门设备情况,自行制定适合本部门的机械设备操作规范,并以文件形式颁布,使之具有本部门"法律"效力。

(2)操作人员安全守则

①机械在运转操作前,必须认真检查。确认技术状况良好,安全装置齐全有效后,方能起动使用。

②作业时应精力充沛、思想集中,遵守有关法规,严禁酒后操作。

③严格遵守安全操作规程,不得超载、超速使用机械,不擅离工作岗位。

④作业中应认真监视机械的运转。发现有异常情况(如剧烈振动、异响、异味及温度和压力突变等)应立即停机检查,排除异常后才能继续使用。

⑤机械运转部件未停转时,一般不得接触转动部分或对其进行维修。

⑥机械停止运转后,应放松或复原带负荷的工作部件,将可动悬挂件(如推土机铲刀、挖掘机铲斗等)放下垫好。

⑦驾驶员或操作室应保持清洁,禁放易燃易爆品和其他杂物。

⑧按规定穿戴安全保护用品。

(3)管理人员安全守则

①机械进入施工现场前,应为机械使用提供道路、水、电、临时机棚和停机场地等,并排除对机械作业有妨碍的不安全因素。

②机械进入施工现场后,有关管理人员应分别向操作人员进行施工组织设计、总平面布置、该机的生产任务和安全技术措施等方面的交底。

③机械操作人员应听从指挥、配合施工,但对违反机械性能、安全操作规程和可能引起危险事故的指挥,有权拒绝执行。任何组织或个人不得强迫操作人员违章作业。

④搞好文明生产,保持机械、车辆及停机场所的整齐清洁。在有危险的作业区域,应设置明显标志,并采取特定安全措施。

2.安全检查与教育

(1)安全检查

应定期地进行安全检查,检查的重点是:

①作业环境的安全生产水准或条件。

②各种机械安全装置的技术状况。如制动装置、限位装置、报警装置等的技术状况。

③某些机械的电气安全状况,如搭铁装置、防护水平,各种自动装置的整定值等等。

④某些机械运行中的排污、排废、粉尘及有毒物质等危及人身健康的情况。

安全检查与安全活动周(日)可以结合起来进行。但两者是有区别的,后者是群众性的,而且内容比较广泛;而前者则是专业性的,内容比较单一,目标比较明确,并应由专业人员负责进行,宜深入而细致,否则走马观花,泛泛而过,效果就不会理想。

(2)安全教育

有关机械使用的安全教育,必须抓紧抓好。除了短期的集中培训、召开事故现场会、分析会、定期举办安全例会外,还可以利用其他宣传手段,如利用黑板报、宣传画、班前班后会、标语口号、录象带、录音带等形式。通过教育,要达到以下两个目的:

(1)用历次事故带来的人身伤亡痛苦及使集体蒙受损失的教训,来提高职工对安全生产的重要性的认识,克服对机械安全的漠不关心态度和侥幸心理。事实证明,大部分的事故都是由于思想上不重视而造成的,所以一旦从思想上认真注意安全,一般的事故就可以避免。

(2)通过安全技术教育,提高操作人员、驾驶人员及其他机务人员的安全知识水平,加强对事故的“自控”、“强控”能力,以利于防微杜渐、群防群治,彻底消灭事故隐患。

四、事故的调查分析及处理

1.事故发生后的措施

各种事故发生后,都应立即停机,切断动力,保持现场,按规定逐级上报,及时进行调查、分析和作出处理。一般事故发生后,事故单位负责人(或法人)应立即组织项目经理、班组长、机械设备操作人员等,在设备主管部门有关人员参加下进行调查、分析。重大事故发生后,应由企业主管负责人组织有关职能部门(如设备、安技、保卫等部门)和事故单位的负责人,共同调查分析,找出事故原因,分析事故责任,做出处理决定;并制定弥补措施,安置伤残人员,抢修机械设备,尽快恢复生产,把事故造成的损失减少到最低限度。

2.事故的调查和处理

调查是分析事故原因和妥善处理事故的基础,必须严格按照国家有关规定进行。

事故处理要遵循“三不放过”原则,即:事故原因分析不清不放过;事故责任者未经处理和干部群众未受到教育不放过;没有防范措施不放过。要防止类似事故重演,绝不可掉以轻心。

在查清事故原因、分清责任后,对事故责任者视其情节轻重、责任大小和认错态度,分别给予批评教育、行政处分或经济处罚,触犯刑律者要依法制裁。对事故隐瞒单位和个人,应加重处罚,并追究领导责任。

此外,还要做好各类事故的原始记录的登记保存,并计算事故的经济损失。

五、安全技术措施

为了确保安全管理工作落到实处,使各类机械设备保持良好的工作状态,机械设备管理部门必须明确日常所应进行的安全保障工作和采取的技术措施。

1.安全技术自检

机械的安全技术自检,是以确保机械的安全操作为主要目的。机务部门应在日常机械设备出车前、行车中、停车后及保修过程中进行机械安全技术自检工作。除此,还应结合定期组织的设备管理活动开展安全工作。如在机务部门每年一次的机械大检查中,在每月的红旗设备竞赛活动中,都可把安全管理内容作为一个重要内容来考虑。

由于机械的种类繁多,每类机械的安全技术检验程序及每年的各个项目往往差别较大,进行检验时要分别对待。

2.机动车辆安全技术强制检验

公路施工或养护单位使用的各类机械中,行驶速度快、机动性强的是机动车辆,它们比其他行驶速度较慢的机械发生事故的可能性大得多。所以,公安交警部门要对其进行强制性安全技术检验。机动车辆强制性安全技术检验分为定期检验、临时检验和特殊检验。

(1)定期检验

按照《中华人民共和国道路交通管理条例》的规定:"机动车辆必须按车辆管理机关规定的期限接受检验,未按规定检验或检验不合格的,不准继续行驶。"目前,我国各地交警机关对机动车辆都是进行一年一次、两次或数次检验。因此,定期检验可称为年度检验或季度检验。定期检验的目的、内容、规定及方法等均按交警部门的检验要求进行。

(2)临时检验

临时检验是对机动车辆进行定期检验以外的一种临时性检验。其检验内容与定期检验相同。有如下情况的机动车,必须进行临时检验:

①机动车申请临时号牌时(如新车出厂,改装车出厂等);

②机动车放置很长时间,要求复驶时;

③机动车遭受严重损坏修复后;

④公安交警部门认为有必要时(如春运期间、交通安全大检查等)。

(3)特殊检验

为了不同的目的和要求,需要对在用车辆进行检验,在检验内容和着重点上与定期检验和临时检验有所不同,称为特殊检验。此项检验一般包括对改装车辆的检验和对事故车辆的检验。两种检验内容不同,均是针对各自的检验目的而设定的检验项目。

§11-7 自行式机械轮胎管理

轮胎是工程机械的主要部件。其工作条件恶劣,除了支承车重外,还要传递力矩和制动力,缓和机械行驶受到的冲击,如使用保养不好,将会加速磨损甚至报废。轮胎的价值较高,普通轮式工程机械上,轮胎费用约占总机费用的1/5~1/4。因此,延长轮胎使用寿命是降低机械运转费用、提高施工机械化水平的不可忽视的一个方面。导致轮胎损坏的原因十分复杂,但一般情况下,高温、轮胎气压不当、以及驾驶操作与管理不善,是导致轮胎损坏的重要原因。轮胎在不同的使用条件下,其寿命有很大差异。提高轮胎使用寿命以降低运转成本,有着非常现实的意义。

一、轮胎常见损坏形式及部位

1.胎面磨损

包括制动过急时或车速过大时的非正常磨损；胎压过高时轮胎中部磨损；胎压过低时胎面的两肩磨损；前轮外倾角过大时，前轮外侧偏磨；前轮外倾角过小时，前轮内侧偏磨；轮毂轴承旷或轮辋拱曲变形时，胎面呈波浪形式或碟边形磨损。

2.轮胎损坏

主要导致因素有：机械的突出部分触及外胎面；双胎气压不足，轮侧互相接触等引起胎侧表面损坏；气压过低或荷载过大，使轮胎帘线松散脱胶，线面层剥落；轮胎气压过高；超速行驶；高速行车时碰撞障碍物；有脱层未及时修复，造成线层断裂爆破；在多石、多杂物的不良路面作业时，容易使胎面或胎侧切口；安装轮胎时未撒滑石粉，长时间高速或大负荷行驶，轮胎生热，易使内胎与外胎粘住。

3.机械损伤

即机械底盘机件技术状况不良造成的轮胎异常损坏。其特征是：有的胎面粗糙、前高后低锯齿形，单边磨损；有的被金属擦伤、划痕以至降低使用寿命，如机械两轴上左右轮胎距离不等；前轮定位失准；钢板弹簧卡子松脱；轮辋变形或轮辋规格型号不对；轮毂轴承松紧度不等及制动单边等。

从表11-4可以看出，常见的损坏部位及现象为数不少，其中胎壁裂口及刺穿最为多见，同时由于胎壁很薄且变形大、伸缩频繁，易使得不到及时修补的小裂口继续扩大而导致轮胎报废。

轮胎常见的损坏部位及现象　　表11-4

损坏部位	损坏现象	备　注
胎口	烧蚀	少见
	胎口小面积脱落	常见
胎肩	撕裂并刺穿	少见
胎冠	穿洞及老化(裂纹)	常见
胎体	钢丝索与橡胶分离	常见
	钢线折断、散开	常见
胎内	燃烧	少见
封气层	出现毛发状橡胶丝	常见
	封气层局部脱落	常见
胎壁	裂口及橡胶老化(裂纹)	常见
	刺穿	常见
	钢丝与橡胶分离	常见
	爆胎	常见

二、轮胎损坏的主要影响因素分析

1.轮胎气压

轮胎气压是影响机械行驶性能的最重要因素之一。各种规格的车胎，其充气压力都有严格要求。若气压过高，胎体弹性下降，刚性增加，接地面积减小，加速胎冠磨损；气压过低，轮胎挠曲变形增加，轮胎过度生热，加速橡胶老化和帘线疲劳，极易产生胎脱空和帘线折断、胎体爆破。如降低轮胎气压，轮胎与路面的接触面积发生改变，轮胎印痕的平均压强亦即改变(图11-9)，从而改变行驶性能。

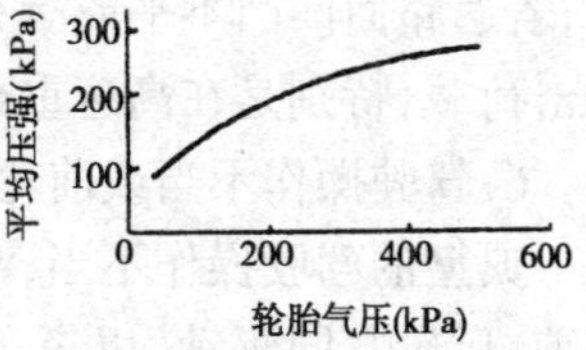

图11-9　轮胎印痕平均压强与轮胎气压的关系

轮胎的滚动阻力系数、附着系数与轮胎气压的关系如图11-10所示。当附着系数大于滚动

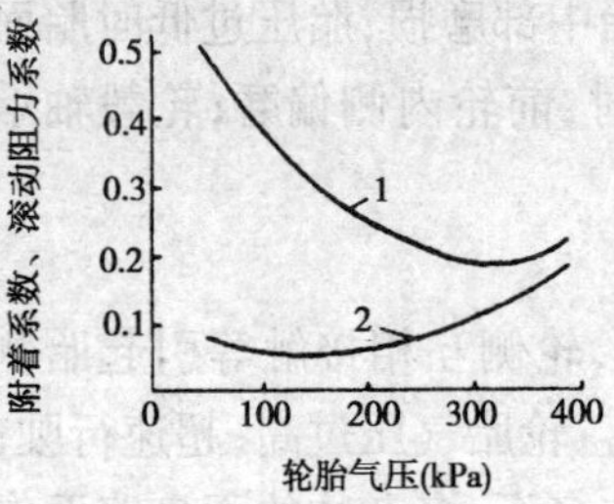

图 11-10 轮胎路面附着系数、滚动阻力系数同轮胎气压的关系
1.附着系数;2.滚动阻力系数

阻力系数时,机械就能行驶。从图 11-10 可以看出,轮胎气压越低,这两个系数之差也越大,越有利于行驶,但机械的限定速度也随之减小。

机械在正常行驶时,轮胎胎壁不断伸缩,处于高频交变应力作用下。如果此时机械的行驶速度超过限定速度,那么这种作用在胎壁上的高频交变应力就会变得更加严重,一方面导致轮胎急剧生热,使胎体层钢丝与橡胶的粘合力减小;另一方面会使胎体层钢丝扭曲而与橡胶脱离。这样一旦轮胎受到突然的局部附加应力作用,就会爆胎。

2.环境温度

高温将使橡胶的扯断强度、扯断伸长率及硬度降低,使橡胶与钢丝间的附着强度下降。同时也加速了橡胶的老化。处在高温状态的轮胎,特别是已经老化的轮胎,当出现侧滑或滚过障碍物时,很容易使胎冠花纹撕裂。尤其是深沟槽和大面积块状花纹结构的轮胎,当工作很长时间后,在块状花纹根部过渡处有明显的裂痕,较为严重的,裂痕深度可触及保护层钢丝。由于胎壁橡胶老化产生裂纹,以及胎壁严重变形导致胎体层钢丝与橡胶分离,一旦轮胎局部遇到突发荷载,就很有可能出现爆胎的情况,这种情况夏季远远多于冬季。

高温使橡胶老化主要是夏季阳光曝晒、地表温度高及低轮胎气压下高速行驶产生的高热引起的。但有时制动间隙过小,轮辋发热也将导致轮胎温度升高。这种情况往往导致胎口烧蚀,个别情况也会使轮胎燃烧并爆炸。

3.油料腐蚀

当轮胎受到油脂、酸碱性物质腐蚀和长时间高温作用时,轮胎的理化性能发生变化,承载能力大大降低,使用中也极易爆裂。另外,轮胎经常在低气压下工作,胎壁变形及挠曲严重,因此受油腐蚀过的轮胎会出现封气层块状剥落、胎口出现小面积橡胶脱落,以及胎体钢丝与橡胶脱离的现象,严重的还会出现封气层丝状脱落现象。由于补片无法与含油橡胶亲和,因此即使轮胎损坏伤口很小,也失去了修补的可能性。

4.机械过载

各类车胎的最大负荷都有严格规定。若负荷过重,轮胎挠曲变形增大,胎壁部位的钢丝会出现松散和折断,将超过胎体帘线设计允许应力以及轮胎接地压力,产生的热量增加,胎体温度升高,承载能力下降。若此时车胎受到冲击,也极易产生脱空、爆裂。

5.制动过急

在紧急制动时,轮胎被迫在路面上拖滑,轮胎与地面的滚动摩擦变为滑动摩擦,摩擦产生的热量直接作用胎面的橡胶,使之液化,因而使胎面磨损量大大增加。在频繁使用紧急制动时,若遇路面凹凸不平或有石块等尖硬障碍物时,行驶中的车胎与之撞击,将产生很大的局部冲击荷载,特别是在高速重载时,轮胎承受不了这一附加冲击荷载,极易爆裂。

6.驾驶操作不当或前轮定位调整不当

典型的驾驶操作不当,常见于装载机上。装载机在进行铲装作业时,由于前进阻力大,需要前、后轮共同驱动,以充分发挥机械对地面的附着作用。如果司机操作不当——未挂"加力",此时仅为两轮驱动,地面附着作用不能得以发挥,当前进时铲装阻力很大时,必将出现驱动轮滑转,使轮胎胎面加速磨损。

具有偏转车轮式前轮转向系的轮式车辆,为了消除前轮外倾产生的不良影响(使车辆在行驶中产生侧滑)，"前轮定位"中有"前轮前束"的要求。若前束值调整不当，前轮外倾的不良影响不能得到全部消除，因而轮胎在行驶中会产生侧滑，加速胎面磨损。

7.胎辋不配套

轮胎与轮辋必须匹配。在更换轮胎时，若胎面过窄，会使胎肩接地面积增加，加速胎肩部位生热脱空和胎面磨损，易使轮胎爆破；胎面过宽、轮胎接地面积减小，胎趾口部位应力集中，磨损加剧，也易于爆裂。

三、提高轮胎使用寿命的措施

1.保持适宜的轮胎气压

适宜的轮胎气压应该既能保证机械的通过性能和一定的行驶速度，又能保证轮胎不受到损害。

表11-5所列是米其林轮胎气压、路面和车速三者的对照数据。表中气压值是在指定车速及路面条件时的最低(极限)值，如果低于这个数值会给轮胎造成严重的损害，反之，超过所给气压值下所限定的车速，同样会造成轮胎的损坏。

米其林轮胎气压、路面和车速的对照数据 表11-5

轮胎气压 (kPa) (120~650)	450(VA) 550(HA)	300(VA) 300(HA)	180(VA) 180(HA)	120(VA) 120(HA)
路面	公路	非公路	泥泞	危急情况
车速 (km/h)	0~85	20~40	20~30	≤4

2.避免受油腐蚀

因为轮胎充气通常用空压机，而空压机产生的压缩空气中不可避免地夹带有机油进入贮气筒(详见空气压缩机的结构与原理相关文献资料)，当给轮胎充气时，贮气筒内压缩空气中的油雾尚未来得及彻底沉淀过滤时，机油将可能随压缩空气进入内胎(贮气筒容量过小，常会发生此现象)，所以应经常进行气门嘴排气检查，以确定轮胎内是否已经进油。一旦发现胎内进油，应立即拆下轮胎清理，同时检查油封、气封。在冬季更换轮胎时，可能会因胎口变形与轮辋贴合不严而导致漏气。以往曾用润滑脂作为密封剂，尽管能达到封气的目的，但却使胎口受到了腐蚀。正确的方法是将变形的轮胎置于温室内，使其胎口恢复弹性，装入轮辋时在胎口涂抹皂液，以防损伤胎口，这样会得到很好的封气效果。

3.高温季节作业注意事项

避免超载、减速行驶、平稳转向、缓慢越过障碍物是保证轮胎免受损伤的有效办法。同时要注意检查制动间隙，避免因制动间隙过小导致的轮辋受热使胎口烧蚀及爆胎。

4.及时修理，加强管理

胎壁伤口有时并不是很大，但这些伤口如果不能得到及时修补而连续使用，会使伤口迅速扩大。一般说来，子午线轮胎胎壁上周向裂口的扩张不如斜向(和圆周方向成一定角度)裂口增长得快，因此对斜向裂口应当给予特别的注意，做到及时修复。

5.其他注意事项

(1)严格按操作规程安装轮胎；

(2)注意检查轮胎气压,缺气时及时补加;

(3)及时维护和修复脱层、破损轮胎;

(4)教育司机严格按照操作规程驾驶机械车辆,尽量避免超载和急刹车;不应让轮胎直接行驶在尖利碎石的路面上,施工管理人员要注意对施工现场的这种道路及时加以整修。

(5)严格机械的技术保养,按规定周期检查、调整前轮前束值。

§11-8 机械的暂存和长期保管

公路施工的特点决定了任何一种施工机械在其寿命期内都不可能夜以继日地连续运行;有时会因施工工序的安排或季节、气候和天气条件的限制,或工程项目难于衔接得很紧密等因素,使机械运转间歇难以避免。间歇期间机械保管是否妥善,对机械的使用寿命也产生一定影响。国内某些公路施工企业对机械间歇期间的保管问题,并非都能引起足够的重视,因而机械在保管期间发生了不必要的损伤或损坏的现象也是常见的。机械的保管,按时间长短粗略地分为暂存和长期保管两类,通常把30天以上停歇的机械应作长期保管处理。暂存和长期保管应注意的问题分述于下:

一、停机坪和停机场的设置

停机的地方分为停机坪和停机场。后者面积较大,通常作长期保管机械用,场内也多有一些辅助设施。设置停机坪或停机场,其地形、方位应考虑的三个主要方面:

1.应选择地形平坦、地势相对较高的地方

地形平坦是为了保证机械停放的稳定,防止停置的机械受到意外干扰发生失稳(移动或倾斜)。选择地势较高处则是为了防止突遇暴雨袭击,因排水不畅而使机械遭到雨水浸泡。

2.防止落石或塌方

落石是指附近的采石场实施石方爆破时,意外飞来的石块,石块坠落到露天存放的机械上会砸坏机械的某些部件。停机场地选择时,应考查周围有无爆破施工现场,远离飞石可能造成的威胁。停机坪距爆破现场的安全距离与爆破强度及地形因素有关,计算方法请参见本书第三章。另外,机械也不宜停放在陡峭的土崖旁,防止峭壁受到意外干扰发生塌方,掩埋了机械。

3.专人守卫、防盗防火

停机坪或停机场均应有专人守卫,防止失盗。停机场应设置安全防火设备,防止火灾险情发生。

二、机械的每日停放

施工机械每日完工后的停放地点,应视机械的机动性确定。通常对于机动性较好的机械,例如铲土运输机械、自卸汽车、轮式压路机等,应开到停机坪停放;对机动性不太好的机械,而机械科技含量高、购置价格也相应较高的机械,例如沥青混凝土摊铺机等可就地停放在次日作业的场地附近,夜间派专人置守。不论停置地点在哪里,机械都应清理干净才能停放。因为机械每日作业完毕后的清理是机械例行保养的必作项目;对沥青混凝土或水泥混凝土摊铺机这些以凝固型材料为作业对象的施工机械,每日作业完毕后的彻底清理尤为重要。

冬季施工期间的每日停放,机械的防冻问题不可忽视。夜间温度较低,若发动机或压路机滚轮内加注的水为非防冻型的,在夜间环境温度可能低于0℃时,应将机械内的水全部放掉,不可存在侥幸心理,因为由于机械内部水的冻结而胀坏机械的现象时有发生。

三、机械的长期保管

1.长期保管的机械在放置到停机场之前,趁机械的空暇时间,组织技术力量完成机械的保养维修和故障的排除,使机械技术状况完好,处于“召之能战”状态。

2.机械在停机场的排列与布置应遵循这样的原则:任何一台机械的进出均不受其他机械的影响和制约。

3.机械长期存放之前,应进行防锈处理。机械的外表通常喷有防锈漆,机械作业过程中若发生局部漆皮脱落,长期存放之前,应视脱落面积大小,确定用补漆的办法或用整机重新喷漆的方法进行修补、完善。施工机械的工作装置,例如推土机的铲刀、挖掘机的挖斗、摊铺机的熨平板等,基体金属直接裸露,原本就没有喷漆,其长期存放的防锈处理方法是:用黄油将这些直接裸露的金属涂布覆盖,防止金属直接与空气接触。

4.更换新的发动机油。长期存放机械进场后,应趁热将发动机油底壳的旧机油完全放出,更换新的机油。因为柴油机工作过程中,燃烧废气不可避免地、或多或少地会从气缸窜入曲轴箱,而燃烧废气中通常含有 CO_2、NO、NO_2 和 SO_2(柴油在冶炼过程中允许含微量 S 元素)以及 HO_2(水蒸气)。前四种均为酸性氧化物,水蒸气在发动机不工作的夜间由于温度较低会凝结成水,因此酸性氧化物与水产生化合反应就生成了相应的酸性物。这些酸性物进入机油后,使机油的酸度增加,会对发动机的金属机件(例如曲轴)产生酸腐蚀作用。新加入的机油,通常呈中性,则不会对金属机件产生酸腐蚀。

5.拆下机械上装备的蓄电池专门保管。施工机械上安装的起动电源——蓄电池,一般为铅-酸蓄电池。铅-酸蓄电池在不缺电解液和放电后能够很快获得电力补充的条件下,可以长时间保持其使用性能;但蓄电池在亏电情况下,极板会很快地被硫化——在极板表面生成大颗粒的硫酸铅结晶,从而破坏了蓄电池的“电-化学”反应能力,使蓄电池功能几近丧失。长期不用的机械,其蓄电池表面难免残存一些污物,造成自放电现象,从而使蓄电池处于“亏损”状态,加速了极板的硫化。为了防止上述现象发生,通常要将蓄电池从机械上拆下,专门保管,人工定期对蓄电池充电,以长期维持其使用性能。

6.放掉发动机冷却系的水和压路机滚轮中的水,需要放水原因如上所述。但是,某些施工企业容易忽略这样的问题:机械存放时不是结冰季节,所以认为无需放水。但由于保存时间较长,可能要“越冬”,而“越冬”之前又忘却了机械内部还有水未放出,于是就出现机械事故。因此,要求机械长期存放之初,不论处在什么季节,一律应将水放掉。

7.支起轮式机械勿使轮胎受压。所以不让轮胎受压,主要是为了防止轮胎慢跑气,造成瘪胎后由于机械的重力使内、外胎及其他接合件粘结。不让轮胎受到爆晒,因为阳光中的紫外线会加速橡胶的老化,使其变硬、变脆。某些施工机械的轮胎外部在结构上不设置护板(例如平地机),这些机械户外长期存放,应在轮胎上方置设遮阳物。

参 考 文 献

1 何挺继等主编.筑路机械手册.北京:人民交通出版社,1998

2 王清经主编.工程机械运用与管理.北京:机械工业出版社,1988

3 张树猷等主编.工程机械施工手册.北京:中国铁道出版社,1991

4 张铁等编著.工程机械机电液一体化.北京:石油大学出版社,2001

5 中华人民共和国行业标准.公路路基施工技术规范.北京:人民交通出版社,1996

6 韩敏编.汽车与工程机械用油常识.北京:人民交通出版社,1997

7 胡先荣主编.现代企业设备管理.北京:机械工业出版社,1998

8 张润主编.路基路面施工及组织管理.北京:人民交通出版社,2002

9 宣国良等编.道路施工技术.北京:人民交通出版社,1999

10 中国公路学会筑路机械学会主编.沥青路面施工机械与机械化施工.北京:人民交通出版社,1999

11 费建国等编.公路工程机械化施工.北京:人民交通出版社,2001

12 中华人民共和国行业标准.公路路面基层施工技术规范(JTJ-034-93).北京:人民交通出版社,1993

13 杨林江编.SBS 改性沥青的生产与应用.北京:人民交通出版社,2001

14 何挺继等编.现代公路施工机械.北京:人民交通出版社,1999

15 刘宝印等.工程机械零部件拆装图管理信息系统.筑路机械与施工机械化,2001 年 4 期

16 徐中富等.导热油的结焦、清洗与技术使用.筑路机械与施工机械化,2000 年 1 期

17 李思鼎等.筑路机械要正确使用拖起动.筑路机械与施工机械化,2000 年 4 期

18 李爱怀等.大型沥青拌和设备安装调试.筑路机械与施工机械化,1999 年 2 期

19 李连生等.浅谈路面标拌和场选址.筑路机械与施工机械化,2001 年 5 期

20 张树爵等.柴油发电机组用作沥青拌和站电源的选配和使用.筑路机械化,2001 年 6 期

21 马学良等.大型进口设备招标采购和验收工作的体会.筑路机械与施工机械化,1999 年 5 期

22 胡乃生等."项目法施工"中机械设备购置问题讨论.筑路机械与施工机械化,2000 年 5 期

23 朱炎等.高原施工中机械的选配应注意的问题.筑路机械与施工机械化,2000 年 3 期

24 李智勇等.机械设备现场管理模式研究.筑路机械与施工机械化,2000 年 5 期

25 王东卫等.施工机械与分级管理方法初探.筑路机械与施工机械化,2001 年 4 期

26 王健等.工程机械轮胎损坏原因分析.建筑机械,2001 年 12 期

27 刘庆等.刍议公路机务管理.筑路机械与施工机械化,2000 年 1 期

28 王学明等.机械租赁管理工作中若干问题的思考.筑路机械与施工机械化,2001 年 1 期